机器学习项目成功交付

[美] 西蒙·汤普森 著

徐志恒 译

清华大学出版社

北京

内 容 简 介

本书详细阐述了与机器学习成功交付相关的基本知识，主要包括项目前期，开始工作，深入研究问题，探索性数据分析、道德和基线评估，使用机器学习技术制作实用模型，测试和选择模型，系统构建和生产，发布项目等内容。此外，本书还提供了相应的示例、代码，以帮助读者进一步理解相关方案的实现过程。

本书适合作为高等院校计算机及相关专业的教材和教学参考书，也可作为相关开发人员的自学用书和参考手册。

北京市版权局著作权合同登记号 图字：01-2024-1477

Simon Thompson
Managing Machine Learning Projects
ISBN：9781633439023

Original English language edition published by Manning Publications,USA © 2023 by Manning Publications.
Simplified Chinese-language edition copyright © 2024 by Tsinghua University Press Limited.All rights reserved.

图书在版编目（CIP）数据

机器学习项目成功交付 ／（美）西蒙·汤普森著 ；
徐志恒译. -- 北京 ： 清华大学出版社，2024. 8.
ISBN 978-7-302-66858-9

Ⅰ. TP181
中国国家版本馆 CIP 数据核字第 2024UG1958 号

责任编辑：贾小红
封面设计：刘　超
版式设计：文森时代
责任校对：马军令
责任印制：沈　露

出版发行：清华大学出版社
　　　　网　　址：https://www.tup.com.cn，https://www.wqxuetang.com
　　　　地　　址：北京清华大学学研大厦 A 座　　　邮　　编：100084
　　　　社 总 机：010-83470000　　　　　　　　邮　　购：010-62786544
　　　　投稿与读者服务：010-62776969，c-service@tup.tsinghua.edu.cn
　　　　质量反馈：010-62772015，zhiliang@tup.tsinghua.edu.cn
印 装 者：涿州汇美亿浓印刷有限公司
经　　销：全国新华书店
开　　本：185mm×230mm　　　印　　张：16.5　　　字　　数：340 千字
版　　次：2024 年 8 月第 1 版　　　　　　　　印　　次：2024 年 8 月第 1 次印刷
定　　价：89.00 元

产品编号：104672-01

译 者 序

2024 年 1 月底，美国女歌手泰勒·斯威夫特（Taylor Swift，中文社区称其为"霉霉"）的一组 AI 不雅照片在网络上广泛传播。该事件甚至引起了白宫发言人的注意，他们认为，由 AI 工具制作的大量虚假图像"令人担忧"。尽管有人认为白宫的表态是现任总统拜登为了取悦泰勒·斯威夫特的庞大粉丝群体而做出的姿态，但不可否认的是，目前大量涌现的 AI 应用确实引发了众多问题，有的甚至涉嫌违法犯罪。例如，使用 AI 换脸和换声技术进行的诈骗案件日益增多，令人防不胜防，这种情况已经到了亟须治理的地步。

实际上，我们今天所津津乐道的 AI 技术和产品，并不是真正意义上的人类智能，它们最多只能算作是机器感知技术。换句话说，人类智能与机器感知之间存在本质的差异，当前的人工神经网络与生物神经系统并不能等同。例如，人类在识别猫和狗等动物时，凭借的是自身的理解能力，即便猫和狗的形象被严重扭曲或变异（比如不同风格的动漫中的猫狗形象），仍然能够准确地识别并理解它们。然而，人工神经网络则不具备这种能力，它们识别动物依赖的是数字特征的提取。在这种情况下，即使动物的眼睛长在嘴巴下面，AI 也可能将其识别为正常的动物，因为它并没有深入理解事物本质的能力（或者说，它对事物的理解与人类大相径庭）。

早期的机器学习（如基于规则和决策树的专家系统）确实是在模拟人类智能。例如，IBM 的"深蓝"（Deep Blue）是由程序员和国际象棋专家共同开发的，它不仅定义了机器学习和搜索算法，还构建了规则库，最终击败了当时的世界顶尖国际象棋大师。这样的机器学习系统是人类可以理解的，并且人类可以通过规则来控制它。然而，有些规则是人类自身也难以理解和掌握的，例如，围棋的复杂性远超过国际象棋。因此，对于"深蓝"系统而言，围棋就像是一座难以攀登的高峰。正是由于这一致命缺陷，专家系统逐渐失去了人们的关注。

"神经网络"的概念并非直接来源于奥地利著名经济学家和政治哲学家弗里德里希·A·哈耶克，但他在 1952 年出版的著作《感觉的秩序：探寻理论心理学的基础》中描述了神经元传递刺激并对刺激进行分类的概念。这一思想催生了神经网络的基础范式：数学单元进行计算并将这些数字发送到其他互连的神经元（基于它们之间的连接强度，即所谓的"权重"）。如果阈值或激活函数满足一组特定条件，神经元就会触发；也就是说，它会将其数字发送到与其相连的下一个神经元。在《感觉的秩序》一书出版仅仅 6 年后，康奈尔大学心理学家 Frank Rosenblatt 就直接在计算机硬件中实现了第一个分类神经网络模型，该模型被命名为"感知器"。

神经网络面世之后，长期得不到重视，原因很简单：人类算力不足。但是，进入 21 世纪之后，随着计算机技术的发展，人类算力有了长足进步，困扰神经网络的算力问题开始逐渐缓解，神经网络就像被松开了锁链的巨兽，逐渐展露出其强大的力量。例如，曾经长期困扰 AI 的围棋之殇就被使用深度学习技术开发的 AlphaGo 程序轻松破解，2017 年 5 月，在中国乌镇围棋峰会上，世界排名第一的围棋冠军柯洁被 AlphaGo 以 3 比 0 的总比分轻松击败。

在此之后，各种深度神经网络（如多层感知器、卷积神经网络、循环神经网络、图神经网络和注意力网络等）如雨后春笋般出现，并在许多应用领域获得了前所未有的突破。但是，这也带来了一个问题：深度神经网络和我们人类理解世界的方式并不相同，它并不基于人类的规则，这在有些方面是好事，例如，AlphaGo 下的很多棋步人类顶尖高手都看不懂，许多长期以来被人类棋手视为"定式"的规则都被它一一打破，这直接促进了棋艺的发展；但是，在其他方面，它也带来了问题。例如，在一个使用 AI 来筛选应聘简历的程序中，它学习到的内容是否能够保证它的公平性？它是否有合乎人类标准的规则？由于其学习过程相对于人类而言类似于一个黑箱，因此其规则即使有，也是人类所无法理解的。有人曾经仔细研究卷积神经网络在学习图像分类时学习到的特征图，结果发现无论如何都看不明白，不知道为什么系统凭这些特征就能识别出不同的分类图像。

因此，机器学习模型的可解释性是一个非常重要的问题。不仅如此，它还需要考虑到安全和隐私、社会责任和道德评估以及法律合规性等问题。本书详细讨论了这些问题，并介绍了在机器学习项目开发过程中如何躲避这些陷阱，以开发成功的机器学习模型。同时，通过一个具体的开发示例，本书介绍了敏捷开发的流程以及项目各阶段的工作。

本书虽然没有深入地讨论机器学习技术，但如果你是一名机器学习从业人员或项目经理，那么本书将是最适合你的实用教程。如果你只是希望对机器学习和人工智能有所了解，那么本书也将极大地开拓你的视野。

在翻译本书的过程中，为了更好地帮助读者理解和学习，本书以中英文对照的形式保留了大量的原文术语，这样的安排不但方便读者理解，而且有助于读者通过网络查找和利用相关资源。

本书由徐志恒翻译，陈凯、马宏华、黄永强、黄进青、熊爱华等也参与了本书的部分翻译工作。由于译者水平有限，书中难免有疏漏和欠妥之处，在此诚挚欢迎读者提出任何意见和建议。

致　　谢

任何写过书的人都知道，写书是一件极其困难的事情，我也不例外。在本书的写作过程中，我得到了很多宝贵的帮助，感谢我的编辑 Doug Rudder 和来自 Manning 出版社的团队，他们帮助我将一大堆随意写下的手稿变成了我希望对读者更有用的东西。

没有与 Manning 出版团队共事过的人可能无法真正了解他们为本书增加的价值。坦白说，这本书如果让其他人来写，可能会更好；但如果没有 Manning 出版社每个人的努力，那么这本书无疑会糟糕得多。

Manning 出版社为本书安排了一个全面而广泛的审读过程，为我提供了匿名反馈，也因此，我并不知道是谁具体做了哪些审读，但每一个审读人员对本书的帮助都是巨大的。诚挚感谢以下审读人员：Andrei Paleyes、Chris Fry、Darrin Bishop、Florian Roscheck、Igor Vieira、João Dinis Ferreira、Kay Engelhardt、Khai Win、Kumar Abhishek、Lakshminarayanan AS、Laurens Meulman、Maria Ana、Marvin Schwarze、Mattia Di Gangi、Maxim Volgin、Ricardo Di Pasquale、Richard Dze、Richard Vaughan、Sanket Naik、Sriram Macharla、Vatsal Desai、Vojta Tuma、William Jamir Silva。你们所付出的努力、对细节的关注以及直言不讳的反馈意见都给我留下了深刻的印象。

谢谢你们，如果我们有机会见面，一定要请你们开怀畅饮。

在我的职业生涯中，很幸运地拥有一些出色的导师，我认为任何人都需要做的最重要的事情之一就是找到那些能够帮助自己提高技术水平和能力的人。

当 Max Bramer 教授收我为博士生时，他为我在机器学习方面的发展打下了坚实的基础，我在 20 世纪 90 年代中期花了 4 年时间来探索和研究机器学习技术，这改变了我的生活。

Paul O'Brien 将我招募到了英国电信实验室，他是我的职业榜样，因为我渴望成为像他那样的经理和导师。每当我在工作中遇到问题时，都会想一想"Paul 会怎么做"。

人生可遇而不可求的另一件幸事是同事会纵容你的想法和奇特的思路，指出你的错误所在，并分享自己的思想。在这方面，我要特别感谢 Rob Claxton，他花了数百个小时与我讨论与数据科学、人工智能和机器学习有关的所有主题。在过去的 20 多年里，与 Rob 的对话真正让我受益匪浅。当然，英国电信、图灵研究所和麻省理工学院也有很多其他人都对我保持了足够的耐心，并给予我无私的帮助。

在我写作本书期间，我的脾气有时变得很坏，但幸运的是，我的妻子 Buffy 和我的女儿 Arwen 总是及时制止我并安慰我。在此我要说，Buffy 和 Arwen，我非常爱你们。

谢谢大家。

前　言

　　不知道从什么时候开始，我意识到编写一本关于如何管理机器学习项目的图书是一件好事。这个过程虽然没有什么趣闻轶事，但我依稀记得，大约在 2019 年，我忽然发现自己已经与很多启动了机器学习项目的人有过交流，并且他们遇到的麻烦我通常也能大概明白其中缘由。

　　对于机器学习项目来说，我们可能看不到一种人所共知的弊病，甚至没有一个单一的主题。相反，这些项目的失败似乎来自许多不同的方向。尽管这些项目失败的原因各不相同，但其中也有一个共同的原因：领导这些项目的人大都才华横溢、聪明睿智、善于表达、技术精湛，唯独欠缺的就是经验。

　　我非常幸运，当机器学习尚处于应用的前沿地带时，我就进入了该领域。在 20 世纪90 年代末，机器学习已经得到了广泛应用，我们可以使用三层感知器和决策树做很多实际项目。但是，其时的交付要比现在困难得多，算法需要手动编码，数据很少消失，而且一切都运行得非常……非常慢。最重要的是，机器学习技能与需要应用它们的项目一样稀有，并且应用机器学习通常被视为研发。对我来说，这意味着我有机会开发和处理一个又一个的项目。它们中的大多数都失败了——但也有一些项目确实、无疑、真的成功了。

　　难得的胜利让我继续工作，也让我的职业生涯得以继续发展。从经济意义上来说，这使我还清了抵押贷款并赚得盆满钵满。回过头来看，我现在才明白，失败才是最有价值的。我有过无惧失败且屡败屡战的机会，这对今天的人来说是很奢侈的。我也有机会和具有相似经历的人聚在一起，大家都喝得酩酊大醉，互相讲述着悲伤（而又有趣）的灾难故事。当时在西方大公司工作的人工智能研究人员群体中，许多实践和行为已成为常识。我坐在边缘，很幸运能够把这一切都拾起来然后使用它。

　　如果你有幸获得足够的经验来引导一个或十个机器学习项目取得成功，那么不分享这些经验就显得过于吝啬了。机器学习和人工智能是可以用于公益的技术，它们有望帮助应对气候变化、流行疾病和经济困境。也许通过分享如何管理机器学习项目的知识，我可以帮助其他人完成一些实际项目，让世界变得更美好！

　　有两件事促使本书从一个简单的想法变成了现实。其中：第一件事是，我当时的老板Andy Rossiter 告诉我，我的团队需要有一种方法来告诉客户我们将如何解决他们的问题，我意识到这并不是一两句话就能说清楚的，所以我需要为此专门写本书；第二件事是新冠肺炎（CoVID-19）的大流行——这意味着我不再需要每天花数个小时四处奔波，开始有时间静下心来写点东西。

感谢你选择本书。我希望你觉得它有用，更重要的是，我希望你能分享你对如何改进本书的任何想法，以便我下次可以做得更好。

关 于 本 书

本书旨在提供实施机器学习项目的分步说明性指南。它是根据 20 世纪 90 年代以来出现的大量成果构建的，旨在解决机器学习开发人员面临的挑战。

本书中描述的方法并不是原创的，但其中有些方法尚未见诸于出版物，因为我曾尝试编撰最佳实践的学术资料。我虽然已尽力提供参考文献，但肯定还会有所遗漏。无论如何，请理解，有些方法既没有参考文献，也没有发明或新颖性权利主张——当然，这也可能只是因为我还没有找到。如果因此而忽视了你，我深表歉意。

有很多关于人工智能和机器学习的技术书籍，所以本书并不寻求填补这一空白。你如果没有很好地掌握这些主题，那么在阅读本书之前，可以看看以下资料：

❑ *Artificial Intelligence: A Modern Approach*（《人工智能：现代方法》），作者为 Stuart Russell 和 Peter Norvig，由 Pearson 出版社于 2016 年出版。这本教科书被用作大多数人工智能课程本科段的基础，并概述了人工智能相关主题的关键问题。该书是一个很好的起点。

❑ *Hands on Machine Learning with Scikit-Learn、Keras, and TensorFlow*（《Scikit-Learn、Keras 和 TensorFlow 机器学习实战教程》），作者为 Aurelien Geron，由 O'Reilly 出版社于 2019 年出版。该书重点介绍了一系列机器学习技术的实际应用，涵盖了机器学习从业者在该领域所需的大部分基础知识。该书适合具有软件背景且对机器学习的数学方面不太感兴趣的读者。

❑ *Probabilistic Machine Learning: An Introduction*（《概率机器学习：简介》），作者为 Kevin Patrick Murphy，由麻省理工学院出版社于 2021 年出版。该书对人工智能和机器学习的核心领域知识提供了全新阐释。它适合想要了解这些技术的基础原理和机制以及有数学倾向的读者。

以上列出的书籍分别阐述了人工智能已经开发和试图解决的技术和问题。相比之下，本书则汇集了交付人工智能项目所需的工具和方法，并给出了如何应对商业挑战和在商业环境中交付的观点。

内 容 介 绍

除前言外，本书其余各章的内容都以结构化的方式呈现，力求准确、简洁。

❑ 第 1 章"引言：交付机器学习项目很困难，让我们做得更好"，描述我在撰写本书时想到的一些核心概念和动机，希望能让读者了解本书试图传达的内容以及它有可能在哪些方面为你提供帮助。

❑ 第 2 章"项目前期：从机会到需求"，概述在客户、你自己和组织之间建立对项目的共同理解的步骤，无论是为本组织进行内部开发，还是为客户企业提供机器学习服务，你都需要了解如何组织流程、与客户协作以确定需求、深入了解客户的数据并确定必要的工具。

❑ 第 3 章"项目前期：从需求到提案"，介绍创建团队和利益相关者可以理解的项目假设的过程，这包括创建项目估计（以使项目能够获得适当的资金和资源）的过程，以及为了让项目获得正式同意并运转起来而需要完成的工作。你将了解启动项目需要理解的东西、谁需要理解以及谁需要同意。

❑ 第 4 章"开始工作"，介绍 Sprint 0 所需的工作。此 Sprint 包含启动项目工作并使团队加入项目的活动。本章帮助你了解如何让团队开始工作并提高机器学习项目的生产力。

❑ 第 5 章"深入研究问题"，涵盖 Sprint 1 的第一部分。这项工作需要一个技术团队就位，并且能够访问项目向前推进所需的系统和信息。本章的重点是获取团队在支持建模的环境中创建机器学习模型所需的数据。

❑ 第 6 章"探索性数据分析、道德和基线评估"，完成对 Sprint 1 工作的讨论。在此阶段，团队需要利用数据管道了解客户数据并构建第一个原型模型。你将了解需要哪些类型的数据探索，掌握为团队成功开始构建模型奠定基础所需的步骤。

❑ 第 7 章"使用机器学习技术制作实用模型"，开始 Sprint 2 的工作，重点关注使用结构化和系统化流程构建有用模型的过程，并讨论如何进行详细评估以选择将集成到生产系统中的模型。本章阐释特征过程、数据增强和模型设计等概念。

❑ 第 8 章"测试和选择模型"，完成对 Sprint 2 工作的讨论。本章详细介绍测试流程及其类型（包括离线测试、在线测试、现场测试、A/B 测试、多臂老虎机、非功能测试等），并讨论评估模型时经常遇到的陷阱。你将了解评估和比较机器学习模型时需要注意的事项，以及应如何管理这些比较的过程。

❑ 第 9 章 "Sprint 3：系统构建和生产"，深入研究 Sprint 3 的工作，详细介绍将所选模型集成到生产系统中并部署使用的过程。本章还强调提供用户友好界面必须考虑的重要因素。在此阶段，你需要掌握如何将模型从有趣的实验转变为组织中正在运行的系统的一部分。

❑ 第 10 章 "发布项目"，描述在生产环境中管理机器学习系统的含义和所需实践。本章的目标是展示需要建立和运行什么样的流程和结构才能更好地支持和维护机器学习项目，使其成为可以给企业创造源源不断价值的"金母鸡"。

关 于 作 者

Simon Thompson 拥有 25 年的开发人工智能系统的经验（虽然使用的并不都是机器学习技术）。他领导了英国电信（BT）实验室的人工智能研究项目，帮助该公司开拓了大数据技术，并管理了近十年的应用研究实践。其团队交付的项目使用了贝叶斯机器学习、深度网络以及运行良好的早期风格决策树和关联规则挖掘技术，以提供对大型公司的电信网络、客户服务和业务流程的深入见解。

Simon 于 2019 年离开了英国电信，现在从事咨询工作。目前，他和他的团队正致力于以云 AI 平台、大语言模型和向量数据库为银行、保险公司和制造业提供机器学习项目的顾问服务。Simon 是一个顾家的男人，喜欢他的花园和宠物狗。

目　　录

第1章 引言：交付机器学习项目很困难，让我们做得更好

本章涵盖的主题：

❑ 描述本书的结构和目标
❑ 定义什么是机器学习
❑ 解释为什么机器学习很重要
❑ 探索为什么机器学习项目各有不同
❑ 列出机器学习开发的其他方法

本书描述交付机器学习（machine learning，ML）项目的端到端流程，以解决足够大且足够困难以至于需要团队来完成的业务问题。随着实用深度神经网络的发展，人们对机器学习的兴趣迅速激增，并且机器学习的能力也发生了突然的变化。这主要得益于 LeCun 等人开发的神经网络[1]以及其他先进方法，例如 Carpenter 等人讨论的 MCMC 算法。[2]这也意味着机器学习项目有很多新的机会。因此，未来会有很多人需要管理这些项目，而本书正是面向他们的一本指南。

为什么需要专门针对机器学习项目的指南？咨询公司 Gartner 声称85%的机器学习项目都会失败，[3]而为了追踪这一说法的精确起源和证据，作者投入了太多的精力！当然，学术研究也清楚地表明，"机器学习开发工作流程的这些步骤存在挑战"和"从业者在开发过程的每个阶段都面临问题"。例如，你可以参阅 Paleyes 及其合著者的作品。[4]

随着开发和部署机器学习系统的困难变得越来越明显，人们越来越担心机器学习的应用不道德且有害。[5]

从根本上说，机器学习项目与普通软件项目有不同的开发过程（机器学习项目需要

① LeCun, Yann, Yoshua Bengio, and Geoffrey Hinton. "Deep learning." Nature 521, no. 7553 (2015): 436-444.

② Carpenter, Bob, Andrew Gelman, Matthew D. Hoffman, Daniel Lee, Ben Goodrich, Michael Betancourt, Marcus Brubaker, Jiqiang Guo, Peter Li, and Allen Riddell. "Stan: A probabilistic programming language." Journal of statistical software 76, no. 1 (2017).

③ Gartner (2018). https://www.gartner.com/en/newsroom/press-releases/2018-02-13-gartner-saysnearly-half-of-cios-are-planning-to-deploy-artificial-intelligence.

④ Paleyes, Andrei, Raoul-Gabriel Urma, and Neil D. Lawrence. "Challenges in deploying machine learning: a survey of case studies." ACM Computing Surveys (CSUR) (2020).

⑤ Bender, Emily, Timnit Gebru, Angelina McMillan-Major, and Mitchell Margaret (2021). "On the Dangers of Stochastic Parrots: Can Language Models Be Too Big?" FAccT'21, ACM Conference on Fairness, Accountability and Transparency. Virtual Event, Canada: ACM Conferences. 610-623. https://dl.acm.org/doi/pdf/10.1145/3442188.3445922.

根据数据来构建模型），它们在组织和基础设施方面也有不同的需求。此外，机器学习项目的交付成果（机器学习模型）与普通程序相比也存在显著的差异。

本书背后的一个驱动思想是，做机器学习项目有点像坐过山车。色彩鲜艳的过山车是大家关注的焦点，但乘坐它只需 3 min。为了乘坐它，你必须让每个人都登上旅行车，开车 1 h，停车，步行到售票处，买票，然后排队乘坐。重点是，要想玩得开心，你必须做好准备。乘坐完过山车之后，接下来是什么呢？好吧，那么，你就真正体验到旅程的意义。你可以和你的孩子坐在一起吃冰淇淋，谈论过山车的乐趣以及下一步要做什么。如果该流程的前后部分都磕磕绊绊，那么旅程中有趣的部分（机器学习项目中的机器学习）就不会发生。

本书将重点介绍使用机器学习所需的准备工作、使用结果所需的工作以及防止机器学习误入歧途的保障措施。毕竟，如果你从过山车上摔了下来，那么当天早上你不如赖在床上睡懒觉，那样更舒服惬意。

本书在很大程度上是非技术性的。它旨在帮助人们了解在交付机器学习项目方面需要做什么以及存在什么问题，但没有提供太多的交付细节。书中的某些部分有技术示例和解释。当无法避免技术性问题时，这些内容可以提供指导。但是，非技术读者可以安全地跳过这些示例，而不会错过文本中的主题和概念。

了解 SQL 是什么和一些基本的数学技能会对阅读本书有所帮助，但即使你不知道或不关心这些事情，本书仍然很可能适合你。另外，我们预计大多数读者都对机器学习和数据科学有深入的了解，而阅读本书只是因为他们对有助于他们应用人工智能魔力的软技能和项目实践感兴趣。

在接下来的章节中，我们将描述机器学习的基本概念，以便为新进入该领域的读者打下知识基础。任何已经熟悉机器学习概念和技术的读者都可以直接跳转到 1.4 节"理解本书内容"，该节将介绍本书其余部分的内容。对于其他读者，建议阅读 1.2 节"机器学习很重要"以了解一些基本术语，然后在 1.3 节"其他机器学习方法"中了解机器学习的重要性以及此类项目带来的问题和挑战。1.4 节"理解本书内容"将简要介绍已尝试用于开发软件和机器学习系统的其他方法。最后，我们还将介绍本书其余部分的路线图，引入案例研究来说明如何使用本书所提倡的工具和方法。

因此，你可以继续阅读以了解机器学习以及对机器学习项目采用特殊方法的需求，也可以直接跳转到第 2 章"项目前期：从机会到需求"。

1.1　机器学习的定义

机器学习（machine learning，ML）是一组算法，我们可以使用它们从数据中创建（学习）模型。模型可以用多种方式表达，例如一组 if/then/else 语句、决策树或神经网络的一组参数或权重。机器学习算法将根据输入的数据生成模型，即：

$$机器学习 + 数据 = 模型$$

模型实际上只是一种近似。比如，你可以想象有这样一个模型，它可以将 4 条腿和毛茸茸的特性与狗联系起来。当然，4 条腿和毛茸茸这个描述太笼统了，没有什么用处。模型还需要更多的信息来捕捉狗和猫之间的差异或大丹犬和吉娃娃之间的共性。在这种情况下，模型将组合有关实体的部分数据（例如，腿数、毛发、大小等）和有关缺失数据位（类型或实体）进行推理，机器学习算法可以提取这些数据：

$$模型 +（部分）数据 = 推理$$

当人类手动构建模型时，他们会选择关联规则（association rule）或网络参数，因此他们可以进行的实验量是有限的。机器学习方法的优点是机器可以检查大量参数或关联。机器可以快速且低成本地搜索数百万或数十亿种不同的设置和链接。

人类（例如统计学家或流行病学家）的优势在于他们知道自己在做什么。一般来说，这种应用常识和更广泛的世界知识的能力意味着人类选择和创建的模型将优于机器学习的模型。这也意味着人类可以在不需要访问大量数据的情况下构建模型。不过，最新的发展趋势是，机器学习变得越来越重要，因为使用当前可用的巨大计算能力来处理大量数据比手动设计模型要便宜得多，也容易得多。

图 1.1 显示了机器学习开发人员正在构建的此类系统的示意图。在该图左侧，我们可以看到数据进入系统，经过处理和转换后，被输入机器学习算法中，从而创建出模型。这些模型被集成到应用程序和人工驱动的流程中。在该图的右侧，我们可以看到，从模型中创建的推理结论会影响到人类用户。

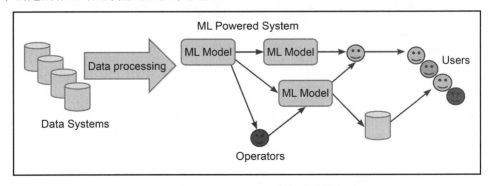

图 1.1　机器学习项目试图交付的系统类型

原　文	译　文	原　文	译　文
ML Powered System	机器学习赋能的系统	ML Model	机器学习模型
Data Systems	数据系统	Operators	运营商
Data processing	数据处理	Users	用户

在数据被模型使用之前，需要对其进行处理。这通常意味着数据必须被清洗并组装成可以传递到模型中的示例。一旦数据处理完成，模型就可以使用它。有时我们可以使用单个模型，但如图 1.1 所示，生成一组模型并将其链接在一起以创建我们所需的推理结论也是很常见的，而这些模型则需要由一个运营商（operator）支持团队来进行管理。有时，模型的输出还需要由监督人员进行审查，监督人员将决定这些模型输出如何影响他们的最终消费者。在其他应用场景中，模型结果将由另一个系统进行中介，然后更直接地被用户使用。

机器学习算法可以从人类无法处理的过于复杂的数据集中学习模型，并且可以将它们集成到非常有用的系统中（例如，为现代生活的许多方面赋能的系统，如互联网搜索、电商数据网络和电影推荐系统等）。每个人似乎都同意这一结论：机器学习可以成为彻底改变我们的经济和社会的一项重要技术。

但是，机器学习的应用仍然有一定难度，并且许多问题可能会阻碍从事机器学习项目的团队。为了更深入地了解可能给机器学习团队带来挑战的具体问题，接下来我们将更详细地探讨机器学习的前景和陷阱。

1.2　机器学习很重要

为什么我们说机器学习技术令人兴奋且大有前途？在过去的几年中，机器学习研发取得了革命性的成果，这导致了机器学习技术可以：

❑　根据输入的条件或提示，生成与之相关的具有一定创意和质量的内容。例如，GPT-3 之类的大语言模型[①]可以轻松写作主题文章、制作 PPT 甚至编写代码。其能力水平与专业人士相当甚至有所超过。

❑　在推导蛋白质形状方面展现出革命性的性能。例如，DeepMind 开发的 Alphafold-2 就是这方面的佼佼者。[②]

[①] Brown, T.B. 2020. "Language Models are Few-Shot Learners." ArXiv. May. Accessed January 29, 2021. https://arxiv.org/pdf/2005.14165.pdf.

[②] Jumper, J. Evans, R. et al. 2020. "Alphafold 2 Presentation." Prediction Centre. 12. Accessed January 29, 2021. https://predictioncenter.org/casp14/doc/presentations/2020_12_01_TS_predictor_AlphaFold2.pdf.

❑ 　在所有棋盘游戏中轻松击败人类顶尖选手。DeepMind 公司开发的 AlphaZero 程
序就是这方面的佼佼者。①

此外，机器学习创建的模型可以在给定文本提示时创建新颖且相关的图像，例如，
DALL-E 模型就是如此。②

这些进步被许多人视为路标，表明了机器学习技术的潜力，人们普遍期望更多令人
震惊的创新即将到来。与此同时，也有许多评论家指出，有关机器学习能力的宣传和炒
作与模型的实际功能之间仍然存在不小的差距，Gary Marcus 就是这些评论家中较为激烈
的一位。③

重要的是，模型的工作方式和它们所犯的错误可能会产生深刻的道德问题。④⑤

值得注意的是，机器学习技术并不仅仅是硅谷少数技术专家和世界一流大学的专利。
你也可以免费下载现成的模型和库，然后轻松使用它们。这使得程序员（以及越来越多
的非程序员）可以将机器学习组件构建到他们的项目中。

今天已经有机器学习驱动的工具可以识别工厂的安全风险，选择适合消费者口味的
新音乐，或者检查电子邮件的语法。这些都为许多人的生活和幸福做出了微小但切实而
有价值的贡献。机器学习很可能每天或每隔几分钟就会给我们的生活带来某种改变。

即便是技术专家，也会对今天机器学习的发展感到惊奇，但毫不奇怪的是，随着该
技术在现实世界中的应用，也不可避免地出现了一些问题。模型可以用来做它们不适合
的事情，例如根据人们的外表来判断他们是否可能犯罪，以及确定罪犯应该在监狱里待
多久。这种应用存在很大的问题，如果要详细解释其所有细节，那么一本书的篇幅可能
是不够的。⑥可以肯定地说，使用算法来决定一个人的一生并不是一个好主意。

当我们尝试将机器学习程序应用于实践时，我们很容易发现它也可能产生令人失望
的结果。一个很好的例子是，机器学习社区为开发治疗新型冠状病毒（COVID-19）的工

---

① Schrittwieser, J., Antonoglou, I., Hubert, T., et al. 2020. "Mastering Atari, Go, Chess and Shogi by Planning with a Learned Model." ArXiv. Feb. Accessed January 29, 2021. https://arxiv.org/pdf/1911.08265.pdf.

② DALL-E (2022) https://huggingface.co/spaces/dalle-mini/dalle-mini.

③ Marcus, Gary. "Deep learning: A critical appraisal." ArXiv preprint ArXiv:1801.00631 (2018).

④ Kearns, M., and A. Roth (2019). The ethical algorithm: The science of socially aware algorithm design. Oxford: Oxford University Press.

⑤ Bender, Emily, Timnit Gebru, Angelina McMillan-Major, and Mitchell Margaret (2021). "On the Dangers of Stochastic Parrots: Can Language Models Be Too Big?" FAccT'21, ACM Conference on Fairness, Accountability and Transparency. Virtual Event, Canada: ACM Conferences. 610-623. https://dl.acm.org/doi/pdf/10.1145/3442188.3445922.

⑥ Kearns, M., and A. Roth (2019). The ethical algorithm: The science of socially aware algorithm design. Oxford: Oxford University Press.

具付出了巨大的努力。有一项研究考察了已开发的 232 个模型，[①]但最终发现只有两个模型的质量足以支持进一步的测试。那些旨在解释医学图像或诊断癌症的系统也存在类似的情况。据报道，甚至连特斯拉公司的老板 Elon Musk 也表示，制造自动驾驶汽车比他想象的要困难得多。[②]

那么，机器学习项目复杂性和挑战的驱动因素是什么？

首先，作为软件项目，机器学习项目必须了解并适应在某个领域工作的挑战，无论这个领域是自行车销售、肿瘤学还是流行病学。除了这些问题，应用领域的机器学习项目也很复杂，因为它需要处理和操作复杂的数据资源、复杂的模型以及编排它们的代码。当谈到复杂性和挑战时，最好记住以下几点：

❑ 机器学习系统依赖于数据，特别是依赖于数据资产的结构和质量，这些数据资产将用于创建最终系统中使用的模型。

现代数据资产庞大且极其复杂。对于负责交付的团队来说，他们需要良好的实践和流程来理解和处理复杂、有噪声、大规模且充满个人信息和机密数据的数据资产。数据需要在系统级别以及统计或价值级别上被理解和处理。我们需要对其进行设计并理解它的含义。

❑ 机器学习项目创建和模型的使用。团队需要测量和理解所创建模型的属性，并且这种理解必须告知嵌入模型的系统的设计过程。

我们需要制作模型，然后从技术上评估它们，在业务环境中进行测试，并且还需要管理它们的生命周期。

❑ 正如 Wixom 和其合著者所建议的，机器学习系统的开发应符合科学性、利益相关者和社会性的要求。[③]也就是说，在机器学习系统的开发过程中，我们必须将商业利益和广泛的道德考虑融合在一起。

图 1.2 显示了如何将上述 3 个问题表示为维恩图（venn diagram）。该图很有用，因为我们可以用它来规划机器学习项目中的工作和职责。

[①] Wynants, Laure, Ben Van Calster, et al (2020). "Prediction models for diagnosis and prognosis of covid-19: systematic review and critical appraisal." BMJ 369:m1328.

[②] Hawkins, Andrew J. (2021). "Elon Musk just now realizing that self-driving cars are a hard problem." The Verge. 5 July. https://www.theverge.com/2021/7/5/22563751/tesla-elon-musk-full-self-driving-admission-autopilot-crash.

[③] Wixom, B., Someh, I., and Gregory, R. (2020). "AI Alignment: A new management paradigm." MIT Centre for Information Systems Research Briefings. November. Accessed January 28, 2021. https://cisr.mit.edu/publication/2020_1101_AI-Alignment_WixomSomehGregory.

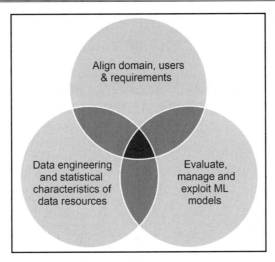

图 1.2　机器学习项目复杂性的驱动因素：领域、数据和模型

原　　文	译　　文
Align domain, users & requirements	对齐领域、用户和需求
Data engineering and statistical characteristics of data resources	数据工程与数据资源的统计特性
Evaluate, manage and exploit ML models	评估、管理和利用机器学习模型

　　机器学习项目带来的挑战可以被视为一件事，但除了解决这些挑战，还有一些任务也需要完成，以确保提供及时、高效和高质量的结果。本书认为有以下 4 个需求：

- ❑ 尽快以切实可行的方式识别项目中的风险和机遇。理解机器学习项目交付中的风险的能力需要实际工作和时间。
- ❑ 使团队能够快速反应并适应出现的问题。团队需要应对意外的问题，并且需要能够随着项目过程中用户需求变得更加清晰而改变方向。能够及时解决意外的模型性能问题至关重要。
- ❑ 将客户纳入流程中。建立客户参与和支持系统，并获取相应的反馈和信息，使项目对任何企业都有用且有效。
- ❑ 提供运行和维护系统所需的一切。虽然构建机器学习系统的团队认为他们要交付的是一个系统，但其实他们还必须提供理解、使用、运行和维护系统所需的一切。特别是，如果该系统将会影响到人们的生活和幸福，那么当你的团队撤出时，适当的文档和记录保存是必要的，以便负责运行和维护代码与模型的后续团队能更好地接手。

综上所述，机器学习项目比普通的软件更加难以处理，机器学习模型实际上只是一种近似，难以解释且难以开发。大多数时候它们不会给出正确的答案，在某些应用领域，它们较为稳定可靠，但在其他领域，它们可能并不适用。机器学习项目比普通软件开发存在更多的不确定性和风险。

此外，机器学习系统严重依赖大规模数据资源。数据是由人根据特定目的收集的，因此，无论他们是否有意识，他们的数据都可能充满了偏见。

人类与机器学习系统交互的方式可能会产生某种循环和螺旋式的行为，这种循环和螺旋甚至可能会让最初的设计者感到惊讶。因此，可靠且高效地处理大量数据资源是个问题，对于习惯运行软件项目的团队来说，这可能是一个很大的挑战。

为了解决这些问题，我们需要一种不同的、量身定制的机器学习方法。如果不能以正确的方式处理机器学习项目，那么可能会导致项目失败或更糟糕的情况，造成其他方面的损害。对于专业人士来说，这是不可触碰的禁区；对于刻意这样做的人来说，他们可能还面临着严厉的新法律和惩罚措施，特别是在中国[①]和欧盟（European Union，EU）[②]。

遵循本书中描述的流程并不能保证你的项目会成功（并且也无法阻止你构建有害的系统），但是我们衷心希望本书列出的步骤能够对你有所帮助。如果你能理解如何将每个步骤与其他步骤结合在一起，那么这对于最终产品的交付也是有帮助的。

接下来，我们将解释本书介绍的工作结构是如何形成的，包括参考其他人如何构建类似的项目。

1.3　其他机器学习方法

人们创建软件系统已有 50 多年的历史，并且在此期间也有很多人构建了机器学习系统，因此值得了解其他人都做了些什么。

多年来，软件开发都是围绕对交付项目所需的复杂性和工作量的预测来规划和组织的，我们称这种方法为瀑布（waterfall）开发。实际上，这种开发模式的思想就是收集所需的信息（定义系统需求），并将其转化为设计（确定系统使用的数据库、系统模块的划分和各个模块的功能），然后，由程序员编写代码，将设计变成工作程序，接下来，程序员提交测试并验证系统功能。最后，该系统被用户接受或根据用户新的需要修改系统，使系统更加稳定，更符合用户的要求。

随着软件系统变得更加复杂，并且受其运行的硬件基础的限制越来越少（因为硬件

[①]　Lu, Shen. "China's New AI Laws." Protocol. March 2022. https://www.protocol.com/bulletins/china-algorithm-rules-effective.

[②]　Gaumond, Eve. Artificial Intelligence Act: What Is the European Approach for AI? Lawfare, June 2021.

变得更快），瀑布开发模式的价值逐渐枯竭。究其根源，瀑布开发模式是典型的预见性的方法，严格遵循预先计划的需求、分析、设计、编码和测试步骤，但是，以瀑布模式开发的系统的最终用户发现，该软件与他们的实际需求无关，因为他们与生成该软件的流程是脱节的。此外，瀑布模式还有其他一些问题，例如，项目经理无法正确估计开发的复杂性和成本，因为他们与实现活动本身距离太远。

遵循结构化瀑布方法的高昂成本，再加上缺乏证据表明这些实践能够带来明确的价值，导致人们对这种"需求预见"开发模式的普遍失望。结果就是，这导致了对瀑布方法的重新评估，进而产生了一些新的开发方法，例如，在开发的每个阶段都添加所谓的"上坡反馈"（uphill feedback）（Royce，1970），这是一种更具迭代性的方法；还有一种方法被称为"螺旋"（Spiral）开发（Boehm，1986），它基于计划-执行-学习-行动（plan-do-study-act）周期，是为支持压力下的决策而开发的；此外还有 V 模型，以其形状类似于字母 V 而得名。V 模型的特点在于它强调了测试和验证的重要性，从而确保软件质量。

但是，在这些新出现的方法中，最有名和最流行的方法当属敏捷开发（agile development）（Beck et al，2001）。

顾名思义，"敏捷"强调的是尽快交付工作成果（软件），尽早与客户进行协作（这指的是"个体和交互"而不是刻板的"流程"），以及更快地应对变化。通过这种方法，项目期间的变更和发现可以更好地被管理，因为客户可以快速获得有用的东西，而不是大量未经进一步开发就无法使用的功能和组件。

这种敏捷开发思想的进一步演变是"研发运维一体化"（DevOps）的理念（Ebert，2016），它试图在开发人员（Dev）和运营软件的支持团队（Ops）之间建立一座桥梁。

推动研发运维一体化的主要优势是，运营团队是一群专家，他们比组织中的任何其他部分都更了解软件。使用该软件的一个主要障碍是开发团队对生产环境的理解与现实之间不匹配的成本。该成本由开发团队（试图实现其交付软件的目标）和运营团队（试图实现其业务无故障连续运行的目标）共同承担。

图 1.3 说明了 DevOps 项目中的关键活动，该项目支持快速、自适应的软件开发。DevOps 团队围绕开发和交付软件的流程实现自动化开发，这使得他们能够随着项目的成熟而专注于开发本身。通过降低开发周期后期更改软件的成本和风险，他们可以促进信息流入项目活动。一般来说，在项目后期，用户和利益相关者都已经意识到软件实际上要做什么，以及它将如何创造价值。此时具有的灵活性会对交付软件的质量产生很大的影响。

过去，有人尝试为机器学习和人工智能系统开发提供具体指导。例如，KADS（诞生于 1990 年）就是 20 世纪 80 年代末和 90 年代初泛欧洲共同努力开发通用工程方法的成果。KADS 是知识获取和设计结构化（knowledge acquisition and design structuring）的缩写。它是一种人工智能和知识工程技术，通过形式化和系统化地描述专家知识，使得机器可以自动运行专家的思维过程。当时的人们试图使用知识工程来创建基于规则的推理系统，以便在复杂领域做出决策。事实证明，这种系统的实用性不如预期，与后来的机器学习技术有很大的差距。在今天，专家系统基本上已经无人问津了。

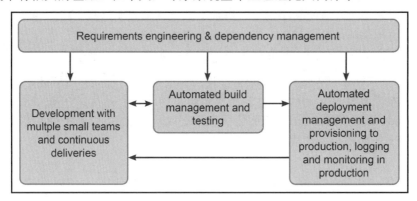

图 1.3　通用的 DevOps 生产和交付流程

由作者参考（Ebert，2016）论文重新绘制和修改

原　　文	译　　文
Requirements engineering & dependency management	需求工程和依赖性管理
Development with multple small teams and continuous deliveries	多个小团队一起开发并持续交付
Automated build management and testing	自动化的构建管理和测试
Automated deployment management and provisioning to production, logging and monitoring in production	自动化的部署管理和生产资源调配、生产环境中的日志记录和监控

　　还有一项与之相关的工作是 CRISP-DM，这是一种从 1997 年到大约 2007 年开发的数据挖掘（data mining，DM）方法。数据挖掘使用了早期的机器学习技术，从数据中提取模式以发现有关正在发生的事情的见解。在 2007 年的一项民意调查中，CRISP-DM 被认为是数据挖掘从业者最常用的方法（Piatentsk-Shapiro 2007）。

　　近年来，机器学习社区中的许多人在 MLOps 的旗帜下采用了受敏捷开发和 DevOps 启发的方法。Google 软件工程师 Sculley 在 2014 年发表的论文 *Machine Learning as the High Interest Credit Card of Technical Debt*（《机器学习：技术债的高息信用卡》）中阐明了机器学习系统开发的一些问题，他认为机器学习系统可能催生低劣的软件设计，从而引发潜在的风险。机器学习社区对此的回应是开发利用 DevOps 风格的方法，但专门针对机器学习项目。

在线手册 *Machine Learning System Design*（《机器学习系统设计》）（Huyen，2020）为想要成为机器学习工程师的人们提供了丰富的信息。①该手册中有一个示例提供了创建生产环境中机器学习系统所需任务的结构和信息。该手册通过对比研究实现的需求，解释了我们在开发生产系统时需要应用的不同观点和考虑因素。它还包括设计考虑因素（如性能要求和计算要求）的简要介绍。

该手册的主要部分描述了以下 4 个阶段（见图 1.4）：

❏ 项目设置（project setup）：这是一个尽可能详细地了解当前问题的过程。该阶段的具体做法就像是技术面试中的讨论，信息来源则为面试官。项目的目标、用户体验、性能约束、评估、个性化和项目约束（人员、计算能力和基础设施）被确定为需要考虑的重要元素。

❏ 数据管道（data pipeline）：需要考虑隐私和偏差、存储、预处理和可用性等元素。

❏ 建模和训练（modeling and training）：需要从模型选择、训练、调试、超参数调整和缩放（在包含大量训练数据时，需要通过缩放统一数据尺度）等方面考虑。

❏ 服务（serving）：这是根据模型的评估以及我们在现场运行模型时需要理解的假设来构建的。

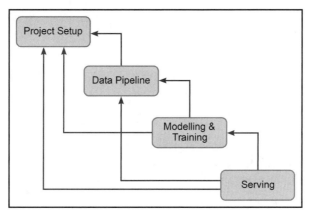

图 1.4　Huyen and Hopper (2020)中描述的机器学习项目流程

该图由作者重新绘制和改编。箭头代表依赖关系而不是工作流程

原　　文	译　　文	原　　文	译　　文
Project Setup	项目设置	Modeling & Training	建模和训练
Data Pipeline	数据管道	Serving	服务

---

① Huyen, C. (2020). Machine Learning System Design. Accessed October 1, 2020. https://github.com/chiphuyen/machine-learning-systems-design.

在 *Machine Learning Engineering*（《机器学习工程》）（Burkov，2020）一书中给出了描述这种方法的另一种尝试，[①]该书对机器学习工程最佳实践和设计模式进行了全面回顾。

Machine Learning System Design（《机器学习系统设计》）和 *Machine Learning Engineering*（《机器学习工程》）这两本书具有明显的共同点，它们都将建模过程表示为迭代式的，并且需要重新进入开发生命周期的其他部分。这两本书都可以被视为 MLOps 的支持者，因为 MLOps 具有敏捷性和适应性，并强调以管道开发形式实现自动化。

此外，MLOps 方法还利用了一系列支持自动化目标的工具。其版本控制可用于代码、模型和功能；自动化管道可用于移动和转换数据以及测试和部署模型。

最近有一些研究强调文档的作用，特别是在数据和模型的来源和出处方面。例如，模型卡（model card）/模型报告（model report）就是为 Google 和 Hugging Face 发布的一些模型开发的。模型卡为模型信息创建了单一真实的来源，简化了整个机器学习生命周期的模型文档。这种改进是电信管理论坛（TeleManagement Forum，TM Forum）倡导的开发过程，它提供了监管链的维护，以确保模型被理解和控制。[②] 这些实践强调需要记录所生成的模型，以便将来能够正确、轻松地选择和使用它们。

1.4　理解本书内容

如 1.3 节所述，DevOps（自动化支持的迭代开发）、强大的文档以及谨慎的道德评估和流程控制非常重要，并且这也是广泛采用的机器学习开发方法。因此，它们在本书中占有重要地位。除了理解如何使用这些工具创建机器学习模型，本书还将介绍：

- ❑ 委托和运行项目，包括估算项目成本和持续时间。
- ❑ 与团队合作并组织团队来交付项目。
- ❑ 处理支持项目的数据资产，构建数据管道，处理为不同目的收集的各种数据，设置和运行探索性数据分析。
- ❑ 评估机器学习模型并决定使用哪些模型（如果你正在考虑"最好的模型"，那么请做好大吃一惊的准备）。
- ❑ 将机器学习模型从开发和测试阶段转移到生产环境中。

[①] Burkov, Andriy. 2020. Machine Learning Engineering. http://www.mlebook.com/wiki/doku.php: self-published.

[②] Claxton, Robert, Janki Vora, Franco Luka, H. Varvello, Humanshu Sharma, S.G. Thompson, and Emmanuel Otchere (2019). "IG1184 Service Management Sta dards for AI R18. 1." Accessed August 24, 2020. https://www.researchgate.net/publication/336364834_IG1184_Service_Management_Standards_for_AI_R18.

   ❑   在应用程序中使用机器学习模型。

    本书将使用敏捷开发项目的惯例[①]来解释工作的结构。如图 1.5 所示，每个工作块被描述为一个冲刺（sprint），每章中的任务列表被称为待办事项（backlog）。待办事项列表后面是详细说明每个子任务的结构和方法的信息，以及帮助工程师开展工作的附加说明。

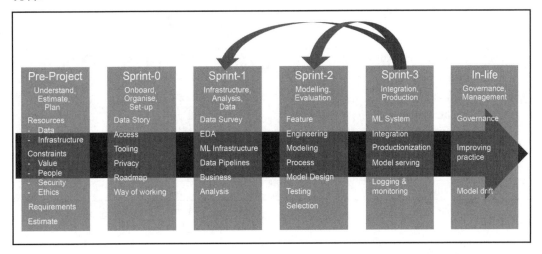

图 1.5　本书描述的项目结构；从创建和开发项目到管理生产环境中的最终模型

原　　文	译　　文
Pre-Project	项目前期
Understand, Estimate, Plan	了解、估计、计划
Resources	资源
- Data	- 数据
- Infrastructure	- 基础设施
Constraints	约束
- Value	- 价值
- People	- 人员
- Security	- 安全性
- Ethics	- 道德伦理
Requirements Estimate	需求估算
Onboard, Organise, Set-up	人员到位、组织、设置

[①] Sutherland, J. Scrum: The Art of Doing Twice the Work in Half the Time. Penguin Books (2015).

续表

原　　文	译　　文
Data Story	数据故事
Access	访问
Tooling	工具
Privacy	隐私
Roadmap	路线图
Way of working	工作方式
Infrastructure, Analysis, Data	基础设施、分析、数据
Data Survey	数据调查
EDA	探索性数据分析
ML Infrastructure	机器学习基础设施
Data Pipelines	数据管道
Business	业务
Analysis	分析
Modelling, Evaluation	建模、评估
Feature	特征
Engineering	工程
Modeling	建模
Process	过程
Model Design	模型设计
Testing	测试
Selection	选择
Integration, Production	集成、生产
ML System	机器学习系统
Integration	集成
Productionization	部署到生产环境
Model serving	模型服务
Logging & monitoring	日志记录和监测
In-life	日常运维
Governance, Management	治理、管理
Governance	治理
Improving practice	改进实践
Model drift	模型漂移

在每个冲刺阶段结束时，本书都会提供一份检查清单（checklist），团队需要对照清

单，确保完成所有任务。检查清单标记了特定项目阶段任务的文档要求，确保收集到越来越多的详细说明团队所取得进展的文档组合。这些文档是宝贵的资产，提供了信息共享和重用的方式。此外，该文档还支持生产环境中系统的维护和治理。

本书提供了一个案例研究（The Bike Shop），其中的介绍旨在说明所描述的技术和任务的过程和应用。有些章节（第 2 章"项目前期：从机会到需求"、第 5 章"深入研究问题"和第 7 章"使用机器学习技术制作实用模型"）没有提及案例研究，因为它们是冲刺的开始，相关介绍会出现在第 2 章"项目前期：从机会到需求"中。

大多数项目步骤可以被视为迭代式的和具有适应性的，并且从图 1.5 中可以看出，项目中的某些步骤可能会产生需要返工的结果。特别是，第 5～8 章中描述的探索性数据分析、建模、评估和集成过程在实践中都是迭代式的。由于实际流程中的某些发现和改变，我们可能需要多次返工和重新开始。例如，建模过程可能会发现探索性数据分析过程中未公开的数据特征，这意味着需要更多数据或不同数据。

集成可能会暴露意外的模型属性，而这需要重新启动并重复建模。探索性数据分析阶段以及建模和评估阶段的任务顺序和细节旨在最大限度地减少这种情况并尽早暴露问题。它还旨在使项目负责人（你）和你的团队能够向利益相关者传达正在发生的事情，向他们保证你已尽最大努力避免意外的死胡同和项目重置。

本书的目的是帮助你确定重要的机器学习项目的每一步需要做什么，并为你提供一些支持。例如，我们将指导你如何预估项目时间，如何向项目发起人证明活动和费用的合理性，以及如何适应必要的调整和迭代。

1.5　案例研究：The Bike Shop

为了使本书更加贴近实际，我们将围绕一个基于真实世界数据和真实项目经验的示例进行讨论。该示例将进行匿名化处理并有一部分重新构想的内容。

The Bike Shop 使用独立的系统管理其销售和库存数据。销售由软件即服务（software as a service，SaaS）系统管理，而库存则由现成的库存系统管理，该系统使用由 The Bike Shop IT 团队管理的服务器集群运行。

由于 The Bike Shop 管理团队希望通过公司的销售和库存数据挖掘出经营上的某些见解，因此，他们需要将这两个系统中的数据转移到单个云数据库中，并创建一个业务案例来证明这样做是可行的。该解决方案将仅基于共同托管数据并提供一个仪表板界面，使得业务用户能够使用它。管理团队虽然认为将机器学习技术应用到业务中将会产生巨大的效益，但却不知道如何具体实现这一目标。

　　每一章的末尾都会从你的角度讲述你作为 The Bike Shop 机器学习计划项目负责人如何管理机器学习系统的故事。这包括：

- ❑　制定提案并估算成本。
- ❑　组建和设立团队。
- ❑　访问系统和数据，看看数据中究竟有什么。
- ❑　确定机器学习可以对数据做什么。
- ❑　了解用户将如何使用结果。
- ❑　选择要使用的模型并进行设置以构建模型。
- ❑　构建模型并将其集成到生产系统中。

第 2 章"项目前期：从机会到需求"将正式展开本书的机器学习旅程。

1.6　小　　结

- ❑　过去 10 年数据和计算的爆炸式增长证明机器学习已成为一项重要技术。
- ❑　很多机器学习项目都存在交付困难以及最终成果可能产生负面影响的问题。
- ❑　每个机器学习项目都是不一样的，因为它们依赖于复杂的数据，需要团队生成和管理基于数据创建的模型，并且需要仔细地满足用户和利益相关者的需求。
- ❑　成功的机器学习项目可以消除数据中的风险，捕获功能性和非功能性需求，并发展出处理和评估模型的能力。
- ❑　机器学习项目需要在整个生命周期中与社会和利益相关者的需求保持一致，以避免出现不良结果。
- ❑　我们可以借鉴敏捷软件和 DevOps 社区的思想来帮助开发项目。

第 2 章　项目前期：从机会到需求

本章涵盖的主题：

- ❑　了解项目类型以及利益相关者对项目规模和结构的期望
- ❑　建立售前或项目前期流程
- ❑　了解模型性能要求
- ❑　了解数据资产
- ❑　了解项目的一般要求
- ❑　掌握成功交付的工具和基础设施

项目的成功和失败是由围绕它的项目前期或售前活动决定的。作为项目负责人，你所面临的挑战是从知道有机会通过机器学习项目获得报酬开始，将它转变为具体可行的工作。本章的目的正是列出需要进行的活动和操作，以了解机器学习项目是否可行以及是否有用。然后，我们需要确定完成该项目需要付出什么样的努力以及由谁来完成。

对这些活动进行详细规划以获得更多资金支持是一个很诱人的想法，因为我们可以非常深入地执行所有这些活动。遗憾的是，我们生活在一个竞争激烈的世界，有时组织很难在项目达成一致之前投入太多的时间或金钱。

实际上，你需要明白，只有在合同上的墨水干了之后，组织才会支持你深入研究客户数据或访问高性能服务器。到那时，让项目真正发生就变成了每个人的工作。在此之前，这一切都只是理论。因此，我们在获得资金和时间分配之前所做的工作只是后来发生的事情的影子，这个影子既可能变成现实，也可能化为泡影。

项目前期的认真调研可以降低你和你的团队所承担的风险。这些风险包括：不了解项目的业务需求会使你的团队被误导，他们的努力被浪费；出价过低可能导致你无法提供交付所需的资源；不了解可用的数据资源意味着你无法确定如何使用机器学习来处理项目或判断成功的前景。此外，不了解安全、隐私或道德因素也意味着你、你的团队和你的组织将面临各种问题甚至法律责任。

在项目前期仔细研究上述所有方面可以让你做出一些及时有效的决定，这些决定可以让你以后的生活变得更美好。

从某种意义上来说，任何项目都会出现上述问题，但是，机器学习项目还有一些特定的风险，这些风险必须得到解决：

- ❑　开发机器学习模型通常很容易，但开发具有正确属性来解决特定业务问题的模型则要困难得多。

❑ 质量很差或无法访问的数据会浪费相当大的时间和精力，并且在获得数据之前，项目进度通常会停滞不前。

❑ 数据来源和使用限制可能意味着使用该项目的结果是不道德或非法的。例如，如果个人数据的来源未知，那么使用它可能会侵犯消费者的隐私，并且数据所有者可能不同意其使用。

❑ 很难预先预测机器学习算法在学习模型中的性能。尽管团队尽了最大努力，但结果也可能会令人失望。

❑ 如果对在生产环境中部署机器学习系统的 IT 架构不了解或没有预见到，则可能意味着项目的结果将无法使用。

本章后面和第 3 章"项目前期：从需求到提案"都将介绍如何缓解这些问题。正如第 1 章"引言：交付机器学习项目很困难，让我们做得更好"所述，项目前期待办事项列表提供了交付项目前期活动所需的任务列表。在此之后，我们将描述设置此活动所需的工作，然后讨论了解客户要求所需的工作。后续部分还将探讨如何理解数据资源、安全和隐私、伦理道德以及 IT 架构等问题。

2.1　项目前期待办事项

表 2.1 总结了成功取得项目前期成果所需的活动。我们可以使用此列表作为预售（pre-sale，PS）待办事项。每个项目都可以是 Jira 或 GitLab 等系统中的一个工单（ticket），这样我们就可以跟踪进度，从而防止忘记任务。

表 2.1　项目前期的预售待办事项

工 单 编 号	项　　目
PS1	设置项目待办事项/任务板并使用它
PS2	创建文档存储库并将其提供给项目团队
PS3	建立风险登记册，以确定哪些方面仍然未知，并估计哪些方面需要改善
PS4	创建一个组织模型，以更好地了解你的客户以及客户所面临的挑战。将项目利益相关者映射到组织结构图，将项目影响映射到特定业务部门（如果受到影响）和业务优先级（收入增加、成本降低、市场增长等），以此来进行组织分析
PS5	了解系统架构和非功能性约束
PS6	获取数据样本并记录有关数据资源的已知信息，包括：统计汇总、非功能性信息（规模、速度、历史等）和系统属性（数据的位置、存储数据的基础设施、数据的作用）

续表

工 单 编 号	项　　　目
PS7	检查并记录安全和隐私要求，并将其作为项目假设包含在其中
PS8	检查并记录企业社会责任和道德要求，然后提出问题，提供反馈，并将其作为项目假设包含在其中。 创建 PDIA 和 AIA 文档
PS9	开发一个高级交付架构。该架构应涵盖开发、测试和生产部分（有时还包括预生产/阶段），并应能够支持客户的非功能需求，如可用性、弹性、安全性和吞吐量等。 如果可能，与适当的利益相关者一起讨论此架构以获得反馈和确认。 将该架构的关键方面记录为项目假设
PS10	理解业务问题：使用共识来构建项目假设，由客户和交付团队双方确认。 确保在任何合同协议中明确传达和记录这一点
PS11	进行项目尽职调查。有哪些利益相关者？数据是否可用且可管理？有哪些团队成员可用，他们具备哪些技能？
PS12	估计项目的工作量，交付所需的项目假设，同时考虑可用团队和所需工作量的规模。 确保你的估算中考虑到了所有项目风险
PS13	创建团队设计和资源配置计划并与客户共享
PS14	召开一次审查会议，检查清单，以确保预售流程正确完成

使用工单系统来跟踪进度会很方便，因为它可以轻松确定会议何时召开，并查看谁负责每项任务以及他们都做了些什么。

本章将讨论工单编号 PS1～PS9 的预售待办事项，主要任务是识别和记录项目的要求。第 3 章"项目前期：从需求到提案"将讨论工单编号 PS10～PS14 的预售待办事项，主要任务是使用 PS1～PS9 中确认的要求来创建项目估计和建议，这样可以确保资金到位并让项目做好准备。

首先要完成的待办事项是 PS1。

> **项目管理基础设施工单：PS1**
> 　设置项目待办事项/任务板并使用它。

我们可以使用 Jira、GitLab、GitHub、Microsoft ADO 或许多其他选项来完成此工单。完成此操作后，即可将 PS1 注销掉。

恭喜，你已经开始了项目前期工作。接下来要完成的是 PS2 和 PS3。通过建立项目管理基础设施（构建在工单系统上），你可以更轻松地处理所有其他事情。

2.2　项目管理基础设施

PS2 和 PS3 工单要求建立项目管理基础设施并将其投入使用。因此，它们是一个很好的起点。这两个工单如下所示：

> **项目管理基础设施工单：PS2**
> 　创建文档存储库并将其提供给项目团队。

> **项目管理基础设施工单：PS3**
> 　建立风险登记册，以确定哪些方面仍然未知，并估计哪些方面需要改善。

根据 PS2，完成售前流程的第一步是创建一个共享的项目文档存储库，在其中将保存涵盖售前活动的文档。我们可能会在整个项目开发过程中使用该存储库，当然，客户数据保留和管理要求可能意味着我们需要将其迁移到另一个客户拥有的标准化存储库中。即便如此，在此步骤中收集的信息在交付结束甚至在交付结束之后仍然有用，并且从现在开始组织文档是至关重要的。

要记住的一件事是，你的组织可能有文档保留策略（document retention policy），这可能需要在特定时期后或项目结束时删除文档。或者，这也可能意味着文档已存档，以便日后可以轻松找到。

尽管检查文档保留策略很重要，但已经收集到的信息很可能是你组织的财产。如果项目预售失败，并且没有合适的项目替代，那么当客户将来带着另一个项目返回时，这些文件可能仍然有用。

重要的是，在上述所有情况下，你开发和获得的文档现在都可以支持你的团队和工作实践的发展，这意味着你从第一天起就获得了价值，并且这些价值未来仍可帮助你。例如，日后当有相同的情况出现时，你会想，"哦，我以前遇到过类似的问题，那时我们的做法是……"，你想起来了，拿出资料，这时你会发现，你真的很有优势。

第一天要做的另一件事是建立风险登记册（risk register）。确定可能出错的地方和未知的地方是创建可管理项目的关键步骤。这是一种防止重要问题被遗忘的方法，也是一种确定项目工作所产生的差异的方法。当你将已识别的风险从活跃（live）状态转移到已解除（retired）状态时，表示问题已得到解决，并且这些问题是由你和团队解决的。

我们可以通过将风险项目转化为要探索的问题来处理它们。如果项目的目标是根据需要回答的问题来定义的，那么风险就会大大降低。这种方法暴露了我们在建立业务价值之前需要处理的不确定性。以这种方式提出问题还可以让客户了解需要进行的探索的价值。

建立项目风险登记册听起来像是一件复杂而奇特的事情，但实际上却很简单。风险登记册是保存在你的存储库中的一个文档（它有版本记录和识别标记）。

风险登记册记录了项目中的所有风险和操作。如果操作成功，则风险登记册还会记录我们消除了风险并将其从登记册中删除。

在项目本身中，风险的识别和管理是项目心跳（heartbeat）的一部分（稍后会详细介绍心跳），并通过与关键项目利益相关者的每周会议进行管理。各方均接受将新风险记入登记册中，并同意是否对其进行处理。

在售前过程中，风险由售前团队密切管理。在此阶段，风险也是项目团队关注的问题，因为评估和控制项目风险也需要由团队来提供定义和估计，这也为客户决定是否采纳团队的建议奠定了基础。

2.3　项 目 需 求

在建立了包含工单系统、文档存储库和风险登记册的工作项目基础设施后，真正的工作就开始了。PS4 和 PS5 待办事项就与了解项目需求相关。

需求工单：PS4

❑　创建一个组织模型，以更好地了解你的客户以及客户所面临的挑战。

❑　通过映射执行组织分析：

➤　将项目利益相关者（project stakeholder）映射到组织结构图（organizational chart）。

➤　将项目影响映射到特定业务部门（如果受到影响的话）和业务优先级（收入增加、成本降低、市场增长等）。

需求工单：PS5

了解系统架构和非功能性约束。

了解你的客户非常重要，因为他们是投资方。他们需要获得什么才会称该项目取得成功？了解这些将使你的项目精神获得认可，顺利签下合同，并且使协作谈判和变更管理也变得更加容易，不至于出现双方扯皮的现象。

2.3.1　投资模式

第一个挑战是了解项目的投资模式。

一般来说，项目的投资模式分为以下 3 种类型：

❑　固定价格（fixed-price）

❑　时间和材料（time-and-materials）

❑　任务驱动（mission-driven）

其中，固定价格、时间和材料这两个类型的项目需提交特定的结果，该结果通常是预先定义的。

任务驱动类型的项目更具探索性，旨在提高企业某个领域或较小企业（或较大项目）的绩效，并对其进行整体改造。

我们交付的项目的类型会影响我们管理项目的方式以及我们应该采取的方法。

对于固定价格、固定时间的项目，我们应该在特定的时间交付规定的结果，因此，交付组织承担着交付的风险。

值得注意的是，当项目出现问题时，风险会通过以下两种方式显现：

❑　团队经历了困境并加班加点地交付产品。

❑　该项目的成本不断上升，对使用该项目的业务造成了商业上的损害。

一般来说，这两种情况都会发生。Verheyen 讨论了使用敏捷方法处理固定价格合同的挑战。[①]他的结论是，固定价格合同存在太多的问题，有时甚至是不道德的！

尽管存在很多问题，但固定价格、以结果为导向的合同是许多团队每天都要面对的商业现实。这是因为这些合同为客户支付开发服务的款项提供了一种易于理解的机制。事实上，这种类型的安排非常简单，即使在不存在正式合同的情况下，使用固定资源、固定时间的结构也可以提供清晰的约定并获得利益相关者的支持。

采用固定价格、固定时间（以及大致固定结果）结构的最大优点是清晰透明。团队知道他们要做的是什么，客户也知道（尽可能多地知道）他们将得到什么。代价是固定价格项目的风险在很大程度上转移到了交付团队身上。团队最终可能被迫通过加班来弥补错误估计或错误定价的项目。作为团队领导者，你需要通过在项目开始前所做的调查和准备工作来防止这种情况的发生。

对于以时间和材料为基础的项目来说，客户将在团队完成项目时付款，或在客户的

---

① Verheyen, Gunther. "Fixed price bids. (2012). https://guntherverheyen.com/2012/10/07/fixedprice-bids-an-open-invitation-to-bribe-cajole-lie-and-cheat/ (accessed 08 04, 2020).

资金耗尽时，项目将终止。基于时间和材料的项目有其自身的弊端。例如，项目团队和其他技术利益相关者很容易设定不切实际的目标，并且可能直到后期才意识到项目真正能够达成的期望和目标。这反过来也会导致预算持有者的压力蔓延到团队身上，使得团队发现不可能的目标和需求，或者直接导致项目失败。当然，人们普遍认为，基于时间和材料的项目的风险更多地被转移给了客户利益相关者。

与固定价格或时间和材料类型的项目相比，任务驱动类型的项目有时看起来更像是一个追逐梦想的过程。其团队有一个很高层次的使命以及一个得到利益相关者支持的想法，团队将为完成使命和获得结果而努力。

最好的情况是，随着团队对项目的理解越来越深入，他们会看到越来越多的机会；而最坏的情况是，他们会看到越来越多的问题。由于工作的重要性和价值，团队成员可能变得充满活力和非常积极，他们会认为自己负有拯救企业之类的使命。另外，团队成员也可能会对永无休止的错误和令人失望的结果感到厌烦。有时，团队的成就会得到理解和认可，但有时，这些成就也可能只是为他人做了嫁衣。

如果你正在调研的项目的投资模式看起来可能是时间和材料类型的，或者如果它是一个更加开放的任务驱动类型的项目，那么本章和第 3 章"项目前期：从需求到提案"的讨论可能与你和你的团队关系不大。当然，使用结构化的项目前期流程将有助于所有 3 种类型的项目：

- ❑ 对于固定价格类型的项目来说，前期流程可以为你的组织提供在特定级别出价（或不出价）的证据。
- ❑ 对于时间和材料类型的项目来说，前期流程可以减少团队加班和让利益相关者感到灰心丧气的危险。
- ❑ 对于任务驱动类型的项目来说，它以团队为中心，可以帮助团队和组织构建或把握他们想要抓住的战略机遇。

2.3.2　业务需求

商定项目的投资模式并决定进行结构化的项目前期调研之后，接下来要做的就是仔细研究客户的业务目标。

我们经常将需求分析视为软件开发"大设计前期"（big design upfront）方法的一部分，但对于机器学习项目来说，必须了解一些问题才能确定该项目是否实用。举例来说，无论团队多么灵活敏捷，他们都无法使大型通用模型在旧的慢速处理器上运行得像许多用户所期望的那样快，而且对它进行优化的成本肯定也不便宜。

针对此分析，我们需要了解 3 种需求类型：

❑　功能需求（functional requirement）：系统将要做什么以及为谁服务？驱动交付系统的模型功能是什么？根据客户数据构建的模型预期执行哪些分类、推荐或标记任务？模型在准确率方面必须表现得如何？对于异常值是否能保持稳定性能？面对出现的变化是否仍足够可靠？

❑　非功能需求（nonfunctional requirement）：模型必须以多快的速度执行或运行？需要多大的吞吐量？模型必须在多长时间内做出反应？就金钱和碳足迹（carbon footprint）而言，执行这些模型需要花费多少成本？

❑　系统需求（system requirement）：模型部署在哪里？如何维护它？它必须与哪些系统进行集成？模型的结果将如何被使用以及需要做哪些工作才能使其可用？需要哪些弹性或业务连续性措施？

按顺序逐个解决这些需求是不现实的。相反，我们需要一个清晰确认和反思的过程，这也是一个加深理解的过程。

接下来，我们可以根据上述需求来确定一些具体的细节，了解以特定方式解决这些需求的含义。那么，该如何开始呢？

显而易见，第一步是倾听客户或赞助商对他们想要的东西的看法。有些客户可能只会给你一个宏观上的大致说明，他们由于缺乏技术背景，因此无法以技术上可实现的方式描述自己的需求；当然，也有一些客户可能会立即给你一份详细且一致的产品规范。

在仔细倾听客户对项目的理解后，我们还需要更深入地询问 3 个 w：为什么（why）、联系谁（who）和是什么（what）。

1. 业务需求：为什么

询问客户为何有这些需求和目标非常重要。你如果能清晰地理解这一点，就可以做以下几件事：

❑　将客户的需求纳入技术上可实现的解决方案中。

❑　细化客户需求，以提供更多价值。

❑　开发多种实现价值的替代途径，你可以在项目期间探索这些途径。

想象一下，你有一个想要创建智能建筑的客户：明确的目标是开发模型，使用在整个建筑中收集的传感器数据来更有效地控制供暖和空调。在这种情况下，对于"为什么有这些需求和目标"的答案可能是：

❑　想要降低成本。

❑　为用户改善建筑物内的环境。

❑　想要减少碳消耗。

❑　减少空调中特定化学品的使用。

- ❑　为提高公司形象。
- ❑　因为我们被告知要这样做。

所有这些都是实现该目标的正当理由；所有这些都意味着潜在的替代解决方案。

下一个要问的问题是：谁？

2. 业务需求：联系谁

要获得这个问题的答案，一个简单的做法就是从客户那里获取一份组织结构图：你要向哪个组织提供服务以及客户属于哪个组织？

图 2.1 显示了一个示例，该示例确定了对 The Bike Shop 项目来说非常重要的客户的部门和职责。发起该项目的人员来自 IT 部门，而最终用户则来自制造部门和零售部门下面的营销和运营部门。该项目的接触点用图中的黑色圆点表示。你如果感兴趣，可以仔细研究，看看项目在哪些方面将会与客户的哪些组织打交道。

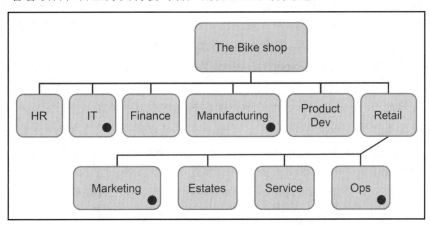

图 2.1　The Bike Shop 组织结构图

黑色圆点代表利益相关者和用户，即项目的接触点

原　　文	译　　文	原　　文	译　　文
The Bike shop	The Bike Shop 项目	Retail	零售
HR	人力资源	Marketing	市场营销
IT	信息技术	Estates	不动产
Finance	财务部	Service	服务
Manufacturing	制造	Ops	运营
Product Dev	产品开发		

使用联系人和用户的姓名和角色定位和装饰组织结构图是一个很好的开始，但我们

可以使用更正式的策略来建立更深入的理解。构建组织模型的概念来自 CommonKADS 知识方法论。[①]作者建议以迭代方式开发客户模型，重点关注需要你参与的问题：

- ❏ 问题和机遇：客户感知到的问题和机遇的简短列表，用于证明与你的合作是合理的。
- ❏ 组织背景：带着问题透视组织的属性，包括组织的使命或愿景、影响组织的外部因素（竞争、监管、经济）、组织的战略、组织所处的价值链（它从谁那里购买？向谁出售？该组织所经营的商品和服务的最终客户和生产商是什么）。
- ❏ 解决方案：有关你可能提供的解决方案的想法。

在 KADS 领域中，我们被建议可以从组织中的利益相关者那里获取这些知识。值得注意的是，KADS 在其利益相关者地图中使用了过时的层次结构。

在现代组织中，利益相关者可能是：

- ❏ 预算持有者（budget holder）：你将为之带来价值的"买方"。他们可能是你的客户，也可能是来自财务或采购部门的人员，必须由他们来认可分配给客户的资金得到了正确使用，或者组织的采购政策和标准得到了遵守。
- ❏ 业务专家（business expert）：了解专业领域知识的人员，明白你的系统将如何与其业务联系起来。
- ❏ 最终用户（end user）：将使用你的系统并将受其影响的人员。
- ❏ 安全签核员（security signoff）：评估你的系统以使其符合组织的安全标准的人员。
- ❏ 系统签核员（system signoff）：同意你已合规地设计和实施系统的人员。
- ❏ 数据管理员（data admin）：为你提供所需数据资源访问权限的人员。
- ❏ 数据保护签核员（data protection signoff）：确认你已合规处理数据的人员。
- ❏ 质保签核员（QA signoff）：验证你是否已实现有效的质量体系的人员。

上述利益相关者中的许多人都可以否决结果，导致你的项目被认为是成功的或失败的。因此，作为项目领导者，你的挑战在于识别他们，然后弄清楚他们对你和你的团队的要求是什么。确定他们是谁、他们想要什么以及如何与他们交流。

这是一个令人生畏的清单。实际上，你必须优先考虑要接触的人。与组织中的利益相关者（而不是客户）合作，将确保你获得与你确定的人员互动的许可。出于商业原因，有些人是不允许与你交流的，否则你可能因此而破坏了招投标。

如果这是一个内部项目，那么在争夺资金时，必须考虑一些人事政治因素。因此，

[①] Guus Schreiber, Hans Akkermans, Ango Anjewierden, Robert de Hoog, Nigel Shadbolt, Walter Van de Velde, and Bob Wielinga. Knowledge Engineering and Management. The CommonKADS Methodology. Cambridge, Massachusetts: MIT Press (A Bradford Book) (2000).

此时接触错误的利益相关者可能会导致该项目在有机会开始之前就被否决。

一旦你获得了合格的联系人列表，则还需要回答以下问题：

- ❑ 组织背景：该单位的任务是什么？业务压力的来源是什么（监管、竞争、供应、中断等）？客户如何赚钱并证明他们在组织中的地位是合理的？
- ❑ 问题和机遇：为什么与你打交道的人需要解决方案？他们的生产力可以提高吗？他们是否把时间浪费在重复性的任务上？他们是否因为缺乏信息而无法做出正确的决定？他们是否因选择众多而举棋不定？事情进展得太快了吗？

这些问题的答案定义了项目功能部分的需求和机会。当然，如果有一个明确的功能需求（例如，一个执行 x 操作的系统），那么一切都好说，因为这就是非常干脆直接的功能需求。不过，有些事情可能会更加晦涩难懂，你会得到一系列的需求和想法。没关系。通过了解可以做什么的限制，你将能够从你为此任务创建的清单中进行综合选择。这也引出了下一个需要搞清楚的问题：业务需求是什么？

3. 业务需求：是什么

要开始弄清楚业务需求或系统究竟是什么，第一步是掌握客户组织中的系统或 IT 架构，然后开始处理规模和速度方面的非功能需求。

遗憾的是，我们不太可能获得一个很好的图表来表示大型组织的 IT 设置或架构（第一步）。许多大中型企业都拥有数百或数千个应用程序和设施（在某些情况下甚至有数万个），这是很常见的。因此，我们的基本任务是了解组织的总体政策和当前正在使用的设施，并了解可能影响项目的遗留资产。

我们需要了解的关键问题是：

- ❑ 目前使用的是哪种类型的数据系统：是 Hadoop、Presto、Oracle 还是 SAP？是有单一供应商的政策（例如，"我们仅购买微软产品"）？还是采取用户/应用程序优先的政策（例如，"只要能工作，任何数据库都行"）？
- ❑ 有哪些处理系统可用：是 SPARK、Kubernetes 还是 OpenShift？
- ❑ 是否有缺失的东西？是否有任何重要的基础设施你认为应该有但实际上却没有？这会成为一个问题吗？它对项目将产生什么样的影响？如果有不良影响，那么是否有可行的解决方案？
- ❑ 该组织是否使用了云产品和服务？如果有，是哪一家云服务提供商？在云中使用相关组件的政策是什么（出于成本和安全原因，很多组织通常选择不使用某些组件）？
- ❑ 是否有你必须与之交互的遗留组件？例如，相关架构的某些部分部署在本地，而一些新功能却部署在云端？

在此之后，你还需要了解业务挑战的规模，这样你才能确定目前可用的基础设施是否能够应对现有的任务：

- ❑　有多少客户？
- ❑　他们需要花多少钱？
- ❑　该组织每天运行多少笔交易？
- ❑　一笔典型的交易涉及多少方？
- ❑　该组织的主要交易时间是什么？

可以肯定的是，随着你的调研的深入，更多的问题将会成为焦点。为了获得答案，你需要勾勒出一幅项目运行环境的图景，并清晰地描绘出要创建的系统在其中的位置。

这些知识和你对系统功能需求的理解为项目假设（project hypothesis）的创建奠定了基础。客户和项目团队对于目标的解决方案是什么？随着项目的发展，它对于构建用户故事（user story）和确定更具体的需求也将非常有帮助。但目前，你正在建立的模型会告诉你和你的组织这是否真的与机器学习有关以及是否可行。

你由于从事的是机器学习项目而不是应用程序开发，因此需要解决更具体的问题。这些问题将在后续章节中进行研究。接下来，就让我们从一个非常重要的部分开始：你正在使用哪种类型的数据？

2.4　数　　据

从事机器学习项目的人们自然需要理解数据。通过尽早获取有关数据的信息，团队可以深入了解将面临的挑战的规模和深度，以及他们真正可以做什么。这需要从统计角度理解数据的特征，还需要了解相应的数据工程，以及其局限性或潜力。

PS6 要求你深入了解项目中使用的数据。

数据发现工单：PS6

获取数据样本并记录有关数据资源的已知信息：

- ❑　数据的统计属性
- ❑　非功能性属性（规模、速度、历史等）
- ❑　系统属性（数据的位置、保存在哪些基础设施中、数据的作用）

你的客户可能清楚地了解可用于训练机器学习模型的数据，但进一步深入了解他们对可用数据的知识也是很有价值的。这使你能够对可能的机器学习解决方案类型产生想法。这样做有以下 4 个好处：

❑ 通过提出有关客户系统中可用数据的开放式问题，你可以发现可能与客户不相关的数据源，并充分利用这些资源。

❑ 你可以探索和验证客户已知的数据以及推荐给你的数据集，当然，在此阶段仅以简单方式进行。

❑ 你可以了解客户拥有的数据的不足之处，从而告知你需要从开源或商业来源查找数据，以在需要时补充数据。

❑ 你可以获得有关使用数据所需的工作的信息，包括提高质量和清洗数据，以及是否需要采用从有限数据集中榨取更多数据的方法。

PS6 的第一件事是获取你将使用的数据样本。获得完整的数据集是理想的选择，但在现阶段，这可能是不现实的，原因如下：

（1）提取大型数据集的技术难度可能很大，并且需要现阶段可能无法获得的资金。

（2）完整的数据集可能包含商业秘密和其他知识产权，在建立合同关系之前无法发布（一般来说，出于数据存储的安全性要求，在假定的项目中，我们无法与公司协商以获得其数据的访问权）。

（3）处理和管理数据所需的工作目前可能是大量且难以承受的。

当然，获得具有代表性的样本应该是可行的，并且极其重要。另外，获取样本的过程本身也可能揭示出客户对数据和数据基础设施理解的重要问题。

如果有完整的数据集可用，并且项目规模和风险也为你利用这些数据提供了足够的商业理由（此时你仍处于项目前期，因此是否这样做取决于你自己），那么你可以考虑利用整体或部分数据进行探索性数据分析（exploratory data analysis，EDA），尝试将本书后面要介绍的内容推进到项目前期阶段。你现在了解的东西越多，以后面临的风险就越少。当然，在现实世界，此阶段你所有可用的数据更可能只是一些样本。

在数据样本中要询问的与统计属性相关的问题包括：

❑ 这些数据真的有代表性吗？是否有来自数据积累期间的一些数据点？是否有来自所有源系统的数据点？是否存在来自数据范围极端值的一些数据点？

❑ 样本中实体的值的范围是多少？样本是否稀疏或只有很少的不相似的值？样本是否密集且包含大量重复的值？

❑ 数据是如何收集的？这是调查的一部分吗？是来自实验吗？是业务流程中的衍生物吗？是定期收集的还是在活动中收集的？

❑ 这些数据是否让你想起你之前使用过的其他数据？这些数据是否适合通过众所周知的机器学习算法进行处理而无须进行大量转换？例如，如果是图像数据，那么它是具有 8 种颜色的 256×256 像素，还是具有 240 万种颜色的 10 亿像素图像？它和哪些著名数据集类似？

一些要询问的非功能性问题包括：

❑ 可用数据的规模有多大？如果源数据很大，则提供的样本可能无法代表大多数数据，即使它是从源中以合理的方式采样的（一般来说，样本数据不是以系统方式采样的）。

❑ 创建样本时汇集了多少不同的数据资产或表格？采集数据花费了多长时间？查询花费的成本和时间是多少？这些数据是可以从公司信息架构中轻松获取的，还是需要通过巧妙方式才能获取的？其中是否有来自第三方或外部来源的信息？

❑ 数据变化有多快？多久更新一次？数据到达多少？多快到达？

❑ 用于创建样本集的数据资产的架构是什么？样本有时会以大型的、扁平的表的形式提供，这些表来自底层数据库的连接。了解数据的源模式可以发现哪里可能存在问题，在抽取、转换、加载（extract-transform-load，ETL）过程中需要在哪些方面付出努力才能使用该资产。

系统问题包括：

❑ 哪些平台托管了该数据？你的团队是否具备访问和操作这些平台上的数据所需的技能？如果没有，预计将如何向团队提供数据？

❑ 数据集在其生命周期中是否发生过任何重大事件？例如，是否进行过数据迁移或数据质量改进活动？

❑ 哪个业务部门或利益相关者拥有源表和派生数据？哪个组织拥有实现和管理数据表的系统？这些知识将导致对团队所处IT系统环境以及所需的安全和隐私制度的调查。这对于制定该项目的道德方法具有重要意义。

❑ 准备样本数据的过程是什么样的？尽管从前面问题的答案中你已经可以猜测出所使用的过程，但尝试获取有关此过程的一些文档仍然是值得的，尤其是了解其中是否有任何手动步骤，例如"我们挑选了一些样本数据，删除了那些不适合的样本"。在项目的第一阶段，团队可能希望重现所提供的示例以测试他们对资源的理解。有足够的信息来做到这一点吗？

遗憾的是，有时客户在项目前期过程中无法或不愿意披露真实数据。这可能是因为合同未定的问题，也可能只是因为他们的基础设施需要在提取数据之前进行工作。许多客户根本不知道如何获取所需的数据。

与你交谈的人可能不会知道你所有问题的答案，而且也没有时间帮助你寻找答案。因此，你的解决方案就是：将这些项目放入风险登记册中。如果你即将签订合同，请确保将它们作为假设写入工作说明书中。这些都是很大的风险项目；从本质上讲，除非你对将使用的数据有很好的了解，否则你对项目的机器学习部分的自信就是盲目的。

如果出现了上述情况，那么还有一种解决方法是推动一个简短的项目来了解组织的机器学习准备情况。这应该提供合同保障以支持数据的提取和检查，包括隐私条款，数据保留、使用以及安全和数据处理方面的承诺。这项工作将使团队对数据有深入的了解，从而对项目建模阶段应该获得的结果预测有一定的信心。

尽管在项目前期访问数据资源存在挑战，但你仍然必须尽一切努力来理解和记录团队将使用的数据模型，并了解数据的真实特征。在没有充分了解数据的情况下尝试确定机器学习项目的规模和结构是有风险的。

如果这些任务没有很好地落到实处，那么在项目估算中引入重要的应急项目就很重要，无论在时间还是资金方面来考虑都是如此。这可以确保你的团队不需要因为数据问题而连续数周没日没夜地加班赶工。请记住，如果没有人知道"里面有什么？"，那么这就强烈地表明存在真正的问题等待被发现。

2.5 安全与隐私

机器学习项目与数据资源紧密耦合在一起，这些数据资源通常是许多业务流程所依赖的敏感且重要的信息，或者是受法律保护的个人隐私资料。因此，我们在项目前期待办事项中添加了一个相应的预售工单 PS7。

安全和隐私工单：PS7

检查并记录安全和隐私需求，并将其作为项目假设包含在其中。

任何不安全的项目都可能给组织带来致命漏洞，因此机器学习项目自然需要满足与其合作的组织的安全要求。为了实现这一目标，有必要尽快了解目标组织的安全基础设施。在项目的售前阶段，你应该收集此类信息来评估安全约束和需求的影响。

在组织或企业内部，通常有不同的部门负责系统安全方面的签核。有时，安全部门与 IT 部门完全脱钩，由首席安全官（chief security officer，CSO）直接向首席执行官（chief executive officer，CEO）报告。在最好的情况下，我们可以仅与一个客户组织的安全利益相关者联系，而更常见的状况是，有多个安全利益相关者需要参与该项目。

图 2.2 显示了我们可能必须参与机器学习项目的安全组织的示例。多个业务部门可能需要数据集，包括参与项目团队的业务部门。集团运营可能需要额外的数据（例如，定价和成本信息）。因此，这里有一个跨部门的问题是确保用于开发的基础设施和活动的 IT 安全，以及访问部署系统所需的生产平台的安全。

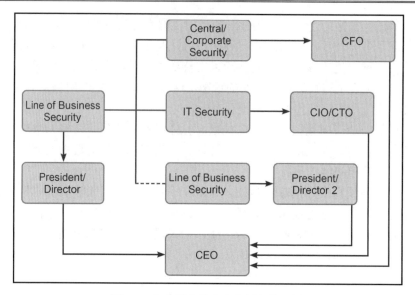

图 2.2　大中型企业内安全组织的示例

每个面向市场的单位都拥有与该业务线相关的安全部门。

一些市场营销部门还具有向首席财务官（chief financial officer，CFO）报告的安全职能部门，以及向首席信息官（chief information officer，CIO）或首席技术官（chief technology officer，CTO）报告的 IT 安全部门

原　文	译　文	原　文	译　文
Line of Business Security	业务线安全	CFO	首席财务官
President/Director	主席/主任	IT Security	IT 部门安全
CEO	首席执行官	CIO/CTO	首席信息官/首席技术官
Central/Corporate Security	中心/企业安全		

　　对于每个核心数据集、相关组织和 IT 平台，我们都有必要建立相关的安全利益相关者。此外，我们还需要了解数据隐私问题和需求，以及一些需要协商的流程和要求。

　　同样重要的是确定在安全过程中可能暴露哪些问题（最好与安全利益相关者一起讨论）。如果安全人员说这些要求很简单，那么这就不太可能成为一个问题；但如果他们不愿意这样说，则表明未来可能会出现重大障碍。

　　虽然在现阶段你可能无法确定需要采取哪些措施来解决该问题，但将其输入项目风险登记册中至关重要。该解决方案要么成为合同中的一项假设，为团队提供灵活性的保障；要么成为一个需要仔细考虑的财务问题，以评估该项目是否可行或可能需要的资金。

2.6　企业责任、监管和道德考虑

提到安全性，许多读者读到本书的这一部分时会说："这应该是首先要考虑的事情"，他们在某种程度上是正确的。相形之下，在了解项目之前，我们基本上不会考虑企业社会责任（corporate social responsibility，CSR）和道德规范。但是，一旦项目假设已经明确，就应该对你正在做的事情进行批判性和伦理性的思考。这也是 PS8 中的任务。

企业责任、监管和道德考虑工单：PS8
- ☐　检查并记录企业社会责任和道德要求。
- ☐　提出问题，提供反馈，并将其作为项目假设包含在其中。
- ☐　创建隐私和数据影响评估（privacy & data impact assessment，PDIA）和算法影响评估（algorithmic impact assessment，AIA）文档。

道德规范在机器学习项目中非常重要。法律和合法性，例如欧盟颁布的《通用数据保护条例》（*General Data Protection Regulation*，GDPR）就对你应该考虑做的事情施加了限制。当然，目前关于机器学习系统本身并没有太多具体的立法，而且算法定义以及如何监管它们也较为混乱。这种情况未来很可能会改变。

✔ 注意：
　　了解相关法律很重要。请记住，团队因为无知而未能理解和遵守立法与故意藐视或规避规则一样糟糕。因此，你应该抓住一切机会熟悉可能适用于你的项目和团队的法规和法律。

了解适用于你所在领域的任何法律以及相关司法管辖区现行的通用数据和机器学习法律也很重要。例如，你需要了解医学领域中的患者安全和检测、金融领域中的风险和流程以及工业领域中的健康和安全的相关立法。作为团队领导人，你有必要深入研究并搞清楚是否有任何特定领域的立法适用于正在考虑的系统。

仅遵守与项目相关的法律并不足以为客户、你的组织和团队创造良好的结果。英国的信息专员办公室（Information Commissioner's Office，ICO）开发了一个用于审计人工智能和机器学习系统的框架。[①]该指南强调这些系统必须负起数据保护的责任，并且这一

[①] ICO UK. Guidance on The AI Auditing Framework. Draft guidance for consultation. https://ico.org.uk/media/about-the-ico/consultations/2617219/guidance-on-the-ai-auditing-framework-draft-forconsultation. pdf: Information Commissioners Office, UK (2020).

点必须是可证明的。在 ICO 看来，该系统必须：

- ❑　让客户对合规性负责。
- ❑　允许评估和减轻系统的风险。
- ❑　允许记录和演示系统如何合规，证明所做出的选择是合理的。

ICO 还指出，"由于人工智能供应链中通常涉及的各种处理的复杂性和相互依赖性，你需要注意理解和识别控制器/处理器关系"，并且"证明你如何解决这些复杂性也是问责制的一个重要因素"。

除了实现问题，你提议开发的系统的道德影响也必须成为需求分析的一部分。这些影响是非常真实而深远的。许多专著[①]以及更广泛的会议文献[②]和期刊[③]都讨论了人们对人工智能、机器学习和算法决策影响的担忧。这些影响对于我们社会中的边缘化和弱势群体来说尤其重要。

此外，我们还在努力获取和管理所谓人工智能事件的数据库。[④] 截至撰写本文时，该数据库记录了 1225 起事件。其中一些例子包括细粒度工作安排系统的影响，该系统没有考虑常识或工作场所之外员工的需求。其他一些例子包括社交媒体上的内容审核和内容生成问题（例如，人工智能机器人和涉及工业机器人的致命事故的多个报道）。

尽管文献中的讨论范围广泛且内容丰富，但它们都是从学术和哲学的角度出发的。这意味着在商业组织中工作的团队面临着额外的挑战：他们需要创建既能够提供商业价值又具有道德诚信的系统。

支持计算机系统开发的商业案例通常涉及一些在道德上值得怀疑的综合权衡。例如，在 20 世纪 70 年代的第一波办公自动化浪潮中，许多办公室的工作岗位消失了，因为现在组织或企业可以经济高效地实施和安装计算机系统，而这些系统可以完成数百或数千名索赔处理人员、开票员或费用管理经理的工作。计算机系统不仅犯的错误更少，而且可以轻松地重新编程，以比重新培训以前的员工更快地反映某些业务政策的变化（有时确实可以这样说，当然，系统升级失败的情况也比比皆是，所以很多人也对这种说法表示怀疑）。那么，这些系统是否是不道德的？从数百万失业者的角度来看，它们确实不道德，而且事实上，也确实有人针对这些项目组织了罢工和抗议活动。[⑤]

---

① Kearns, M. and A. Roth. The ethical algorithm: The science of socially aware algorithm design. Oxford: Oxford University Press (2019).

② Association of Computing Machinary (ACM). AAAI/ACM conference on Artificial Intelligence, Ethics and Society. May 2021. https://www.aies-conference.com/2021/ (conference publicity accessed January 28, 2021).

③ Springer Verlag. Journal of AI Ethics. December 2020. https://www.springer.com/journal/43681(accessed January 28, 2021).

④ AI Incident database (2020). https://incidentdatabase.ai/discover/index.html?s= (accessed January 27, 2021).

⑤ Sale, L. "America's New Luddites." Web Archive. February 1997. https://web.archive.org/web/ 20020630215254/http://mondediplo.com/1997/02/20luddites (accessed January 28, 2021).

当然，现在人们的共识是，技术创新是不可避免的，无法创新和实施这些系统的组织或经济部门将被激烈的竞争所淘汰和摧毁。此外，在开发这些创新时，全球经济的增长对此有着迫切的需求，别忘了那时还是一个灾荒和饥饿普遍存在的时代。回过头来再看，其时的经济变革确实改善了数十亿人的生活条件，但所有社会不平等的加剧都表明，新技术的部分应用确实有利于统治阶级和社会竞争中占据优势地位的群体。

总体而言，第三次工业革命有效促进了全球经济的发展，20 世纪末的经验也改变了人们对技术创新的看法，但是对一部分人来说，这是一件坏事。

这些历史案例和社交网络应用程序对社会的负面影响案例一样，都在提醒机器学习从业者：总体上看起来具有积极影响的业务案例必须与所有受影响者的观点综合起来进行仔细权衡。我们需要从受影响者的角度来考虑问题，并在可能的情况下，利用他们的直接意见，审查提议的项目，包括总体假设、用户故事和系统大纲。

我们还需要对个人数据的影响进行评估，并审查系统中关于应用程序的问责制和治理要求。与人工智能系统相关的伦理因素方面的最先进的实现正在出现，并且在撰写本文时，引起了相当大的争论。例如，你可以参阅《连线》（*Wired*）杂志的文章，[①]以及 Bender 等人撰写的关于大语言模型的危险的文章，[②]它们都引发了广泛争论。

在评估系统的影响和它所蕴含的意义时，很难避免个人和主观偏见。尽管每个工程师都有责任避免通过他们构建的解决方案伤害他人，但工程师之间的经验和能力也是有区别的。你和你的团队可能具有同理心、洞察力，并且能从多种视角看到你所提出的解决方案的长期后果；但也可能你和某些人一样有盲点和偏见，导致你忽略了某些方面。

考虑到可能出现的人为错误，利用将流程纳入评估中的结构化工具是有意义的。在这方面，加拿大政府开发的算法影响评估（algorithmic impact assessment，AIA）工具就是一个很好的示例。[③]该工具提供了一份调查问卷，用于确定将算法推理引入业务领域的项目可能造成的损害或损害程度。虽然该工具的应用领域较为有限，缺乏医学、建筑和制造等方面的专业问题，但是，它提供了用于此目的的工具的大致样貌和未来用途的指示。

算法影响评估工具应用的另一个例子来自 Ada Lovelace Institute 研究所。[④]他们提供

[①]　"What Really Happened When Google Ousted Timnit Gebru." Wired. June 2021. https://www.wired.com/story/google-timnit-gebru-ai-what-really-happened/ (accessed July 14,2021).

[②]　Bender, Emily, Timnit Gebru, Angelina McMillan-Major, and Mitchell Margaret. "On the Dangers of Stochastic Parrots: Can Language Models Be Too Big?" FAccT'21, ACM Conference on Fairness, Accountability and Transparency. Virtual Event, Canada: ACM Conferences (2021). 610-623. https://dl.acm.org/doi/pdf/10.1145/3442188.3445922.

[③]　Government of Canada. Algorithmic Impact Assessment Tool (2020). https://www.canada.ca/en/government/system/digital-government/digital-government-innovations/responsible-use-ai/algorith-mic-impact-assessment.html.

[④]　Ada Lovelace Insitute. "Examining the Black Box." Ada Lovelace Institute. April 2020. (accessed October 2021).

了一些建议，可以帮助人工智能和机器学习从业者有效地使用这些算法影响评估工具，做出适当的选择。一些可用的模型允许采用务实的方法来提供安全且符合道德的人工智能系统。例如，Hendrycks 等人在机器学习系统安全方面的研究成果提倡采用分层的保障模型。[①]图 2.3 显示了构建一组检查和防护层的概念，这些层可以捕获系统可能导致的错误。

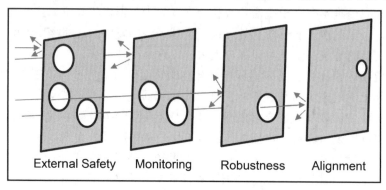

图 2.3　机器学习安全的分层模型
改编自 Hendrycks 等人的论文 [②]

原　　文	译　　文	原　　文	译　　文
External Safety	外部安全性	Robustness	可靠性
Monitoring	监控	Alignment	一致性

对图 2.3 中各层的解释如下：

- ❑　外部安全性（external safety）或部署危险（deployment hazard）：使用系统方法进行开发意味着你可以查明失败的原因。你可以逐渐发现问题并解决它们。风险登记册提供了一种执行此操作的机制；其他方法包括进行明确的评估和与用户一起审查。不过，由于该系统最终会被发布到外部，因此指定一个后开发系统（post development system）非常重要，该系统也应该可以安全运行。

- ❑　监控（monitoring）：通过系统检查，用户及其所有者可以了解其行为。系统的行为应该可以被看到并记录下来，并且应该有一个警报和通知程序，以引起用户和利益相关者对问题的注意。

- ❑　可靠性（robustness）：表征和测试系统在某些情况下如何执行或操作（即它的

① Hendrycks, Dan, Nicholas Carlini, John Schulman, and Jacob Steinhardt. Unsolved Problems in ML Safety. September 2021. https://arxiv.org/pdf/2109.13916.pdf.

② Hendrycks, Dan, Nicholas Carlini, John Schulman, and Jacob Steinhardt. Unsolved Problems in ML Safety. September 2021. https://arxiv.org/pdf/2109.13916.pdf.

稳定性和可靠性如何），可以被用作（并且应该被理解为）服务验收过程的一部分。

❑ 一致性（alignment）：考虑由谁来控制系统。这需要有相应的实施和报告的机制，以便适当的人员可以有效地引导和控制系统。

至关重要的是，你必须考虑并记录如果系统按预期运行谁将受到伤害，而如果系统未按预期运行那么谁又将受到伤害。

例如，假设系统提供以下功能或其功能出现问题，则会出现不同的后果：

❑ 生成艺术：可能会让艺术家失业或可能创造有害的图像。

❑ 生成文本：可能会让记者失业，或者可能会在互联网上充斥着废话。

❑ 面部识别：可能使得异议人士被识别并逮捕，或者可能意味着无辜者被识别为罪犯。

通过考虑上述示例，你可以开始确定你的系统可能产生的有害影响，从而思考继续开发它是否是一个好主意，或者你需要采取哪些缓解措施以安全地部署它。

本节涵盖了很多内容，总结一下就是：

❑ 审查项目假设、用户故事和系统大纲，以确定受该项目影响的利益相关者列表。例如，如果你使用了某个群体或社区的数据来训练系统中的模型，那么该群体或社区也可能是受项目影响的利益相关者。

❑ 从利益相关者的角度审查系统，并在可能的情况下利用他们的直接意见来确定系统对每个人的影响。

❑ 使用算法影响评估（AIA）工具对拟议的系统进行系统评估。

❑ 向项目利益相关者传达评估结果。

2.7 开发架构及流程

除了为用户开发的系统，团队还需要生产或加入允许创建和交付模型的系统。预售待办事项 PS9 即抓住了完成此任务所需的要求。

开发架构工单：PS9

❑ 开发一个高级交付架构。

❑ 该架构应涵盖开发、测试和生产部分（有时还包括预生产/阶段），并应能够支持客户的非功能需求，如可用性、弹性、安全性和吞吐量等。

❑ 如果可能，与适当的利益相关者一起讨论此架构以获得反馈和确认。

❑ 将该架构的关键方面记录为项目假设。

　　在实际操作领域，我们通常需要设置三层或四层环境，然后配置和使用这些环境以将某些内容呈现在真实用户面前。这些层包括：团队工作的开发环境、检查系统有效性和质量的测试环境以及实际运行的生产环境。在某些情况下，还可能存在出于监管或数据保护问题而提供的预生产环境。在这种环境中，我们可以进一步筛选经过测试的系统在面对敏感数据时的行为。

　　这些层常被称为开发、测试、生产和预生产（或 QA）。图 2.4 说明了这些层的排列方式、它们之间的流程以及用于管理代码和其他工件的版本控制系统。

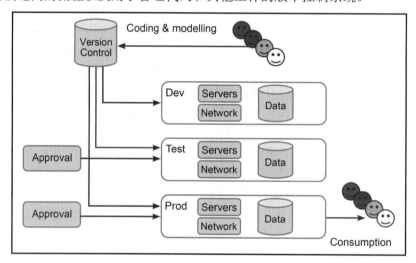

图 2.4　交付环境；有时还需要完全复制生产的预生产或暂存层

原　　文	译　　文	原　　文	译　　文
Version Control	版本控制	Network	网络
Coding & modeling	编码和建模	Data	数据
Approval	批准	Test	测试
Dev	开发	Prod	生产
Servers	服务器	Consumption	使用

图 2.4 显示了以下三种环境：

❑　　开发（Dev）环境：这是你的团队致力于创建解决方案的地方。开发环境可能包括用于模型训练的编译器和 GPU 或 TPU 等专业工具，或者用于模型搜索和评估的大型并行计算系统或高性能多核心机器。

　　下文对为什么要在开发环境中使用这些机器做了一个简短的讨论。许多开发环境不包含实时数据或敏感数据，而机器学习开发环境则通常需要包含此类数据。

这一要求需要明确并得到有效管理。

❑ 测试（test）环境：我们进行模型评估以及测试生产所需组件的地方。除了通常包含数据快照或模型的系统数据库，该环境通常以高保真度复制生产系统，从而保留机密性并允许进行测试。

❑ 生产（prod）环境：我们向客户交付结果的地方。生产环境应该从需求分析期间与组织进行的交互中来了解。

要弄清楚团队交付模型所需的系统方面，你需要了解开发和测试环境。此外，了解进入生产环境的流程也很重要。除了理解客户组织中的标准流程，你还需要深入研究机器学习系统特有的问题。

2.7.1　开发环境

开发层是你的团队工作的地方，其目的是为团队快速有效地交付产品提供所需的支持。因此，你需要确定可供你的团队使用的东西。幸运的是，我们可以找到简要介绍 MLOps 团队用于交付项目的一些机制的参考资料（Treviel 2021）。

MLOps 环境包括团队快速迭代和发布新模型与解决方案所需的一些组件。这些工具还允许他们控制和管理模型的改进，并以系统方式工作。

开发团队将使用客户的 MLOps 设置或构建满足自己需求的设置。如果已经存在 MLOps 基础设施，那么验证它是否适合你的目的非常重要。或者，你需要确定可以采取哪些措施来使其达到满足团队需求的标准。

当客户没有 MLOps 时，要提出和回答的问题包括：

❑ 所需的源代码控制系统能否容纳项目产生的工件？如果不能，是否可以有例外情况并得到同意？

❑ 在开发环境中有可用的数据吗？

❑ 是否有适合建模工作的服务器（GPU、多核系统）和足够的内存？

❑ 开发系统如何到达测试环境（特别注意来自非标准环境的路径）？

❑ 从测试环境转移到产品环境需要经过哪些测试？

❑ 购买或使用所有三个交付层的基础设施的时间表是什么？

❑ 谁批准购买基础设施的费用？

❑ 数据系统是否需要特殊的访问安排？有时我们只能访问客户所在地的数据库或从安全列表中的笔记本计算机访问数据库，该笔记本计算机经过安全保护，以防止共享屏幕截图或使用其他数据导出技巧或解决方法。

要确定你是否有权为机器学习团队提供适合其用途的工作环境，请考虑以下问题：

❑　是否有地方可以托管模型存储库和特征存储？

❑　我们可以在哪里托管在环境之间移动文件和工件的工具？例如，可以在哪里运行 Jenkins 服务器？

❑　我们可以在哪里运行数据管道工具？例如，可以在哪里托管 Airflow 服务器来运行更新和重新格式化任务？

❑　需要付出哪些努力来建立这些系统？由谁来承担？

你如果确信 MLOps 系统已经到位，则可以获取其技术描述并在可能的情况下由数据科学家对其进行实际验证。理想情况下，他应该是项目建模团队的成员。

2.7.2　生产架构

开发架构中的可用工具和基础设施将支持你构建模型并开发系统，而生产（prod）架构（客户端日常使用的 IT 工具包）则决定了你要构建的系统的结构。

在确定了模型的属性和要求后，你需要做大量的工作来创建可以实现的详细系统架构。在此阶段，我们需要的是可以按开发方式交付的高级解决方案。

该解决方案的设计要求如下：

❑　我们需要在高层次上定义解决方案，这意味着需要确定负责系统中不同功能的组件。目前尚未详细定义这些组件的使用方式以及它们的交互方式。

❑　我们有可能交付该解决方案，这意味着这些组件在客户的架构中是可用的，团队和客户知道如何调试和使用它们。

创建此设计的目的是证明有一种合理的方式来交付系统。如果在创建这种高级设计时出现问题（例如，缺少一些所需的组件，或者团队没有足够的经验来使用它们），那么这个任务就达到了它既定的目的。如果存在必须填补的空白，则问题越早暴露出来越好，因为在项目后期发现问题时再想修复问题会很困难。

回到智能建筑的例子，提供此解决方案需要哪些系统组件？简而言之，来自建筑物中传感器的数据需要流入数据库中，而执行环境需要运行模型来确定建筑物的控制信号。信号需要调用来自建筑物执行器的操作，并且需要向用户和所有者提供有关系统生命周期中的事件和决策的信息，以了解正在发生的情况。

因此，在高层次上定义的需求如下：

❑　消息传递系统，管理从传感器到执行器的信息流。

❑　数据库，保存传感器信息和执行器指令的历史。

❑　一个执行环境。

❑　仪表板系统。

❑　身份验证系统，用于管理用户账户。

建筑物业主的系统架构师知道当前正在使用的东西。例如，他们可能有一个预先存在的数据库和一个身份验证系统，用于管理所有员工以及建筑物的访问和进入。在这个例子中，最终的架构将是：

❑　MySQL，用于数据库。

❑　Tableau，用于仪表板。

❑　Active Directory，用于身份验证。

在此架构中，消息传递系统是新加入的，那么需要征询的问题是：引入像 Apache Kafka 这样的消息系统是否可以接受？需要做什么才能让 Apache Kafka 被接受并部署到生产环境中？这项工作必须由某人来完成，那么应该由谁来完成？什么时候完成？

2.8　小　　结

❑　你如果想成功地管理风险，则必须采用结构化的项目开发流程。

❑　了解如何管理项目并了解所需的项目管理基础设施非常重要。

❑　机器学习项目具有一些特定特征，需要作为需求进行捕获。

❑　需要特别关注支持项目的数据资产，了解可用数据的情况。

❑　你需要了解如何访问数据以及可使用哪些功能来操作和准备数据以供机器学习使用，这非常重要。

❑　我们需要了解数据资产的安全性和隐私方面的具体要求，因为这可能会给项目带来更高的成本。

❑　我们需要一个易于理解且适用于其目的的开发基础架构，并且需要明确项目将要交付到的生产环境的 IT 架构。

❑　从一开始就应该具体考虑项目的企业责任和道德方面的因素。

第 3 章 项目前期：从需求到提案

本章涵盖的主题：

❑ 建立项目假设
❑ 估算项目工作量和时间
❑ 执行一些文书工作以使项目顺利进行
❑ 完善预售清单

在第 2 章"项目前期：从机会到需求"中，我们详细阐释了项目前期工作的前半部分。首先，你需要构建完成必要工作所需的工具和基础设施。然后，你需要执行一些任务来收集项目的需求，重点是与机器学习相关的特定问题。特别是，你需要研究项目的数据集，并了解团队获取它的难易程度。你还需要记录特定于数据的安全和隐私问题，并了解该项目的关键道德和社会责任问题。

现在我们需要将这些要求综合生成一份陈述报告，说明将要发生什么、该意图存在哪些问题以及需要花费多少成本。一旦掌握了这些信息，你的组织和客户的企业就可以做出是否全力推进该项目的合理决定。这正是本章将要介绍的工作。

3.1 建立项目假设

项目假设（project hypothesis）说明了项目的目的和要克服的主要挑战。延续第 2 章"项目前期：从机会到需求"中提出的预售待办事项，让我们来看看预售工单 PS10，这是理解项目核心问题所需要做的工作。

项目假设工单：PS10

❑ 理解业务问题：使用共识来构建项目假设，由客户和交付团队双方确认。
❑ 确保在任何合同协议中明确传达并记录这一点。

机器学习项目的一个特点是，企业很少能够清楚地阐明机器学习部分，即使清楚地阐明了它，它通常也是不现实的或不太可能创造太多价值。这是因为，如果你不知道特定的机器学习算法如何工作，就很难想象机器学习系统如何解决问题。

目前，在我们的项目中，我们希望：

- ❑　记录利益相关者提出的问题和现有优势。
- ❑　反映数据、系统架构和非功能性约束。
- ❑　根据已知情况记录潜在的结果。
- ❑　向利益相关者提供反馈，以就项目达成共识。

人们很容易想象一个能够解决任何问题的神奇盒子的用处，但这也导致我们在描述机器学习项目时与客户的思维出现巨大的差距。在客户的想象中，机器学习似乎可以解决任何需要解决的问题。它还会导致如何让利益相关者接受并理解你和你的团队提出的任何现实项目的问题（因为客户可能会觉得不是机器学习不行而是你的能力不够）。

很多时候，现实并不像我们想象的那么浪漫，机器学习也不是万能的。当然，随着机器学习变得更加主流，它能做到的事情也许会越来越多，但机器学习的多样性和复杂性仍让这一未来猜想变得有点令人怀疑。毕竟，Microsoft Excel 已成为主流 20 多年，但仍需要统计学家设计各种实验并对结果进行有意义的分析。

你和你的团队需要确定并（令人信服地）阐明一个概念：利用数据可以为业务创造价值。这个价值还必须足够大以证明投资的合理性。你可以利用迄今为止所做的工作向自己、值得信赖的合作者或潜在的团队成员介绍项目的问题和挑战。

你需要捕获以下两类需求：

- ❑　功能需求：系统需要执行的流程。功能需求描述了一组输入和所需的输出。将输入转换为输出的过程是团队需要构建的。例如，输入 = {用户配置文件, 预算, 日期}，输出 = {图书推荐_1, 图书推荐_2, ⋯, 图书推荐_n}。
- ❑　非功能需求：对功能需求必须如何表现的约束。例如，推荐的成本必须低于 0.0001 元，推荐的生成时间必须少于 200 ms。

需求分析应该产生一系列挑战和商业机会，这些都是可以改善客户业务的东西，但其中一些东西的改变可能不可行或不切实际。因此，你需要根据采集到的有关数据、项目设置和安全性的所有发现来验证该列表。

你如果确实获得了可行概念的列表，则还可以在这些概念的描述中加入更多细节。敏捷项目使用的是系统故事（如何交付概念）和用户故事（谁将使用项目并受项目影响）。在此阶段，以下活动可用于验证：

- ❑　是否有可行的实现路径？
- ❑　是否有允许该解决方案产生影响和业务效果的机制？

稍后，如果该项目运行，那么你将拥有资金和资源来更深入地研究这个问题并充实和丰富这些故事。

现阶段，通过编写用户故事，你希望：

❑　识别并记录关键功能和要求。

❑　确定可能成为项目验收标准一部分的元素。

❑　确定必须避免的重要问题和危害。

❑　确定一些使系统变得无关紧要或无法运行的极端情况。

你应该为尽可能多的利益相关者（企业赞助商、员工/用户、客户/受影响者）开发用户故事，并涵盖以下 3 种情况以揭示机器学习系统的重要需求：首次使用系统或接触利益相关者、正常使用以及系统停止使用时。

对于你的项目来说，识别和描述用户在每个故事中调用的机器学习模型非常重要，因为那就是必须构建的模型。你需要考虑：

❑　它是哪一类型的模型？

❑　创建它需要哪些数据？

❑　运行它需要哪些数据？

此外，每个故事还必须描述模型将为该特定故事中的特定利益相关者做什么。这应该在高层次上揭示每个利益相关者的需求之间的共性和差异、所需模型的范围以及每个利益相关者的要求集合。

项目假设工单：PS11

　　进行项目尽职调查：有哪些利益相关者？数据是否可用且可管理？有哪些团队成员可用，他们具备哪些技能？

完成此操作后，根据假设（例如，我们将测试是否可以使用表 XYZ 中的数据来创建预测客户流失的模型）和调查（例如，我们将研究在业务运营背景下使用该模型的机制）。该概念框架可将项目的思路从必须构建的概念转移到需要采取的一组行动：测试、创建、建模、调查、使用。你需要通过检查以下因素来限定所产生的概念：

❑　技术可行性：这个项目对你的团队来说风险、新鲜和困难程度如何？显然，如果他们以前做过类似的事情，并且熟悉核心技术，那么风险就会较低。

　　当然，项目的某些方面对团队来说可能始终是新的。重要的是要识别这一点，了解它所代表的差距有多大，并确定如果差距很大，则可以采取哪些缓解措施。另外，你还需要考虑客户的基础设施是否能够应对解决方案的（可能的）非功能需求。

❑　合理可信的业务案例：你不太可能有足够的访问权限和洞察力来构建详细的案例，但是，客户却需要这个案例才能获得资金。因此，你需要大致介绍机器学习项目完成后为客户带来的费用节省、盈利增长、生活质量改善等好处。项目启动之后，该案例也将为你提供明确的指导，以把握未来的结果。

❑　商业可行性：是否有资金可以为整个项目所需的所有工作买单？这是与业务案例要求不同的考虑因素。虽然某个项目可以提供惊人的回报，但如果没有足够的投资，那么该项目就不会发生。

在建立概念框架时要考虑的其他事项包括：

❑　该概念解决了客户的哪些战略性业务优先级问题（你如果有组织模型，可以参考该模型来考虑该项）？

❑　项目能否使用客户描述的数据资源交付？

❑　有没有办法让客户有效地利用项目交付的结果？

图 3.1 显示了如何通过这些元素的交互来创建一个功能项目。在该图中可以看到，只有将业务优先级和业务案例结合起来才能获得充足的资金。组织往往会有一长串嗷嗷待哺的良好业务案例清单，但是他们只能将资金用于更好、更具战略性的项目。通常而言，仅凭业务案例还不足以让组织就项目实施达成一致并投资使其运行。如果项目获得了资金，就需要确保执行项目的技术手段到位，并且有数据资源支持。

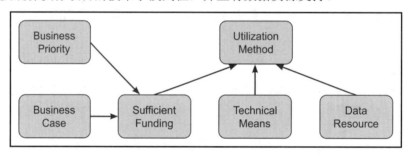

图 3.1　项目的驱动因素（业务优先级和业务案例）、支持组件
（充足的资金、技术手段和数据资源）和推动因素（利用方法）

原　　　文	译　　　文	原　　　文	译　　　文
Business Priority	业务优先级	Technical Means	技术手段
Business Case	业务案例	Data Resource	数据资源
Sufficient Funding	充足的资金	Utilization Method	利用方法

最后，如果你已经拥有一个完全可行且有价值的系统，那么现在的问题是：它可以使用吗？也就是说，那些应该利用项目交付结果的人可以（或愿意）真正利用它吗？该解决方案有用且可行吗？

如果图 3.1 中的所有要素都已到位，那么你就可以编写并传达可行的项目假设。这个过程并不是一蹴而就的，它需要结合你的理解不断迭代，使得你对项目价值的探索愈发清晰，也使得客户愿意为其提供资金。总之，你需要做的就是建立一个有说服力的项目假设，让所有利益相关者都相信这是一个值得实施的项目。

当然，你可能会发现图 3.1 中没有可行的概念，某些部分还可能难以捉摸，很高兴你现在看到了这一点。无论如何，以这种方式看待项目意味着你已经使用了结构化和专业的流程来确定执行项目的风险和项目的潜在收益是否适合所需的资金。

3.2　创建项目估计

有一个清晰的项目定义固然很好，但除非该定义可以转化为项目工作量和时间等方面的估计，否则它就只不过是一个银样镴枪头。工单 PS12、PS13 和 PS14 指定了帮助我们从定义转向项目估计的任务。

项目估计工单：PS12

❑　估计项目的工作量，交付所需的项目假设，同时考虑可用团队和所需工作量的规模。

❑　确保你的估计中考虑到了所有项目风险。

项目估计工单：PS13

创建团队设计和资源配置计划并与客户共享。

项目估计工单：PS14

召开一次审查会议，检查清单，以确保预售流程正确完成。

现在你已经有了项目概念大纲和一些有关顶层系统设计的数据，并且你已经系统性地对其进行了审查，以确保不存在已知的法律或道德约束。你已经记录了这些事项，因此下一个任务是将这个大纲转换为项目描述，以捕获需要完成的工作、由谁完成以及何时交付。事实上，你的团队将随着项目的展开而逐渐适应项目的实际情况。

接下来，让我们看看如何创建一个可靠的资源和资金框架以获得可行的结果。

3.2.1　时间和精力估计

到目前为止，所有的项目准备和调查都还没有产生实际工作量的估计。从你设计的项目结构转向时间和成本估算需要采取以下两项行动：

❑　使用本书每一章的待办事项列表为你的项目创建一个任务列表，并以此作为起点。随着项目的发展，你将发现工作的内容。你可以根据需要自由添加和删除任务，但如果你正在寻找起点，那么这就是。

❑　如果要从事这项工作的人与你一起进行估算，那么他们将从一开始就清楚了解该计划。因此，最好让你的团队坐在一起进行估算，要求他们深入了解需要完成的工作，列出交付项目的所有必需任务。除较为明显的技术工作之外，还需要注意估计花费在日常管理任务上的时间。

尽管还有待发现，但我们现在已经掌握了所面临挑战的非功能性和系统性方面。你需要与估计项目中每项任务所需工作量的人员分享并清晰阐释这些内容。

一般来说，要让构建的模型功能正常并且必须满足广泛而苛刻的非功能需求，这是较为困难的。为成千上万名用户提供服务的用户界面比只为少数用户提供服务的用户界面要困难得多且昂贵得多。因此，在估计过程中应对参与者清晰阐明需求。

此外，你还需要：

❑　确保捕获资料的需求。例如，你对计算消耗的需求是什么？你是否需要特殊硬件，例如耳机、电话、传感器、顶级笔记本计算机或显示器（专业开发人员需要）？

❑　捕获模型训练或数据处理的特殊要求和成本。团队很容易认为使用强大的 GPU 的成本不会很高，但是当他们发现需要在 GPU 上花费数百个小时并看到账单时，可能会瞬间傻眼（GPU 云计算非常昂贵），这样的估计显然有大问题。另一个容易忽视的成本是向云基础设施导入和导出数据，这些成本是收费且昂贵的，但对于机器学习项目来说，这可能需要重复且大规模地进行。

除了创建任务列表或（随着项目的发展不断完善）项目待办事项，你还需要估计每个待办事项的工作规模。这可以通过 T 恤尺码来完成。这是对任务组合进行总体评估的简单方法。之所以称为 T 恤尺码，是因为任务的工作量仅按照小、中、大和 XL 来分配衡量标准，没有比这更大的粒度。一般来说，人们无须太多争论即可就这些类别达成一致。项目的总体规模很快就会显现。

有以下两种使用 T 恤尺码的方法。

（1）当就任务规模达成一致后，你可以将任务分组到每个规模类别中，并要求团队对每个类别中的每个任务进行人日估算。例如，团队可能会将他们指定的所有任务视为小任务，并同意这些任务可能需要一个人一天才能完成。有时，这会导致一些任务被打乱，但这没关系。这使你可以获取每个类别中的所有任务，然后是所有类别，最后将它们相加即可给出工作量的估计。

（2）记录需要完成的任务实际需要多长时间，然后使用此信息来确定项目展开时工作量估计的可靠性。如果小任务被认为需要一天时间，但启动时却发现需要更多时间，那么你的估计就是错误的，你需要做一些紧急工作来确定项目是否遇到麻烦。

在了解了项目中要做的工作以及完成每项工作所需的工作规模后，接下来要考虑的是：将由谁来完成所有这些工作？现在就让我们来看看这个问题的答案。

3.2.2 机器学习项目的团队设计

对于机器学习项目来说，团队时间成本通常占总成本的最大比例，只有很少的项目在人力成本之外还需要其他方面的巨大成本，但一般来说，团队的时间将是项目成本的最大部分。因此，如果你要准确估计项目将需要组织付出多少成本，或者应收取多少费用，那么了解团队设计（也可以称之为"团队配置"，即，将由谁来交付工作？）就变得至关重要。

要根据项目路线图进行实际的资源配置工作，你需要进行系统规划，并确保每项任务都有分配的资源来覆盖预期的工作规模。准确地做到这一点很难甚至不可能，但是将项目分解为一组任务并一次估算一项任务可以使其更容易处理。

一个很好的做法是在小组中进行此操作，也许可以引入在项目前期流程中与你一起工作的人员，或者调用高级资源（资深专家）来处理项目本身。实际上，你需要的就是确定什么样的人能够完成所确定的任务，以及他们完成该任务所需的时间。因此，了解谁可以完成哪一项任务，或者了解可以参与该项目的人员类型是很有好处的。

正如第 1 章"引言：交付机器学习项目很困难，让我们做得更好"的图 1.2 所指出的，机器学习项目复杂性的驱动因素包括：

（1）对齐领域、用户和需求。

（2）数据工程与数据资源的统计特性。

（3）评估、管理和利用机器学习模型。

这 3 项任务都需要由专家来完成。如图 3.2 所示，机器学习项目中 3 个复杂性驱动因素的交叉点中出现了 4 种专家角色。

图 3.2 显示了在这些困难领域发挥作用的一些角色。这 4 个角色是：

❑ 业务翻译师（business translator）：这是一种新流行的叫法，指的是业务分析师和软件工程师的结合，他们对机器学习系统有深入的了解，专门致力于弥合专业领域和机器学习专家之间的差距。

对于 IT 领导者来说，聘用业务翻译师的想法很有吸引力，因为它解决了很多人抱怨的有关机器学习专家和团队脱离现实的问题。业务翻译师如何有效地为机器学习项目做出贡献目前尚不明确，特别是因为机器学习工程师和数据科学家都可能有自己的强烈主张。当然，那些有兴趣与用户和利益相关者密切合作，为团队领导者收集和挖掘见解的人往往可以成为繁忙项目中的救星。

在某些团队中，此角色主要由充当产品负责人的客户承担（下文将描述其需求）。但是，产品负责人的时间对于详细的业务调查来说可能太宝贵了，因此，你也可以聘请专家来担任此角色。

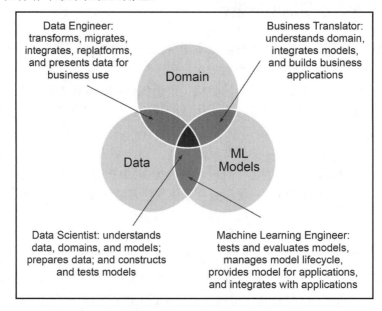

图 3.2　机器学习项目中 3 个复杂性驱动因素所需的团队角色

原　　文	译　　文
Domain	领域
Data	数据
ML Models	机器学习模型
Data Engineer: transforms, migrates, integrates, replatforms, and presents data for business use	数据工程师：转换、迁移、集成、重构平台并呈现数据以供业务使用
Business Translator: understands domain, integrates models, and builds business applications	业务翻译师：了解领域专业知识、集成模型并构建业务应用程序
Data Scientist: understands data, domains, and models; prepares data; and constructs and tests models	数据科学家：了解数据、领域和模型；准备数据；构建和测试模型
Machine Learning Engineer: tests and evaluates models, manages model lifecycle, provides model for applications, and integrates with applications	机器学习工程师：测试和评估模型，管理模型生命周期，为应用程序提供模型，并与应用程序集成

❑ 数据工程师（data engineer）：他们是获取、移动、调动和操纵资源的专家。他们可带来有关平台、工具、编程语言、安全性、成本和效率的知识。

数据工程师可以帮助你的团队处理棘手的数据资源。例如，由于参与过组织中以前的项目，他们可能对要操作的数据的结构和属性有一些了解，并对数据的业务用途有一些了解。

当然，在许多情况下，他们将是纯粹的技术贡献者，依靠业务翻译师或产品负责人来了解数据存储中的内容。

❑ 机器学习工程师（machine learning engineer）：这些人将使用项目生成的模型。他们将创建和使用存储与管理模型的基础设施，也承担诸如设置测试系统和运行评估之类的任务。

机器学习工程师的另一项重要任务是实现有效的模型服务机制，在应用场景上运行模型以产生结果。能够以高弹性、低延迟、高吞吐量或低成本来做到这一点可能是一项真正的壮举，因此，这对于任何团队来说都是一项很棒的技能。

当模型被嵌入有效的服务基础设施中时，机器学习工程师通常会努力将生成的子系统与业务应用程序进行集成，以释放价值。这是他们与业务翻译师重合和互动的地方。

❑ 数据科学家（data scientist）：专门创建模型的中间人。他们还了解调节有效建模所需数据的方法，以及测试和评估模型以确定其有效性的方法。

你可能还需要一些并不专注于机器学习项目的人员。这些人也可以帮助团队：

❑ 软件工程师（software engineer）：具备以团队合作方式开发可靠且可管理软件所需的特定技能的程序员。相形之下，开发人员（developer）通常是更加个人主义的程序员，他们更多地作为独立的问题解决者和故障排除者工作。因此，在获取这些资源时要小心，因为有些人不太清楚软件工程师和开发人员之间的区别，他们往往将这两个术语混合着使用。

❑ 开发运维一体化（DevOps）工程师：设置和管理软件开发基础设施的专家。一般来说，他们在大型项目中工作，这些项目中开发基础设施的开销很大。有时，机器学习工程师拥有 DevOps 工程技能和背景，因此他们可能满足这些要求。引入的 DevOps 工程师也可能胜任机器学习工程师需要承担的一些工作。

❑ 云工程师（cloud engineer）：设置和管理云基础设施的专家，能够配置专用网络和 IAM（identity and access management，身份和访问管理）等。他们通常还擅长使用云托管服务组件，例如数据仓库（data warehouse）。如果数据工程资源不可用，则可以考虑使用这些人来支持数据科学家。

❑ 交付经理（delivery manager）：可以通过组织和召开会议、与利益相关者交谈、创建报告和管理文档流来促进和支持项目管理的人员。

❑ 用户体验（user experience，UX）工程师：开发用户界面和交互设计的专家，通常通过与系统用户交流了解设计对他们的影响。

❑ 测试和质量保证（QA）工程师：创建和运行测试系统的专家，使你的系统能够获得批准并进入生产。

在机器学习项目中，需要对模型进行广泛的测试以评估其性能（详见第 7 章"使用机器学习技术制作实用模型"和第 8 章"测试和选择模型"）。

除了从事模型测试的机器学习工程师和数据科学家，还可能需要从用户或平台的角度对系统进行测试。

需要明确的是，这些角色既可以由单个团队成员担任，也可以由多个团队成员共同承担。公平地说，对于每个已确定的角色的技能矩阵和分布，还有其他看法。例如，一些组织将数据工程师视为在机器学习项目的整个生命周期中工作的通才，有时还需要为数据科学家或机器学习工程师提供支持。这个概念并没有错，也没有比之前的角色细分更糟糕；它只是略有不同并且更适合某些组织而已。

决定团队成员的另一事项是谁有空加入。很少有项目经理能够按照自己的意愿组建一支完美的团队来完成项目工作。你必须量才适用以使得人尽其才。

以下是应对这一挑战的一些技巧：

❑ 首先在大的方面要匹配：虽然这不过是泛泛而谈，但首先关注项目和团队中最重要的元素总是对的，至于外围活动和角色则可以临时凑合。

❑ 寻求正确的行为而不是成就：分享技能和见解并指导团队成员尤其有价值。同样具有高价值的是，团队成员能够批判性和建设性地思考，从而为团队创造性地解决问题做出贡献。

❑ 通才往往比专家更有用。特别是在小团队中，具有专业技能且在需要时愿意并能够作为通才工作的人是宝贵的资源。这些人就是传说中的 T 型人，而不是那些只有狭隘而深入的专业知识的 I 型人。

更多具有通才倾向的人可以为整个项目做出贡献，而不是只参加几个星期然后离开。一般来说，从头到尾参与整个项目的人们往往更有工作激情。

此类人的另一个优点是：由于坚持完成整个项目，因此对项目的走向非常清楚；可以轻松地向人们介绍项目的情况。

一个由此类人组成的共同努力的团队可以深入了解特定挑战的来龙去脉，最终可以更快地交付整体质量更高的成果。

当然，这里需要注意的是，如果项目需要专业技能，那么专家贡献者不仅有用，而且是必不可少的。通常而言，较大且较复杂的项目就是这种情况。幸运的是，这些项目（以及维护它们的组织）有能力聘请所需的专家。

❑ 为你的团队寻找发展机会：通过帮助团队成员获得技能和经验，你可以确保自己在他们心目中的价值。他们会想再次与你合作，当你使用他们时，团队中的资深人员也会从指导经验中受益。

当然，不利的一方面是，在团队的生产力提高之前，你承担项目的能力可能受限。

图 3.3 显示了随着技能要求的变化、新团队成员的加入以及做出贡献的人员离开，团队如何在项目中发展。例如，在图 3.3 的 Sprint 1 中为云工程师分配的短期任务可能会出现问题。工程师可能不愿意为了解决很少的一些问题而被投入项目中，或者他们可能更喜欢被分配到各种长期工作中。

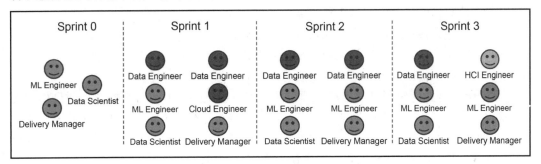

图 3.3　项目冲刺期间的团队演变

原　　文	译　　文	原　　文	译　　文
ML Engineer	机器学习工程师	Cloud Engineer	云工程师
Data Scientist	数据科学家	HCI Engineer	人机交互工程师
Delivery Manager	产品交付经理		

在图 3.3 中，人机交互（human-computer interaction，HCI）工程师（可以称为用户体验工程师）仅在 Sprint 3 中显示。在这种情况下，为期两周的任务可能适合该人员，因为这是一个真正为项目增加价值的机会。

但是，如果人机交互工程师因为缺乏项目背景（他仅在 Sprint 3 阶段进入项目组，并未全程参与）而未能正确完成工作，那么这可能会出现问题。

这些问题有时很难避免。事实上，你能做的就是与相关人员核实，并尽最大努力让每个人都能有效完成分配给自己的工作。

当你对团队结构有了很好的了解后，召开一些项目前期的团队介绍会议可能是个好主意。这将使得团队成员能够了解项目组对他们每个人的期望，并弄清楚他们将与谁一起工作。

另外，请检查资源在任务需要时是否可用，然后汇总任务和分配，为项目中的每个冲刺阶段创建一个敏捷团队。

项目团队的核心应该在整个项目期间保持稳定，但正如前面所讨论的，有些人可能会半途加入或退出以提供所需的专业知识和交付能力。

综上所述，该过程如下：

（1）使用待办事项中列出的一组任务创建任务列表，并尽可能与项目团队一起补充和详细说明它们。

（2）确定完成每项任务需要哪些角色和专业知识。

（3）估计每项任务所需的工作量。

（4）汇总工作量并确定每个角色需要多少投入。

（5）创建最接近所需工作量的角色资源计划。

（6）确定符合角色资源计划的潜在团队设计。

（7）根据所需团队的承诺成本确定总成本。

除了所有这些考虑因素，客户对项目的支持也很重要。他们必须提供与项目相关的知识和 IT 支持，并且你需要知道谁（来自客户）将充当产品负责人。在这个阶段，通常不可能将客户的人员安排到你的项目中并预留他们的工作时间。虽然目前尚未达成任何协议，但可以确定一些候选人。一般来说，你需要确定：

❑　产品负责人（product owner，PO）：可以提供反馈和意见的客户方面的代表，使团队能够集中精力并有效地对符合客户需求的问题和发现做出反应。

❑　技术/管理问题解决者（technical/admin troubleshooter）：可以帮助团队克服遇到的任何管理障碍的人。客户内部代表通常更了解如何处理组织内部的问题，并且能够更好地与客户的基础设施和管理部门进行沟通。

关于机器学习项目团队设计的最后一点是：你希望带入团队的人员可能会发生日程冲突（预订的假期或其他事件），从而阻止他们参与项目。如果你认为某人可能会加入你的团队，但即将退休或转到另一个组织，那么该资源选项显然不可行。

一旦确定了团队并掌握了完整的任务列表，你就可以查看已创建的项目路线图并检查是否存在潜在的问题或优化可能性。

要进行优化，可以并行运行任务并确保高价值资源集中在高价值的生产性工作上。

在此阶段可以识别的问题通常是，你需要完成某项任务才能解锁项目，而该任务又依赖于其他有风险的任务。

这是一个敏捷项目，我们无法预见到半道将出现的问题和故障。尽管如此，在此阶段最好尽可能地了解未知因素，以避免明显的陷阱。

3.2.3　项目风险

在创建资源估计后，检查风险登记册非常重要。你是否考虑了减轻项目面临的风险或避免风险带来的可能成本？如果没有，那么请确保在估计中添加适当水平的工作量和弹性来处理这些问题。例如：

- ❑ 确定潜在的缓解措施或解决方法。一般来说，以前成功使用过的缓解措施具有很高的价值，而新的缓解措施则价值较低。
- ❑ 估计缓解成本并将该成本（以及解决该问题的置信度）纳入预算中。
　添加具有高风险溢价（通常为 100%）的低置信度估计。
　例如，如果低置信度缓解措施估计为 500 元，则将其输入为项目的 1000 元成本。以 30% 的溢价添加高置信度的缓解措施。
　例如，如果高置信度缓解措施估计为 500 元，则将其输入为项目的 650 元成本。请注意，风险缓解措施的价格是一个收费项目，是客户预计为此类工作支付的金额，而不是作为组织的成本。风险溢价则是额外的，它加上了你的组织为使其能够成功运营而增加的利润。
- ❑ 进行审查，以确保不存在高影响风险（可能导致项目失败和收入损失）和低价值缓解措施（没有明确的解决途径）。
- ❑ 让你组织的一名官员（对项目失败负责的人）签署预算并确认他们接受你提出的风险。你的工作是确保他们意识到并理解组织所面临的风险。

记录此过程并与签核项目风险的人员共享该文档。例如，在签署会议后发送一封电子邮件，其中包含你用来向所有人介绍情况的演示文稿。当机器学习项目运行时（本书其余部分将详细介绍），你可能希望每周与项目利益相关者举行一次审查和更新会议，以讨论和共享风险登记册。

当然，有些风险是难以控制的。事实是，如果数据不存在或者由于质量或可用性问题而导致数据处于不可用状态，那么就不可能从中开发出有用的模型。你如果无法检查数据或清楚地确定如何将模型开发或实施到有用的系统中，那么就无法进行估计。如果出现这种情况，则需要由你的组织或客户进行深入调查并支付费用，具体取决于个案。你需要明确并确保将此类项目视为实验或调查。

尽管从技术上讲，涵盖你的法律条款应该在你的组织签订的合同中阐明，但与客户进行清晰的沟通非常重要。

3.3　售前/项目前期管理

> **项目前期管理工单：PS15**
>
> 　确保所有适当文件到位：
> - ❏　主服务协议
> - ❏　工作说明书
> - ❏　项目要求的保密协议和其他正式文件

在某些项目中，需要正式合同。这些包括：

- ❏　主服务协议（master service agreement，MSA）：规定你的组织和客户之间的付款和责任机制，并管理整个关系。许多项目都包含在一份主服务协议中。
- ❏　工作说明书（statement of work）：定义交付项目所需的工作和活动，并提供有关将交付的内容的法律协议。重要的是，它还规定了赔偿条款。
- ❏　保密协议（nondisclosure agreement，NDA）和知识产权协议（intellectual property agreement）：取决于 MSA 以及你所在的司法管辖区。

你应该始终将这些文件的制定工作交给具有法律资格和组织责任的人员。永远不要试图自己做这些事情或轻信客户的建议。

最后，如果你尽早让法律团队参与讨论，则总是可以节省时间（并提高项目的质量和结果）。他们可能会提出令人不安的反对意见，并对互动提出恼人的要求（例如，在达成协议之前禁止正在进行的工作），但让他们参与比不让他们参与要好得多，至少他们可以帮助你及时避免因不这样做而造成的损失。

当你创建了一份对双方都公平合理的协议，并正确签署（通常可能要求区域首席技术官和首席运营官都签署），然后得到客户批准和签署后，项目工作就可以开始了。不过，在准备获取签名前，检查清单以确保没有遗漏任何内容会很有帮助且令人放心。

3.4　项目前期/售前清单

完成前面列出和描述的项目后，你应该能够完成下面的项目前期/售前清单。你可以检查表 3.1 中的每一项，以验证是否有足够的证据表明任务已正确完成。

表 3.1　项目前期/售前清单

工 单 编 号	项　　目	说　　明
PP1.0	项目文档存储库	文档存储系统上的空间、文件夹或目录是专门为这项工作设置的，所有文档都被复制到那里以供参考。 项目前期阶段生成的文件已存储，没有遗漏。 每个人都可以检索文档。 存储库符合数据保留和信息安全策略
PP1.1	风险登记册	存储库中提供了风险登记册。 所有有权访问它的人都可以查看当前的风险集合。 可以查阅已解除（retired）风险的历史记录以及它们被解除的证据。 与项目的利益相关者/经理/老板一起审查了最终的风险登记册，已确保该审查记录有证据，显示了记录的风险
PP1.2	项目假设	项目的目的是否被明确描述为假设或调查？ 交付团队是否理解合理的业务案例？ 团队是否清楚地理解了该假设，并将其记录在任何项目陈述中？ 所有利益相关者是否都意识到并签署了该假设
PP1.3	完成尽职调查	确保以下内容已完成并在存储库中可用： ❑　详细说明利益相关者、最终用户、目标和关系的组织图。 ❑　数据访问信息，包括访问位置、内容和方式。 ❑　顶级解决方案和客户/预期部署架构，包括可能的供应时间表和已知的需求/问题。 ❑　已经获得的任何数据样本以及对其进行的任何评估或调查。 ❑　数据保护、隐私和道德要求文件，用于确定合法和符合道德要求的交付途径
P1.4	顶层交付计划	要完成的高级任务列表，可能基于本书中提出的项目结构，但需要根据要承担的实际项目进行定制。 估计完成这些任务需要多少工作量。 所需的团队以及他们是否可用
PP1.5	估计	对时间和材料的估计：交付成本加上解决或减轻已知风险所需的工作量，以及考虑到这些风险的适当溢价
PP1.6	售前管理	所有保密协议、主服务协议和工作说明书均已到位。 所有文件均经过法律团队的验证和同意。 文件已准备好供授权签名（首席运营官等）

　　与你的团队一起检查此清单，并确保他们和你都同意这些项目是完整的。这里有一个技巧是不要自己主持这次会议，而是从团队中找一个相对资历较浅的人来主持（可能

并不是要找资历最低的人，因为这对他/她来说有点不公平，而是要找团队尊重的人，并且他/她会从主持一些会议的经验中受益），通过让他/她安排并主持会议，你可以避免让每个人都认为这只不过是一个过场，他们都应该举手同意。

从你的角度来看，你当然想知道是否有什么事情被忽视了，现在发现犹未为晚，你仍然有望修复该问题。

第 2 章"项目前期：从机会到需求"和本章介绍的内容构成了整个项目前期的流程，在实践中如何进行？接下来就让我们来看一个示例，这是有关 The Bike Shop 项目的第一个演练片段，旨在说明如何在实践中应用本书讨论的方法。

3.5　The Bike Shop 预售

（虚构的）某咨询销售团队获得了 The Bike Shop（一家虚构的自行车制造和零售公司）的信息请求（request for information，RFI）机会。

💡 **提示：**

信息请求（RFI）是项目管理过程中的正式步骤，通常用于在项目的前期阶段收集和了解潜在解决方案、供应商能力、市场状况或其他相关信息。通过发出信息请求，组织可以确定需求、明确标准，并为后续的采购决策做好准备。信息请求过程也可能被用于确认技术可行性、行业最佳实践或者新兴技术的发展情况。

由于许可证续订以及需要新硬件来替换当前硬件，该公司执行业务运营的软件即服务和本地部署包的集合需要大量资本投资。

通过转向经常性运营支出（operational expenditure，OpEx）模式，摆脱大规模资本支出（capital expenditure，CapEx）投资模式，公司可以腾出资金来投资新的物流设施以及更新和升级公司的品牌和商店。为此，The Bike Shop 希望转向基于云的解决方案。

The Bike Shop 管理层的挫败感之一是他们无法使用当前系统创建业务状态的单一概览并从该概览生成商业智能。经过非正式讨论后，作为咨询销售团队的领导者，你将参与该预售机会的工作。

The Bike Shop 项目的初始 RFI 不包含有关所需应用程序的任何详细信息。在一次客户 RFI 流程会议上，你的团队询问了这一问题，结果显示，该公司的首要任务是减少支出，以腾出资金来改进他们的老式分销系统。他们希望通过提高客户保留率（customer retention）来实现这一目标。其逻辑是，通过延长客户留存时间并让他们花更多钱，这样就不必开发新市场并为企业吸引新客户了。

　　根据这一情况，你建议可以使用 The Bike Shop 的数据来识别哪些客户流失的风险较高。此外，你也许可以提出防止客户流失的干预措施。这是许多其他公司使用的标准应用程序。在 The Bike Shop 案例中，他们分散的 IT 资产使他们无法有效利用数据来做类似的事情。

　　后来，在讨论中，潜在客户（The Bike Shop）还指出，采用新物流系统的原因之一是公司经常发现很难从客户增长的需求中受益并管理这种需求。为了满足增长需求，企业必须持有大量零组件库存，而持有太多零组件的成本很高，但零组件库存太少又意味着收入损失。你建议，可以根据 The Bike Shop 的历史数据和开源数据发现一些经济和社会趋势，从而对需求做出一些预测。客户似乎对这些可能性感到兴奋。

　　讨论结束后，你将制定提案和估算，作为 RFI 回复的一部分。

　　你使用组织的标准工具（在本例中为 Confluence）设置文档存储库，并在组织的 Jira 中创建待办事项。你创建的第一个文档是项目风险登记册。表 3.2 显示了一个完整登记册的示例（显然，当它第一次创建时，它是空的）。

表 3.2　The Bike Shop 机器学习项目的风险登记册

风险 ID	描　述	状　态	负　责　人
TBS1	无法获得高质量的开源天气/经济数据	开放	你
TBS2	由于数据清洗导致客户行为的历史记录不足	开放	你
TBS3	数据科学资源不可用	开放	你

　　售前待办事项中的下一项是通过进行一些组织建模来了解有关客户的更多信息。首先，你询问 RFI 项目团队是否有用于捕获客户的组织结构图，得到的答案是他们确实有。图 3.4 显示了此图表，你可以捕获该图表并将其归档到存储库中以供参考。

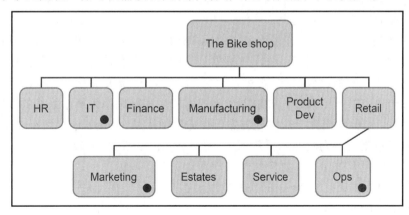

图 3.4　The Bike Shop 的组织结构图

原　　文	译　　文	原　　文	译　　文
The Bike shop	The Bike Shop 项目	Retail	零售
HR	人力资源	Marketing	市场营销
IT	信息技术	Estates	不动产
Finance	财务部	Service	服务
Manufacturing	制造	Ops	运营
Product Dev	产品开发		

你还需要考虑其他两个组织问题：

（1）谁是该项目的利益相关者和客户？

（2）谁是最终用户？

在与 RFI 团队的其他成员交谈后，你确定首席信息官 Karima Shar 担任商业智能总监。这可能是关键的利益相关者。你联系 RFI 团队的业务经理，要求将一个项目列入下次与客户举行的 RFI 更新会议的议程中，并请求与 Karima 会面讨论潜在的项目。

在与 Karima 的会议中，你揭示了上述工作的概念，并询问该功能将在业务中的哪些地方使用？Karima 告诉你，The Bike Shop 零售部门的服务团队使用客户流失信息，而制造团队则使用你所描述的库存预测功能。她似乎对这种可能性感到兴奋，并预见到将工作流纳入整个计划中将 The Bike Shop 的数据迁移到云端并提升其能力带来巨大的潜力。

在目前这个阶段，Karima 还无法与你共享任何数据，但似乎有信心在首席信息官为企业运行的 SAP 数据仓库（opdis2）之一中提供这些数据。Karima 知道，有些数据可以识别客户的个人身份，但不存在任何异常的安全或隐私问题。此外，她并不知道 The Bike Shop 更愿意开发和交付的系统是什么样的系统架构。

这些概念被写入工作说明书的背景元素中，以定义你的团队将要面临的总体挑战。你以项目假设的形式写下它们：

- ❑ 挑战 1：该项目将验证是否可以使用 The Bike Shop 的 opdis2 数据库和其他资产来构建客户流失预测系统，并根据预测的召回率和精确率来衡量系统的性能。
- ❑ 挑战 2：该项目将验证是否可以使用 The Bike Shop 的 opdis2 数据库和其他资产来构建需求预测系统，并根据预测的召回率和精确率来衡量系统的性能。
- ❑ 挑战 3：你将研究一个实施方案，该方案使用从 opdis2 迁移到新的云平台的数据和数据流，为制造和零售服务中的用户提供及时、可操作的信息。这使他们能够优化有关库存、供应和与客户互动的业务决策。
- ❑ 挑战 4：如果挑战 1～3 的完成情况使客户满意，那么你将实现并交付一个提供所需功能的系统。

在与客户代表的讨论中你做出并提出了一些假设。你意识到，如果这些讨论没有记录在工作说明书中，那么项目后期可能会出现重大争议，因此你创建了一个项目假设文档，将其归档，完成工单，然后才放下心来喝杯茶：

- ❑ 假设 1：数据库和数据流向云端的迁移正在按计划进行，并且已经通过其项目里程碑和关口。
- ❑ 假设 2：你和你的团队可以访问 opdis2 和其他所需的数据资产，以将数据提取到经过批准的开发环境中，你在其中拥有账户和适当的授权。
- ❑ 假设 3：团队将这些数据与开发环境中的开源数据混合在一起。
- ❑ 假设 4：你使用应用程序环境来提供可用的测试和生产数据。
- ❑ 假设 5：你需要联系 The Bike Shop 的业务专家来帮助了解你所做的预测的性质并改进预测结果。

下一步是审查与 The Bike Shop 项目相关的道德和企业社会责任问题。在目前阶段，由于时间和金钱都很紧张，因此你对于在这方面应该做什么可能会有不同的理解，但你应记得在一些数据保护培训手册中阅读过以下内容：

如果某种类型的处理，特别是在使用新技术时，考虑到处理的性质、范围、背景和目的，可能会对自然人的权利和自由造成高风险，那么控制者应在处理之前，对设想的处理操作对个人数据保护的可能影响进行评估。单个评估可以解决一组具有类似高风险的类似处理操作的问题。

虽然机器学习技术可能并不被技术专家视为新技术，但在这个项目完成时，它们对于绝大多数普通人来说都是新鲜的。因此，接下来的问题是关于风险的：这对于受试者来说是一个高风险项目吗？

你可以查阅英国信息专员办公室（Information Commissioner's Office，ICO）网站 [1] 并记下表明该项目可能存在高风险的一系列因素：

- ❑ 评价还是打分✔。
- ❑ 具有法律或类似重大影响的自动化决策。
- ❑ 系统监控✔。
- ❑ 敏感数据或高度个人性质的数据。
- ❑ 大规模处理数据✔。

---

[1] Accountability Framework. https://ico.org.uk/for-organisations/uk-gdpr-guidance-and-resources/accountability-and-governance/accountability-framework/

- ❑　匹配或组合数据集✓。
- ❑　有关易受攻击的数据主体的数据。
- ❑　创新使用或应用新的技术或组织解决方案✓。
- ❑　阻止数据主体行使权利或使用服务或合同。

你可以逐条对照检查：

- ❑　很明显，你将对客户进行评估和打分，看看他们是否有可能停止从 The Bike Shop 购买产品。
- ❑　你的目的并不是通过数据分析来做出自动化决策，而是将信息传递给将基于自己的发现使用它的人。
- ❑　你所做的事情是系统性的。所有客户都可能被检查。
- ❑　数据并不是个人性质的；毕竟，拥有自行车并不像拥有宗教信仰那样敏感。
- ❑　你认为这需要大规模处理数据，因为有数百万客户。
- ❑　在处理过程中确实需要匹配或组合数据集。
- ❑　对象可能很脆弱，但你所做的与他们的脆弱性无关。
- ❑　这项技术是创新性的。
- ❑　你并不打算阻止人们做任何事情或使用 The Bike Shop 的设施。

创建数据保护影响评估（data protection impact assessment，DPIA）可能是值得的，这是一种了解项目中数据的使用可能如何影响个人的方法。ICO 网站建议完成 DPIA，以帮助你和你的团队了解使用此数据时所面临的风险。[①]

首先，你考虑了数据的性质、范围、背景和目的，并且发现它正在用于内部流程。它仍然在 The Bike Shop 的控制之下。数据的保留策略和安全性不会改变。主要问题是，这是一种新颖的处理：就范围而言，这是购买行为与客户人口统计信息的记录。背景是，这些客户拥有银行账户或信用卡，因此他们不是儿童，他们的目的是合法的。The Bike Shop 的业务是销售自行车，这就是顾客与公司建立关系的原因。但是，客户知道他们的数据可能会被用来制作这种模型吗？他们同意了吗？

你调查了个人可能产生的风险清单（例如，无法行使权利、访问服务受限、失去控制等），并确定唯一的潜在挑战是经济损失的可能性，因为决策数据中的信息可用于创建包含某些客户但排除其他客户的特殊优惠。

你写下初步评估并记下 3 个结论：

- ❑　存在这样的风险：客户可能未获得以这种方式使用其迄今为止收集到的数据的

---

① ICO 2016 Data Protection Impact Assessment. https://ico.org.uk/for-organisations/guide-to-data-protection/guide-to-the-general-data-protection-regulation-gdpr/accountability-and-governance/data-protection-impact-assessments/

许可。

❑　预测结果不应用于创建排他性的优惠。

❑　当项目更加成熟时，你必须重新审视最初的 DPIA。

此时应该会有一个停顿以等待客户响应的阶段。在这个获取工作机会的过程中，你必须向 RFI 提供反馈并予以回复，因此你需要写下一些说明以在回复文档中使用，而你也确实这样做了。当你等待客户公司思考该提案的可行性时，你可以转向其他一些已经敲定的工作。不过，这种情况不会持续太久。

几周后，你被召集参加一个会议，并被告知 The Bike Shop 希望你的组织就数据迁移和价值开发提出正式提案（显然，现阶段没有其他投标人，你的贡献确实激励了 The Bike Shop 的管理层加快他们的计划并推进该项目）。现在需要的是更多可以做的事情的实质内容和起草正式工作投标的材料。你被分配到投标团队来处理此问题。

就你可以做的事情而言，事情已经发生了一些变化，因为现在你的组织和 The Bike Shop 之间签订了保密协议（NDA），并且他们将致力于启动并运行该项目。

你和你的团队现在面临的问题是，如果着手进行该项目，谁将负责该项目，以及该工作在高层次上需要哪些人才？过去，你在组织中与少数才华横溢的数据科学家和机器学习工程师一起工作，因此你查阅了内部网络上的作业数据库，发现其中有一位专家 Rob 目前处于替补状态。你去找投标响应经理，询问是否可以安排 Rob 的一些时间来制定资源和项目计划，很顺利地，他们都同意了。

你向 Rob 简要介绍了该项目，并回顾了迄今为止获得的信息。使用本书中的模板，你可以指定一个涵盖以下内容的计划：

❑　Sprint 0：让项目启动并运行。这在规模和范围方面是显而易见的，并且每个项目都相似，因此你同意这些任务将需要三个人持续两周，成员可能是 Rob、一个基础设施工程师和你自己。

❑　Sprint 1：构建数据管道并详细探索数据集。

❑　Sprint 2：构建模型，评估和选择建模方法，并完成最终模型以供使用。

❑　Sprint 3：将模型集成到应用程序中。

Rob 很清楚，你们需要更好地了解数据，然后才能更具体地了解建模可以做什么以及数据准备和建模阶段需要多长时间。你联系 Karima 并询问，现在你正在准备投标，她是否可以从 opdis2 中提取出一些数据，这些数据需要显示库存水平以及客户历史记录的存储方式。事实证明，现在 The Bike Shop 对这个项目充满了热情，Karima 非常乐意安排这个项目。当然，客户信息将被匿名化处理。

与此同时，Rob 和你要求 Karima 安排与 The Bike Shop 制造和零售服务领域的潜在用户会面，以了解如何使用模型结果。

Karima 已经确定模型将在仪表板中为用户生成信息，并且在会议上，你提出了一些关于哪种仪表板有用的概念性想法。制造团队遵循工程学的刻板印象，要求提供表格数据并下载电子表格，而零售服务团队则希望数据"更容易理解"。

当数据样本到达时，事情看起来比你和 Rob 希望的更复杂。数据似乎被存储在许多记录不同类型交易的表中，并且要了解特定日期的库存或客户状态需要大量的数据整理和操作。还有，数据库中约有 3000 万行，代表 5 年的业务交易，由两个来源创建。两年前，一个解决交易管理系统中数据质量问题的项目已经完成，这意味着存在一个包含 3 年噪声数据的遗留数据存储和一个包含最近 2 年记录的干净数据源。

就系统架构而言，这看起来将是一次全新的云合作。在 Rob 的帮助下，你可以指定开发环境/测试环境/生产环境设置，并将其交给投标团队中的云工程师进行审查。完成后，你和 Rob 就拥有了完成估算和顶层计划所需的一切。Rob 建议找几个他之前共事过的人来为这些任务举办一次 T 恤尺码法会议。

通过处理第 4、5、6 和 7 章中介绍的待办事项，可以估计出一个由 5 人组成的团队加上你自己应该能够在大约 10 周内交付该项目，并且这还包括之前商定的 Sprint 0 的两周时间。团队认为，到目前为止，你从流程中发现的风险在资源方面并不重要，但指出数据许可权限问题仍然存在。

你安排与 Karima 会面，讨论项目风险并向她介绍限制系统使用排他性优惠的必要性。你还提到，如果不解决数据许可权限问题可能会导致系统无法使用。鉴于对数据可能状态的发现，你可以为工作说明书创建一个附加项目作为子项目：

- ❏ 挑战 5：我们将验证 2～5 年前的数据是否具有足够的质量，以满足在创建客户流失和需求预测模型时使用的要求，并且我们将量化这些数据的质量对（从可用数据中提取的）模型的排名和有用性的影响。

这些挑战以及前面提到的假设和涵盖数据使用的假设都可以被写入涵盖该项目的投标工作包中：

- ❏ 假设 6：你需要拥有适当的许可权限才能使用 The Bike Shop 提供的数据。

描述的最后一部分是 Rob 和你与团队一起估计的工作量。在法律协议中，该工作量被警告为可能随着新情况的出现而发生变化。

通过售前团队的评审，该项目被评估为低风险、高灵活性，因此，项目估算中没有添加明确的意外费用。

所有协议文件均由法律顾问准备，并需要召开会议审查和完成售前清单。这次会议的结果要求落实一些具体操作，在所有这些操作结束后，文件将发送给 The Bike Shop 的授权官员以及你所属的咨询/交付组织。

至此，文件已签署，销售已完成，你必须执行该项目。

3.6 有关项目前期的后记

恭喜你赢得招标！The Bike Shop 销售已经结束，投标团队为此开启了香槟。这真是一个令人愉快的故事，但项目前期的活动可能是一个充满对抗性的过程，你需要与使用不同技术和方法的其他团队混合在一起进行竞争。在企业界，这样的故事每天都在发生，你的项目也可能与许多其他项目堆积在一起，浮沉起落。

由于缩小管理团队规模的转型计划今年可能需要更多资金，因此，提高服务生产力的机器学习项目可能会被认为不如从网站获得更多盈利的机器学习项目那么重要。在咨询领域，也存在明显的业务竞争。其他公司可能提供比你更低的价格或更快的交付时间。

有时，你的组织出于财务或组织（政治）原因确实需要该项目。你的经理或销售团队可能投入了大量的精力来让你能够提出和讨论项目。这意味着在项目前期阶段要取得成功会面临很大的压力。

显然，你和你的团队应该以赢得尽可能多的工作机会为目标。毕竟，这是支付账单的来源，而你的工作就是承揽和交付项目。但实际上，赢得错误的工作机会可能会产生毁灭性的影响：它将耗尽你的团队精力和热情、损害你的团队的声誉等。团队致力于一个注定会失败的项目的成本是巨大的。

如果你能够对一个你认为会失败的项目说"不"，那么推迟并让客户把钱花在其他事情上是合乎道德的，而且这也可能符合你自己的最佳利益。海里还有其他鱼，你不必为了一个不值得的项目赔上你的团队或你的声誉，而且客户将来还可能会带着更好的想法回来。

本章简要介绍流程的目的之一是为以特定价格和特定时间范围开展机器学习项目构建一个可靠且真实的案例。这可能会导致你的组织放弃某个项目，或者导致你的团队获得一个对客户来说现实且有价值的项目。遗憾的是，这也可能导致你的出价被客户拒绝，转而支持你的竞争对手。这是一种更难以接受的失败，有时会给你和团队带来真正的负面后果。好处是，当你被问及为什么会发生这种情况时，你将有证据表明你正在做正确的事情，并且还有你可以从中长期学习的材料。

不过，退后一步说，每个故事都有两个方面，或许顾客是对的，也许你确实不是与他们合作的合适团队。如果客户错了，那么他们这次就是打错了电话。不用担心。当你的竞争对手还没有完成任务时，他们就会回来找你。

3.7　小　　结

❑　为了获得项目提案，需要将需求转化为假设，阐明预期结果和关键挑战。

❑　可以根据假设和你在第 2 章"项目前期：从机会到需求"中收集的有关交付环境的信息来完成结构化的估计过程。

❑　有用的估计会考虑团队的结构和满足要求所需的承诺。

❑　在任何人向客户提及成本之前，请正确审查并签署你的项目文档。

❑　如果项目前期阶段失败了，那么项目肯定会失败，而且情况可能会更糟。

第4章 开 始 工 作

本章涵盖的主题：

❏ 专注于参与之初的准备工作
❏ 获取所有必需的访问权限
❏ 降低项目风险
❏ 验证开发环境并在需要时采取缓解措施

Sprint 0（第 3 章"项目前期：从需求到提案"介绍过）的想法是设置并准备好一切，以便项目团队在第一天即可介入并开始工作。在理想情况下，该阶段将充当尚未启动的项目与正在运行且消耗大量资金的项目之间的缓冲区。这是在浪费大量金钱之前发现严重问题的机会，也是可以花精力提高交付团队生产力的时候。

在 Sprint 0 期间，你将正式为客户处理该项目，这意味着你将登堂入室，获得在项目前期过程中无法获得的访问权限和信息。由于这种待遇差异，Sprint 0 允许你有一段时间向客户提出访问、信息和账户请求，然后由客户解决这些问题，而项目团队也不能袖手旁观，无所事事地干等。作为项目负责人，你可以在这段时间来商定和沟通项目的工作流程，并加深你对未来风险和挑战的理解。最后，Sprint 0 还允许你进一步检查该项目是否可行以及你之前对项目的估计是否仍然有效。

4.1 Sprint 0 待办事项

与项目前期阶段一样，Sprint 0 的待办事项列出了完成该项目阶段需要执行的任务或工单（见表 4.1）。同样，与项目前期的任务一样，这些任务需要根据你面临的项目的实际情况进行进一步分解和开发。

表 4.1 Sprint 0 待办事项

任 务 编 号	项 目
Setup 1	创建、沟通并最终确定团队设计和资源配置
Setup 2	❏ 同意并分享一种工作方式： ➢ 项目心跳（项目的日常运行方式） ➢ 工作标准和最佳实践

续表

任 务 编 号	项 目
Setup 2	❑ 就一套通用工具达成一致 ❑ 创建、商定并共享沟通计划 ❑ 创建并共享文档计划
Setup 3	构建并共享基础设施计划
Setup 4	进行项目前期数据调查
Setup 5	审查项目的企业社会责任（CSR）和道德规范 构建并共享隐私、安全和数据处理计划
Setup 6	构建并共享项目路线图

Sprint 0 与售前的重要变化之一是，现在你需要使用客户的基础设施来设置流程和交互以顺利交付机器学习项目。你需要将你的工作实践与客户的工作实践结合起来。

Sprint 0 需要实现以下三件事：

❑ 你的团队已建立并准备就绪，有明确的议程以及完成工作所需的所有工作系统。

❑ 你和你的团队现在是客户组织的一部分。

❑ 你已经掌握了项目的数据资源，并验证了项目前期提供的有关数据的分析前景描述是正确的。

4.2 最终确定团队设计和资源配置

项目团队是交付的引擎。如果没有合适的人员配备，则所需的工作根本无法完成。由于团队的设计和资源配置是最重要的活动之一，因此在 Sprint 0 期间，请确保为项目分配合适的人员。

> **团队设计工单：Setup 1**
> 创建、沟通并最终确定团队设计和资源配置。

在项目前期阶段，你创建了团队设计，以便能够估算成本。作为该过程的一部分，你检查了团队所需的人员是否可用。你可能使用某种资源预留和分配系统来记录项目需要的团队。如果项目前期团队被保留下来，那么现在剩下的基本上只是按下启动按钮并开始为客户项目招募团队。

不幸的是，有一些事情可能会出错。例如，原计划的团队成员可能突然无法继续参与，他们已经离开公司，这可能是因为他们被其他项目吸引了，也可能只是因为他们生病了。因此，你必须找到一个合格的替代者，或者你可能必须重新设计团队，因为你在项目前期工作和评估期间用来构建团队的基石已不复存在。

如果你的团队设计和资源计划已脱轨，请将其记录在风险登记册上。一支准备不充分的团队是一个需要应对的红灯警告。既然该项目已获得资金，那么在大多数情况下，快速的内部升级将通过确保最初确定的资源或寻找替代方案来解决问题。

如果原始工作没有足够的资源可用，那么另一种缓解措施是重新规划工作。当然，你必须量体裁衣而不是削足适履！重新规划有时意味着可以使用适当的资源来满足项目中不同点的要求。另一种缓解措施是交付组织（你的公司）安排外部承包商来填补空白。但是，这样做的成本很高，并且可能会损害或破坏进行该项目的商业案例，但对于你的组织来说，这可能更适合保护与客户的关系。

4.3　工 作 方 式

假设项目团队已经确定，下一步就是开始制定项目的工作流程并与客户达成一致。工作流程是每个人都同意的为圆满完成任务所需的一系列活动。

工作实践工单：Setup 2
- ❑ 同意并分享一种工作方式：
  - ➤ 项目心跳（项目的日常运行方式）
  - ➤ 工作标准和最佳实践
- ❑ 就一套通用工具达成一致。
- ❑ 创建、商定并共享沟通计划。
- ❑ 创建并共享文档计划。

4.3.1　流程与结构

你和你的团队需要明确项目将如何运作以及如何组织和商定活动。阐明这一点不仅很重要（这样团队和你都知道该期望什么），而且对于构建项目的质量也很重要。如果团队采用适合他们的工作实践，那么他们和你都会得到更好的结果。

目前已经有大量关于如何运行（或定义）敏捷项目的文献。[1] [2] [3]你会发现它们有不

---

[1] S.C. Misra, V. Kumar, U. Kumar (2009). "Identifying some important success factors in adopting agile software development practices." Journal of Systems and Software 11 (82).

[2] Beck, Ken et al. (2001). Manifesto for Agile Software Development. Accessed August 17, 2020. https://agilemanifesto.org.

[3] Scaled Agile (2021). SAFe 5 for Lean Enterprise. https://www.scaledagileframework.com/.

同的风格和流派，采用的是特定的实践和行为。例如，Scrum 团队以冲刺方式工作，看板（Kanban）团队以持续交付（continuous delivery，CD）方式工作等。偏离 Scrum、DevOps、看板或任何其他形式的敏捷的规定可能会被视为异端。

尽管关于项目应该如何运作有很多强有力的想法，但实际上几乎没有证据支持这样的思想：每天和每周运行项目只有一种方法。显而易见的是，不同的团队会找到适合他们的不同实践，而有效的实践会随着时间和环境而变化。

糟糕的是，随着管理潮流的变化，不同的组织要求采取不同的做法。如果你的组织规定了一种工作方式，例如 SAFe，①那么你需要找到一种方法来符合规定的做法。实际上，如果你想要拥有灵活性，并且你已经找到了一种对你的团队来说非常成功并且适合你的客户的工作方式，那么使用它就好了！

说了这么多，有 4 件事必须明确：

❑　将使用的流程和结构。

❑　采用的工具。

❑　团队所需的标准和工作实践。

❑　如何记录一切。

Scrum 敏捷方法的核心是冲刺（Sprint），这种组织项目的方式目前很流行。Sprint 的英文本意就是"短距离快速奔跑"，而在 Scrum 语境中，术语 Sprint 是指有目标的团队行动，团队将以迭代方式完成一个又一个冲刺目标，直至最终交付。本书融入了基于 Sprint 的结构，这使得叙事得以发展。

敏捷项目的现实意味着任务将从一个冲刺溢出到另一个冲刺，并且项目团队将发现推动项目前进所需的额外工作和活动。

例如，在具有新颖硬件的项目中，你可能需要对摄像头或传感器的性能进行详细的实验，以了解它们产生的数据。

又如，当团队必须使用一个特定的开发平台时，必须将大量代码移植到其中才能运行。

总之，随着项目的发展调整工作计划以确认和适应这些发现是敏捷开发方法的核心。

基于 Sprint 的敏捷方法允许设定里程碑并定期进行审查以监控进度。每个冲刺结束时都需要决定下一步需要做什么（或不做什么）。

现在，团队可以了解和控制未来几周的项目，并可以制订有关如何管理工作负载和承诺的计划。

当然，这种项目结构并不是运行敏捷项目的唯一方法。例如，看板项目将作为一个

① Scaled Agile (2021). SAFe 5 for Lean Enterprise. https://www.scaledagileframework.com/.

不断发展的单一计划来运行，任务一出现就被添加到项目中，团队不断更新任务列表并重新确定其优先级，以尽可能高效、快速地推进项目。一些团队通过使用这种方法来紧密协调他们的工作，并且在团队深入了解领域和项目的情况下，它似乎也运作良好。

值得一提的是，当需要产品负责人和领域专家的系统输入时，以 Sprint 为导向的项目的节奏会更加结构化。

4.3.2 心跳和沟通方案

作为项目负责人，你的一部分职责是充当人类消息交换中枢：收集需要发送给团队的消息并一次性交付给他们，然后从团队收集消息并通过一组操作处理它们。你需要定义这将如何发生，并获得各方的同意。这个各方包括：你的经理、客户和团队。

人们发现项目中的共享机制令人很放心，即使他们经常抱怨没有从该过程中获得他们想要的那么多。每个人都应该知道如何分享和接收信息。

项目通常有以下两种沟通方式：

❑ 召开会议

❑ 分发文件和报告

项目中常见的抱怨（即使这是不合理的）是我们不知道发生了什么。因此，制订一个计划并对其做出承诺可以消除吹毛求疵和牢骚满腹的机会。反过来，对会议太多的抱怨在某种程度上也可以通过计划的存在来解决；你可以用它来解释为什么有这么多会议以及为什么每个人都同意这是一个好主意。

当然，两种类型的投诉（会议太多或会议太少）都可能有实质内容，所以要小心。对信息共享量已变得毫无意义或过于详细和无关紧要的想法都应持开放态度。

有时你会发现你和你的团队被拖入多个"其他"会议和聚会中。这可能很难管理，但你需要注意这一点。对于团队工程师来说，每天一次项目会议就足够了。有些工程师甚至对每天一次的会议都感到恼火，认为那是一种负担，但现实情况是他们还真的需要参加，长期消失的工程师往往会与项目脱节。你如果不知道发生了什么，就很难对工作承担责任。

但是，一天召开多个项目会议最终可能会降低生产力，因为过多的会议消耗了太多的时间和精力，导致你和你的团队根本没有时间准备并完成手头的任务。因此，如果团队和你决定使用基于 Sprint 的结构来运行项目，则不妨进行以下安排：

❑ 每天与产品负责人、客户的技术代表或故障排除人员以及你的团队举行站立会议（stand-up meeting）。

❑ 每周与产品负责人召开一次审查会议。利用这次会议提供有关项目的一般更新并审查风险登记册。记录这次会议的纪要，包括行动，并每周向前推进。

❑ 在每个 Sprint 开始时与产品负责人安排计划会议。这样有助于就 Sprint 的工作分配达成一致。请记住，作为一个敏捷/适应性项目，随着项目的进展，其工作内容将会发生重大变化。

❑ 与团队、主要利益相关者和产品负责人举行 Sprint 结束和签字会议。在这次会议中，展示已完成的工作并让团队演示新功能，例如，预览从数据中获得的工作模型或运行数据管道、用户界面等。

❑ 与主要利益相关者和产品负责人安排冲刺后评审会议。你可以在此会议上讨论任何挑战或问题，以便可以在冲刺计划会议中解决它们。

在所有会议期间记笔记是个好主意，但有些会议和项目的其他一些方面需要被记录并作为报告来共享。这样的报告也是一种文档，但它们具有特定的排序，因为它们旨在确保了解项目的进度和状态。

如前文所述，你应该在每周审查会议上记录会议纪要，然后分发给参与者。执行这两项操作会创建一份有关项目进展情况的状态报告。

对于 Sprint 结束和计划会议，你的笔记需要转化为商定的行动和下一个 Sprint 的任务板。

还有一个关键的报告机制是风险登记册。你可以用它来维持一个共识，即存在未解决的问题或在已解决的问题上有进展。

你无论选择哪种模式，都需要安排会议。这将使参与者意识到定期安排的承诺并让他们为此做好计划。在参与者的日历中安排时间可能很困难，但现在就这样做对于项目的顺利运行至关重要。

你定义的会议和沟通模式是项目的核心。迭代地运行这些序列会推动项目向前发展，或者在不太乐观的情况下，它们会向你和你的项目投资者表明事情进展不顺利。无论哪种情况，此例程都使你能够收集信息和证据，表明你和团队正在努力实现项目的目标。

当然，要高效且有效地实现这些目标，还需要为该项目建立许多工具、标准和实践。让我们从工具开始。

4.3.3　工具

你需要与所有团队成员和客户就首选工具达成明确的协议。一般来说，项目的客户会强制要求这些。下面列出了其中一些工具：

❑ 文档存储库（SharePoint、Confluence、Microsoft Teams 等）

❑ 工单系统（Jira、GitLab、Azure DevOps Services）

❑　源代码控制（GitHub、Bitbucket、Subversion）

❑　文档制作（Microsoft Office 365、Google Docs、Open Office）

❑　技术图表制作（Visio、Lucidchart）

❑　构建管理系统（Gradle、Jenkins）

❑　依赖项管理系统（Conda、Python 的 pip）

❑　测试（Python 的 pytest、JUnit）

使用错误的工具不是一件小事，它可能意味着必须重新起草工作才能被客户接受，有时使用错误的工具还将构成违约，这可能会导致更大的问题。

你有必要提前弄清楚这一点，因为机器学习项目需要自己的工具。在撰写本文时，这仍然是一个新兴领域，但很明显，通过标准化工具来支持机器学习开发项目中的一些痛点（pain point），可以获得显著的收益。

1. 数据管道

现代数据库反映了它们支持的复杂且动态的组织。数据科学和人工智能项目要求以特殊的方式统一这些资源，以创建涵盖问题领域的数据的有用表示。虽然关系数据库仍然非常有价值，并且常用于数据科学和人工智能项目，但越来越多的来自传感器或自然语言形式的非结构化数据也必须被容纳和使用。

支持人工智能项目可能需要大量数据资源，并且这些资源可能经常变化。抽取、转换和加载（extract/transform/load，ETL）工具不能很好地支持这一要求，因为这些工具旨在支持交付关系数据仓库的数据集成项目。Beauchemin 识别了这些驱动因素，并阐明了通过使用数据管道实现更灵活和开放的数据基础设施的案例。[①]

数据管道（data pipeline）是由工作流引擎和调度程序管理的一系列转换。工作流引擎将一系列任务链接到一个简单的程序中；具体来说，就是没有循环。从技术上讲，这被称为有向无环图（directed acyclic graph，DAG）。

图 4.1 显示了 ELT 任务的 DAG 示例。DAG 上的每个步骤都是在目标计算机上执行的脚本，它们将处理数据存储或虚拟机中的数据。整个 DAG 在工作流引擎中被指定，它将调用序列中的每个步骤。在本示例中，表 X 是从系统 A 加载的，表 Y 是从系统 B 加载的。执行 join 连接，然后运行清洗步骤以删除空值。其中每个步骤都可能有不同的内部步骤，并且每个步骤都可以独立运行另一个工作流程。图 4.1 中的虚线箭头表示第一步可以执行的操作类型。

---

① Beauchemin, M. (2017). "The Rise of the Data Engineer ." Medium.com. 20 Jan. Accessed Jan 11, 2021. https://medium.com/free-code-camp/the-rise-of-the-data-engineer-91be18f1e603.

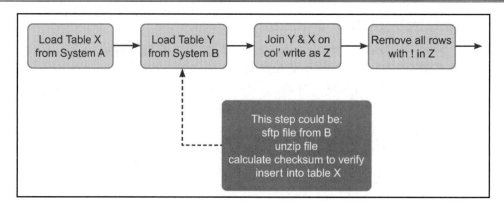

图 4.1　DAG 示例：当信息沿着箭头单向流动时，它就是定向的（D）；此外，它是无环的（A），因为没有任何循环过程；它还是一个图（G）。这 3 个特点构成了其名称

原　　文	译　　文
Load Table X from System A	从系统 A 加载表 X
Load Table Y from System B	从系统 B 加载表 Y
Join Y & X on col' write as Z	基于列连接表 Y 和 X，产生表 Z
Remove all rows with ! in Z	删除表 Z 中所有包括空值的行
This step could be:	该步骤可以是：
sftp file from B	使用 SFTP 协议从系统 B 获得文件
unzip file	解压文件
calculate checksum to verify	计算校验和以进行验证
insert into table X	将数据插入表 X 中

　　许多编程语言都可用于像这样的脚本活动，但管道引擎的思想是它抽象了管理这些活动并将它们链接在一起的复杂性。这项技术以 Oozie 调度程序的形式与 Hadoop 实现一起出现，它可以更轻松地管理存储在 Hadoop 集群中的大数据资源。[①]

　　2015 年，爱彼迎（Airbnb）公司需要一个解决方案来支持不同技术堆栈上各种复杂数据管道的集成和管理。[②]Airbnb 的项目发展成为后来的 Apache Airflow。

　　Oozie 和 Airflow 等管道工具提供了一个抽象，描述了对数据资产所需的操作，并且引擎允许执行和管理为此创建的代码。

　　使用该技术的大型且复杂的数据流库正在迅速变得可用，并且人工智能团队通常会实施大量流程来定义数据的导入和准备、探索性数据分析（exploratory data analysis，

---

① Apache Project (2021). "Apache Airflow." Apache.org. Accessed January 11, 2021. https://airflow.apache.org/.

② Apache Project (2021). "Apache Airflow." Apache.org. Accessed January 11, 2021. https://airflow.apache.org/.

EDA）、模型训练、模型评估和生产。如果没有这些工具，这种工作很容易出错，难以管理，而且极其耗时。借助 Airflow 之类的工具，流程更易于检查和管理，以前长期困扰人的数据项目的大量簿记和脚本管理工作现在都可以交给引擎。

2. 版本控制

机器学习项目产生并依赖于代码之外的许多资产。它们可以产生不同的模型，并进行调整和参数调优以提高某一方面的性能。

机器学习项目还依赖于特定的训练集、验证集和测试集。除了训练集，机器学习项目还会使用复杂的管道来集成不同的数据并生成学习算法处理的特征。

幸运的是，现在有许多专门的版本控制系统可以用来存储和管理这些东西。这包括 DVC、MLflow 以及 Weights & Biases 等工具。

此外，Amazon Web Services（AWS）上的 SageMaker 等机器学习开发系统也集成了我们可以使用的版本控制组件，而最近的版本控制文件系统（如 Apache Iceberg 和 Project Nessie）则允许有效地识别数据集并对其进行版本控制。

团队当然也可以在没有专用基础设施和工具的情况下跟踪模型版本和其他工件，但是请注意，这很快就会成为巨大的管理负担，并可能导致复杂且令人沮丧的配置错误。在最坏的情况下，你的团队将无法重现他们已开发的“优秀”模型的行为，因为方案的某些组件在项目推进的混乱中丢失了。出现这种问题：往好里说，这可能只是令人尴尬；往坏里说，这可能会严重损害客户/用户对你和团队能力的信任。

因此，能够对团队的工件进行有序的版本控制，可以实现对成功的机器学习项目来说非常重要的两个优点：

- ❑ 第一个优点是可再现性（reproducibility）。由于能够准确定义模型中的组件，因此你完全可以重新创建模型。拥有模型本身的二进制文件是不够的，因为你可能还需要在不同的计算基础设施上重新创建它，或者某些组件可能会出现问题。在这种情况下，仅使用替换组件重新创建模型即可检查之前所做的操作是否有效或者是否存在真正的问题。
- ❑ 能够跟踪进入模型的所有工件的第二个优点是它允许在不同环境之间测试和发布该模型。模型依赖于其他组件，并且依赖关系图需要与二进制文件一起移动。

3. 数据测试

我们可以通过使用数据管道技术来改善项目数据基础设施的管理。这是因为所使用的流程是明确且容易监控的，可以清楚地识别出现故障的管道并采取补救措施。在这个概念的最基本形式中，失败意味着管道中的错误导致其中一个作业无法运行——发生了编程故障。

　　但是，拥有数据基础设施可以创造运行测试来评估管道中是否存在数据故障。通过设置和运行数据测试，团队可以保证流入模型开发和生产环境的数据资产的质量和属性。

　　数据错误可能源于收集问题（例如，传感器故障、调查执行不力、数据输入质量较差等），也可能源于协调传感器的基础设施。你的系统会将这些错误描述为产生"坏数据"的错误和数据管理错误。[①]

　　Breck 建议进行一系列与机器学习模型开发相关的数据测试，[②]包括测试分布是否符合预期以及确定要排除的项目是否被排除。此外，Breck 还建议进行测试，以确定所有特征是否都是通过管道代码从源数据中正确构建的。他还建议对数据进行系统级测试（例如，测试项目类别之间的不变量或因果关系是否成立）。需要注意的是，应该始终只有一名厨师来照料一锅特定味道的肉汤。

　　在开发基础设施方面，有几个项目都试图证明这一点，[③]但由于在大型数据库和快速数据源上进行数据测试的计算成本，也出现了一些特定的问题。即使从大型数据源中选择代表性示例也会产生巨大的开销，这会影响数据基础设施的性能和项目的成本。将 Spark 或 Kubernetes 等基于集群的处理器连接到数据管道中进行大规模测试可能是有效的，但需要经过深思熟虑和大量的工程才能实现这一点。就计算成本和碳排放而言，它也很昂贵。

　　现在是在项目中决定你对这些工具的政策的时候了。它们能满足你团队的所有基础需求吗？它们对团队绩效的拖累会多于刺激吗？数据基础设施和建模过程的复杂性以及你所在组织和领域的成熟度在你的决策中发挥着重要作用。一个将成为战略性业务活动基础的项目值得在基础设施方面进行大量投资，但你如果正在进行价值证明或快速启动项目，那么你最好进行一些轻量级的配置。

4.3.4　标准和实践

　　除了团队正在做什么，了解他们将如何做也很重要。作为领导者，让团队采取正确的行动是你能做的最重要的事情之一。不同的团队以不同的方式工作，因此了解团队的

[①] Brown, A.W., Kaiser, K.A., & Allison, D.B. (2018). "Issues with Data and Analyses." Proceedings of the National Academy of Sciences 115 (11): 2563-2570.

[②] Breck, E. Cai, S. Nielsen., E., Salib, M., Sculley, D. (2016). "The ML Test Score: A Rubric for ML Production Readiness and Technical Debt Reduction." Neurips Workshop.

[③] Hynes, N., Sculley, D., & Terry, M. (2016). "The data linter: Lightweight, automated sanity checking for ml data sets." NIPS MLSys Workshop.

需求非常重要。

你可以采用以下实践作为创建平稳、积极的团队动力的一般指南。你的目标是创建一种团队精神，让每个人都能发挥自己的见解和想法，并且每个人都感觉自己作为一名工程师正在做出贡献并不断成长：

- 尊重和礼貌是最基本的。一旦失去了这一点，人们就会开始掩饰自己并停止披露真正发生的事情。意见和建议必须是积极的和尊重的。

  任何人都不应被打断（如果你打断了，也没关系，但要道歉并将通话时间还给被你打断的人）。

  每个人都应该倾听别人的言论并认真对待。同时，每个人都应该尊重他人的时间，确保发言简洁、紧扣主题。你能做的最有力的事情就是树立榜样。

- 应在项目采用的工单系统中记录和跟踪工作。如果某件作品或某项成果值得在站立会议上讨论，那么你应该将其记录下来并提交工单。在这种会议上，每个人都应该有一些工作可谈。

- 工作或工单应该产生可识别的结果。文档、代码或其他工件（模型、特征、数据集、测试结果等）可以被归档到文档存储库中。然后，这些工件可以被推送到版本控制系统，并由适当的团队成员恢复以进行检查。

- 工作应该经过同行评审。如果一名团队成员（或多名团队成员）接受了一张工单，则在另一名团队成员对其进行审核之前，该工单不应被视为已关闭。这促进了两个方向的知识流动：如果高级工程师完成了一张工单，而初级工程师对其进行了评审，那么这就提供了一个向高级贡献者的工作实践学习的机会；如果是反过来，那么高级工程师就有机会为初级团队成员提供指导和支持。近似的同行评审还允许技术知识在项目团队中流动。

上述标准和实践也适用于客户。客户在以下方面达成一致也很重要：

- 完成某件事后签字意味着什么。良好的做法是声明可交付成果在其中一次项目会议中经过评审，并将其发送给产品负责人（客户可能希望指定是其他人）。如果没有提出问题（如在 5 个工作日内），那么这些将被视为已签署。

- 客户支持项目的责任包括哪些内容。例如，这可能意味着产品负责人和联系人出席会议并参与讨论。

所有团队都应该经历就其工作方式达成一致的过程。显然，如果你看到团队设定了一个较低的标准或创建了一些不良实践，则会遇到问题。在这种情况下，你必须制定一个基本框架并执行它。你可以通过树立榜样来影响团队成员的行为，但在大多数情况下，提出问题（而不是强加你的答案）并查看结果可以对他们产生更强大的影响。

经验丰富的专业人士对人们应该如何合作的问题提出了一些深刻的推理和洞察力，这常常令人印象深刻。但重要的是，做出决策的团队有强烈的动力坚持这些决策，并且很可能在没有任何提示的情况下引入和指导新成员。无论你得出什么结论和协议，都将其记录下来，然后尽可能地坚持下去。

4.3.5　文档

文档对于一些软件开发人员来说已经过时了很长一段时间。敏捷宣言强调的敏捷软件开发的四个核心价值之一就是："工作的软件高于详尽的文档"。尽管敏捷宣言明确表明其作者同时看到了全面的文档和工作软件的价值，但这条格言通常被视为无须文档即可继续进行的许可。[①] 近年来的一个常见说法是，代码应该是能够自我说明的，并且运行代码胜过项目中所有其他进展的证据。

对于"代码高于文档"的见解，我们有很多话要说。软件团队应该专注于让代码运行的思想是基于人们多年来开发软件的经验。例如，让一些代码运行起来是进度和价值的有力指标。关注代码和功能的另一个优点是，它迫使开发人员进行详细的思考，这可能会暴露设计者思维中的差距。人们常常猜测设计不起作用，是因为无法编写所需的代码，或者更常见的是，设计遗漏了一大堆细节。

最近，一种更全面的观点变得越来越普遍。软件项目（包括机器学习项目）的重点是提供一个可运行且完全可维护的系统。如果没有文档，则没有人会知道如何使用该系统，更不用说如何修复它了。

诚然，代码可以被技术人员理解，但随着时间的推移，企业不知道从哪里开始让合适的技术人员在正确的地方进行查看，而且他们可能没有时间进行深入的研究。从本质上讲，糟糕或不存在的文档就是系统杀手。

开发人员还意识到，在日常工作取得进展时，文档是一笔宝贵的财富。他们能够依赖自己团队生成的文档，这对他们很有帮助。如今有一种说法是，需要文档来了解你六周前所做事情的人正是你自己。

一般来说，有两种类型的文档：

❑　开发人员在执行待办事项中的任务时创建的详尽说明。

❑　向客户通报进展情况或本身构成可交付成果的正式文件。

就第一种类型的详尽说明而言，团队记录存储库中的每项任务和文件非常重要，但这些文档并不是正式交付给客户的。相反，这份工作记录提供了团队和未来团队了解系

---

① Beck, Ken et al. (2001). Manifesto for Agile Software Development. Accessed August 17, 2020. https://agilemanifesto.org.

统及其演变所需的信息。

团队工作笔记的另一个功能是，它们是团队活动和进展的展示，可以用来让利益相关者相信团队的勤奋和努力。

此外，如果另一位高级工程师被要求审核该项目，那么一个包含大量技术笔记和工作文件的存储库是让他相信团队并没有闲着的好方法。每项任务都应该记录下来，保存技术说明并将其提供给所有团队成员。

就第二种类型的正式文件而言，必须有文件形式的可交付成果，用于总结并向客户和高级管理层提供信息以供审阅。这些文件记录了项目的进展，并重点描述了团队的思考和理解，以及在特定主题或活动上所做的工作。

你可以将计划开发成文档形式的可交付成果，并与客户进行沟通。例如，对于典型的机器学习项目，可以交付以下文档：

- 文档计划
- 沟通计划
- 数据故事
- 隐私和安全计划
- 基础设施规划
- 技术架构
- 路线图
- Sprint 0 报告
- 数据调查
- 道德报告
- 业务问题分析
- 数据测试计划
- 探索性数据分析（EDA）报告
- Sprint 1 报告
- 模型设计
- 特征工程报告
- 模型开发报告
- 模型评估报告
- Sprint 2 报告
- 应用设计
- 用户界面设计
- 记录和监控方法

- ❏　实施报告
- ❏　检测报告
- ❏　最终项目报告

或者，你也可以制作一份独立的 Sprint 3 报告，并根据谁将签署项目的不同部分，将准备最终项目报告的任务分开。一些客户有利益相关者，他们会同意项目部分或 Sprint 的完成，但会希望更高级别的人来审查和负责整个项目。无论你的特定客户的要求是什么，在 Sprint 0 期间，你都可以确保你开发的文档计划得到他们的批准，并清楚地说明将在何时向谁交付什么内容。

在确定了工作方式后，是时候专注于你实际要处理的事情了！

4.4　基础设施计划

本节将介绍你的团队工作所需设置的系统。在这里，我们先来了解运行团队将要构建的内容所需的基础设施。

基础设施工单：Setup 3
构建并共享基础设施计划。

机器学习项目的数据架构要求与标准企业数据架构截然不同。在企业数据架构和基础设施上运行机器学习系统有时会对其他应用程序产生不可接受的影响。当然，你的选择可能有限甚至为零，因此需要一种实用的基础设施设计和开发方法。

4.4.1　系统访问

从项目前期的工作中，你已经了解了数据在哪里，因此现在需要采取两个步骤：

（1）询问并确认信息。

（2）通过一组技术接口（如 API、SQL 查询、文件名等）获得访问数据的权限。

与你交谈的人可能无法提供此信息，或者你将被告知该数据位于特定数据库中。你需要快速深入了解有关系统访问的任何不明确之处，因为缺乏对数据资源的适当访问可能会导致项目的技术活动几乎停止，直到解决。

你需要立即发起讨论以确定获取数据所需的访问权限和许可。在获得此信息后，即可启动授予访问权限的进程。

请记住，团队不仅需要申请访问权限，还可能需要接受一些培训才能获得处理数据的资格或认证。每个团队成员可能需要 2～8 h 的时间才能完成该培训，但这是有必要的，因为确定并安排登录客户基础设施所需的培训乃是当务之急。

在这种时候，你有任何关于流程和需求的貌似很明显甚至愚蠢的问题都可以提出，因为其中某个问题可能就会揭示出团队生产力的关键障碍。

在某些情况下，对用于托管数据的环境的访问可能仅限于特定版本的特定笔记本计算机，以阻止（或限制）数据传出。在这种情况下，你可以安排团队访问笔记本计算机或工作区，以便他们能够连接到数据服务器。

安排这些权限、培训和访问所需的系统总是比预期花费更长的时间，因为解决此问题的流程往往优先级较低且资金不足。有时，执行此操作的进程不存在或正在第一次运行。我们的经验教训是，这一步处理得越快、越积极，项目团队的情况就越好。

4.4.2　技术基础设施评估

第 2 章 "项目前期：从机会到需求" 介绍了项目中使用的开发/测试/生产环境的规范。这应该是根据有关客户环境的最佳可用信息来完成的。在大多数情况下，项目前期需要来自客户的资深技术和安全架构师参与，以帮助团队准确了解可用的东西。

糟糕的是，当你询问时，结果可能是希望使用的东西并不存在。这可能是售前团队无法从客户那里获得适当的技术专业知识，或者其技术环境是工作说明书中的一个有风险的项目，由于错误或误解，假设的基础设施可能不可用。例如，项目假设在开始时，会有一个 GPU 服务器用于生产环境，但是通过提出一些问题，你可能很快就会发现，实际上 GPU 服务器只是已经订购，而交付和调试还要等 9 个月！

如果在这个阶段发现此类问题，那么你必须创造性地思考并与团队一起创建解决方法，否则客户需要更改基础设施配置，或者项目应该喊停。你可以在此处重新协商项目范围：是否有其他不需要 GPU 的方法或可行的应用程序？

总之，你应该获取承诺的基础设施的详细信息以及风险登记册上可用的基础设施，并尽快开始实施所需的缓解措施和范围变更。确保客户在发现增量后立即确认该增量。

在你的团队提出了访问请求之后，客户提供了访问的权限，这意味着团队将获得使用基础设施的许可。把该过程写下来并形成文档！

4.5　数　据　故　事

数据，数据，数据，重要的事情说 3 遍。这是普通软件项目 Sprint 0 中关注的内容与机器学习项目需要做的事情之间的重要区别之一。Setup 4 工单任务要求你进行数据调查。那么，为什么现在就要执行该调查呢？

数据故事工单：Setup 4

　　进行项目前期数据调查。

在项目前期过程中，我们提到了在项目预售阶段获取数据样本的重要性，也指出了弄清楚数据的使用是否符合道德和法律规范的重要性。Sprint 0 是第一次获得有偿工作（受商业协议保护和许可）的机会，旨在了解客户数据。

现代统计学的发明者 Ronald Fisher 曾经说过：

"在实验结束后才去咨询统计学家，往往只是请他进行一次验尸，但他或许可以说出实验的死因。"

——R.A. Fisher，第一届印度统计大会（1938）上的主席发言

Ronald Fisher 的意思是，我们应该让数据科学家在数据生成之前就参与进来。确实，你和你的团队被要求构建客户运营领域的图景，从而生成用于建模的数据。可用的数据决定了你可以构建出多好的图景。如果幸运的话，所有数据都将被清晰地排列在一个漂亮的数据表中，供团队使用。但更大的可能是，你需要从各种杂乱无章的、必须清洗的数据中组装你的建模团队需要的数据表，因此你需要更深入地了解团队面临的问题。当你完成该项目时，你需要了解此过程的多次迭代。

在团队加入之前以及在可以访问数据之前，你可以使用你的时间和项目任务作为主要工具来构建有关数据的叙事。在 Sprint 1 中，你需要从系统的角度创建数据调查。数据调查将确定哪些数据在哪个资源中以及如何提供这些数据。在完成数据调查后，团队将能够进行适当的探索性数据分析来找出数据集中的真实内容。接下来，建模工程师会加入并完成所有他感兴趣的事情。

如果有条不紊地遵循这种查找和挖掘数据价值的迭代过程，那么团队应该不会发现导致项目停止的严重脱轨问题。目前，在技术访问尚未完全到位的情况下，降低发生这种情况的风险的最佳方法是开发数据故事。

数据故事（data story）是客户希望你访问和使用的数据集组件的历史记录。在此阶段，你获得的故事将是客户对数据的组成和数据采集方式的观点。这通常与技术现实不同。但是，这种观点很重要且很有用，因为它阐明了企业对关键事件和驱动因素的记忆，这些事件和驱动因素也催生了数据。

在这方面有一些可用的框架，你可以使用此类框架来构建有关数据的问题。例如，要理解数据资产，不妨使用 5W1H+R 框架。[①]该框架基于记者长期以来用于了解新闻故事核心的思想，他们常提出 5 个 W 和 1 个 H——为什么（why）、谁（who）、什么事（what）、何时（when）、何地（where）以及如何（how）的问题。此外，5W1H+R 框架还引入了询问数据与基础设施中其他数据的关系（relationship）的想法。数据的沿袭（lineage）和来源至关重要，因此需要被理解和公开。

完整的 5W1H+R 框架提出了 27 个问题，涵盖数据治理、集成和合规性等方面。如果所有 27 个问题的元数据均可用，则可以使用这些数据来了解资产，但很多情况下你可能会发现尚未准备好的数据目录，MDM 系统或目录不完整等问题。

这一背景下需要提出的主要问题是：

- ❏ 为什么要创建这些数据以及如何使用这些数据？
- ❏ 谁拥有数据以及谁可以授予对数据的访问权限？
- ❏ 与数据相关的隐私和安全问题是什么？
- ❏ 用于获取数据集的源系统是什么？
- ❏ 数据是如何存储在这些系统中的？可以方便查询吗？
- ❏ 存储的数据有哪些类型（非结构化数据、表格、关系数据）？
- ❏ 数据和系统是什么时候创建的？这些系统生命周期中发生过哪些主要事件（例如，因数据丢失而中断、因业务变化而重新调整用途、将其他系统聚合到该系统中、平台重组等）？
- ❏ 系统上的数据的来源是什么（例如，从传感器收集、由操作人员输入、网站日志、手机历史记录、从数据经纪人处购买、交易日志等）？
- ❏ 数据资产规模有多大？这些系统历史上的数据规模概况如何（例如，一个系统可能一开始的交易量较小，但在几年内扩展到较大的交易量）？
- ❏ 每个组件的数据质量有何意义？客户信任吗？

5W1H+R 框架对于提取有关数据的信息很有用，但它仅侧重于支持数据治理任务。因此，要使用数据建模和进行机器学习，还需要对数据做进一步的了解。即便如此，你将使用的数据故事也至少会通过以下 4 种方式影响你的机器学习模型：

- ❏ 动机和背景：收集数据的原因。

① Subramaniam, Pranav, Yintong Ma, Chi Li, Ipsita Mohanty, and Raul Castro Fernandez (2022). "Comprehensive and Comprehensible Data Catalogs: The What, Who, Where, When, Why, and How of Metadata Management." ArXiv. January. Accessed January 2022. https://arxiv.org/abs/2103.07532.

- ❏ 　数据收集：数据收集和测量的机制。
- ❏ 　数据沿袭：将数据转变为当前形式和存储的过程。
- ❏ 　事件：在数据上发生过什么事情。

4.5.1　数据收集动机

收集数据的原因对于你可以利用数据做什么起着重要作用，这并不奇怪。毕竟，当我们在学校的科学实验室里时，就被灌输这样的观念：我们所做的实验会返回不同的（且有限的）结果。用手电筒沿着地窖楼梯照射以避免绊倒所需要收集的信息与打开手电筒以查看架子上的所有酒瓶所收集到的信息截然不同，因为拿着手电筒只为看清楼梯的人可能根本不会注意到任何酒瓶。

与你将要做的工作更相关的是，作为受控实验研究的一部分收集的数据集不同于纯粹的观察数据集，并且从不同动机的数据收集练习中创建有效的推论需要不同的方法。[1]根据定义，故意选择的变量的分布将不同于该变量的自然分布。

思考收集动机对数据集影响的一个简单方法是想象蝴蝶收集的情况。一般来说，我们对任何事物中最罕见的情况更感兴趣，并且会丢弃有关常见情况的数据（但是，就蝴蝶收集而言，预计稀有性会被过度代表）。此外，蝴蝶收集者可能没有收集与蝴蝶生活在一起的其他昆虫，也许他们只是按照颜色或大小排列了它们。这些都是相当任意的参数。也许所有标本都是在夏季采集的，也许仅记录了采集日期和地点——或者根本没有。

虽然数据收集者的行为与生态学家或昆虫学家肯定有所不同，但是，在企业系统中收集的数据也存在类似的偏差，这两者都没有好不好的问题，但它确实会影响到模型可用的信息。这需要被理解和允许。

4.5.2　数据收集机制

数据收集方法产生的影响的一个很好的例子是总调查误差（total survey error）的概念，它指的是样本数据总是与整个总体略有不同或有些不同，或者在提出问题的方式和界面的设计方式中引入了偏差。[2]

---

[1]　Bareinboim, Elias, and Judea Pearl (2016). "Causal inference and the data-fusion problem." PNAS - Colloquium Paper 7345–7352.

[2]　Robert M. Groves and Lars Lyberg (2010). "Total Survey Error. Past, Present and Future." Public Opinion Quarterly 75 (5): 849-879.

由于人们输入和更新数据所使用的界面，已收集并反复更新的数据（如人事记录或库存）通常会出现系统错误。例如，当数据输入用户从列表中选择有关特定参数的选项时，通常会出现不成比例地选择列表中的第一项的情况。

或者，想象一个网站用户界面要求用户提供敏感信息，并且要求你查找该网站用户的构成，但一部分用户拒绝提供其详细信息。这个比例可能是均匀分布的，但更大的可能是，具有敏感特征的人根本不会对此做出响应，因为可悲的是，在我们的社会中，很多人都已经知道泄露自己的身份可能会造成损害。关键是，有关网站用户的数据可能会存在偏差，它仅代表了愿意回复敏感特征调查的用户！

从传感器捕获的数据也存在一系列不同的问题。工程师和物理科学家需要在特定环境中仔细考虑和处理这一点，从传感器收集的数据必须可靠。[①]

虽然设备校准和严格的安装标准（例如 NASA 装配指南[②]中报告的标准）可用于防止传感器错误，但是，网络传感器可能会停止响应或安装在错误的位置。

最坏的情况是，传感器可以正确安装，表面上功能正常，但是却提供了错误的结果。

为了理解数据集中的传感器数据，团队需要结合流程和检查的视图，以验证组织中以及你需要了解的系统实施中的传感器数据。

4.5.3　数据沿袭

为分析项目提供的数据集通常与它们报告的问题、日志和传感器读数相差若干个步骤。数据的生成速度和规模如此之大，以至于需要特殊的实时数据库来收集。扩展这些数据库以长期保存数据或支持分析查询可能既昂贵又复杂。将此类数据镜像到称为数据仓库（data warehouse）的更便宜的存储基础设施中是很常见的。

在大型组织中，很可能因为人事政治、成本限制、法规监管和能力不足等因素而生成许多此类通用数据存储。这创建了一个庞大的拜占庭容错数据架构。

创建庞大数据架构的另一股力量在于资本主义的行为和机制。大公司经常被出售、接管或分拆。数据仓库和数据湖是由于所有这些资本运作而获得、继承或镜像的。

[①] Provost, Nancy E. ElHady and Julien (2018). "A Systematic Survey on Sensor Failure Detection and Fault-Tolerance in Ambient Assisted Living." Sensors (US National Library of Medicine (https://www.ncbi.nlm.nih.gov/pmc/articles/PMC6069464/)) 18 (7): 1991 (doi : 10.3390/s18071991).

[②] NASA (2020). "NASA Workmanship Standards." March. Accessed September 18, 2020. https://archive.org/details/nasa-workmanship-standards.

最后，监管可能会导致不自然且复杂的数据架构，因为特定数据被分区或镜像以促进竞争。由于这些原因，特定表中的数据来源可能不清楚且难以解码。

如果客户实施的是数据目录或数据沿袭系统（如 Alation 或 Collibra），则查找数据表的沿袭会容易得多。或者，组织可以在其数据架构中利用元数据管理设施和流程，因此可能有一个主数据模型可用作了解手头数据来源的路线图。

在撰写本文时，一些研究正在兴起，它们旨在提供使用数据发现技术通过数据资产自动跟踪数据来源的工具。例如，使用社交网络分析[①]或嵌入向量相似性（embedding vector similarity）[②]等实体相关性度量。

能够自动化此过程的工具如果今后能够开发成功并发展成熟，那将非常有帮助。但这种复杂的实践可能需要一段时间才能应用到所有数据架构中，因此，之前收集的任何线性信息都应该用双手抓牢。如果有一个电子表格可以跟踪组织中的数据，那总比没有好。

在最坏的情况下，如果架构中没有预先建立的数据全局视图可供使用，那么有必要至少规划出你和你的团队将使用的部分。从你的角度来看，重要的是确定数据集的最终来源。这不仅可以帮助你深入了解收集动机和收集机制问题，而且还可以避免使用相同的数据在同一模型或一组模型中生成多个信号。

你还必须了解用于围绕数据架构提升和转移数据的流程以及用于将其映射为不同格式的流程。在这方面，脚本和管道可以生成被解释为域特征的数据，但你要知道，它们实际上只是收集和聚合数据的引擎的工件。

例如，你可能会发现每 10 min 采集的传感器数据都有时间戳，当数据被从业务数据存储中提取出来并放入数据仓库中时，每 6 h 应用一次时间戳。这些时间戳旨在用于检查数据拉取是否有效（可能会通过使用计数来检查正确的数字是否到达），但是，对于我们来说有用的仍然是数据的实际采集时间。

总之，要创建数据视图并弄清楚其所有用途是非常困难的。关于数据集中某个字段的起源和含义的最新披露会改变机器学习项目创建的模型的解释和价值，这种情况并不罕见。你不可能消除这种情况发生的可能性，但可以通过查找或收集可用信息并判断较为可信的数据沿袭来尽量减少风险。

[①] Farrugia, Ashley, Robert Claxton, and Simon Thompson (2016). "Towards social network analytics for understanding and managing enterprise data lakes." IEEE/ACM International Conference on Advances in Social Networks Analysis and Mining (ASONAM) pp. 121. Davis, California: IEEE.

[②] Castro Fernandez, Raul, and Samuel Madden (2019). "Termite: A System for Tunneling through Heterogenous Data." aiDM'19. Amsterdam: ACM.

4.5.4 事件

数据存储的时间越长，就越可能会遭受各种灾难。例如，投资不足可能意味着存储数据的空间不足，导致数据被丢弃。有时这种情况会系统性地发生；有时它是随机发生的。

数据存储还可能会发生偶然事故。例如，一些数据可能会由于查询编写不当而丢失，并且没有人注意到，直至数据无法恢复或发生硬件故障并随着时间的推移而损坏表。一些潜在的事件和错误（例如不良舍入或类型转换）可能会导致噪声逐渐被引入数据中。

此外，现有数据存储可能需要进行质量改进、重新架构和重新平台化。这可能对数据本身没什么影响，但是这些操作却可能会出现严重错误。

为支持新用例而引入的更改和功能也可能会带来错误。例如，数据字段可以从短整数被迁移到长整数或浮点数，有时这会做得很好，但有时对存储类型的舍入或简单修正（例如，从 32 位转变为 64 位）却可能会引入噪声。

你如果能仔细了解客户对数据集做过的修改，那么也许可以找到在使用这些数据集创建模型时获得奇怪和异乎寻常的结果的原因。这很有挑战性，但全面了解其中原委可以避免你花大量时间追逐那些令人兴奋而实际上不过是幻觉的模式。在目前这个阶段严谨一些可以防止你的团队以后浪费时间。

你收集的有关数据的信息对于加深和改变你对项目道德方面的看法也很重要。数据的采集地点和采集方式本身即包含了一些它未说明的信息和它想要说明的信息，这也关联到你处理它的方式。最近人工智能和机器学习领域关于语言模型的行为及其使用道德的争论很大程度上受到支撑它们的数据来源的影响。[①]如果有人对模型的正确使用及其用户的安全提出质疑，则收集和记录这些信息并尽可能考虑这些信息将非常重要。

4.6　隐私、安全和道德计划

如前文所述，了解数据收集的动机、数据收集的方法、数据沿袭以及影响存储中的数据集的事件有助于形成使用数据的道德影响的图景。话虽如此，对于建模团队来说，重要的技术问题是必要的，但这还不足以全面了解团队需要处理的道德、隐私和安全问

---

① Bender, Emily, Timnit Gebru, Angelina McMillan-Major, and Mitchell Margaret (2021). "On the Dangers of Stochastic Parrots: Can Language Models Be Too Big?" FAccT'21, ACM Conference on Fairness, Accountability and Transparency. Virtual Event, Canada: ACM Conferences. 610-623. https://dl.acm.org/doi/pdf/10.1145/3442188.3445922.

题。你需要完成 Sprint 0 待办事项中的 Setup 5 来构建更全面的图景，使你能够在当前阶段以及项目后期就这些重要问题做出明智的决策。

> **隐私、安全和道德计划工单：Setup 5**
> ❑　审查项目的企业社会责任（CSR）和道德规范。
> ❑　构建并共享隐私、安全和数据处理计划。

在项目前期工作中，驱动项目的想法和假设已经通过了验证，以确保其合法且符合道德。例如，我们为 The Bike Shop 项目进行了 DPIA。随着更多信息的出现，以及你更多地接触客户及其问题，Sprint 0 带来了更详细地解决这些问题的机会。

你可以提出以下问题：

❑　该项目的所有数据表是否出于同一目的？收集该项目的目的是否适合所有表格？

❑　所有数据表是否都在同一司法管辖区内收集？如果来自特定司法管辖区，则是否要排除某些数据？

❑　表中是否存在出于安全和隐私目的应排除或区别对待的特殊数据主体？

❑　你能否在项目的基础设施上部署足够的数据处理流程（匿名、聚合、加密）？

❑　如果你的团队和应用程序可以访问所有数据源，他们应该这样做吗？

你可以使用这些问题的答案来验证并记录你对拟议系统的企业社会责任、隐私、安全和道德方面的发现。项目前期的活动应该确定客户组织中的相关专家和权威，你可以利用这些联系人来展开讨论。

4.7　项目路线图

> **项目路线图开发工单：Setup 6**
> 构建并共享项目路线图。

项目路线图是驱动项目的高层次计划。本质上，它是你在售前创建的项目假设和估计的镜像。路线图告诉你（和你的团队）什么时候将执行哪些任务，以及需要解决哪些依赖关系才能解锁和开启不同的工作阶段。

在目前阶段制定路线图很有用，因为：

❑　你拥有有关项目交付环境的新信息。

这是你此前无法获得的有关客户组织和数据存储的信息。

❏ 你知道团队结构将会是什么样的，以及团队何时能够处理项目的各个要素。

路线图必须遵循本书其余部分中介绍的总体结构：

❏ 数据采集和项目基础设施建设：第 5 章和第 6 章将要描述的 Sprint 1。

❏ 模型构建、评估和选择：第 7 章和第 8 章将要描述的 Sprint 2。

❏ 系统集成和部署到生产环境：第 9 章将要描述的 Sprint 3。

当然，根据你的具体情况，这个通用模式中的各个组件也可以适当提前或延迟。重要的是，你需要与你的客户利益相关者就改变路线达成一致，以便他们了解你为什么按照（或不按照）你计划的方式花钱。

例如，在 Sprint 1（第 5 章）中，我们建议开始研究系统的用户体验功能。在所有条件都相同的情况下，这不失为一个明智之举，因为它可以更好地为模型建立非功能性需求。这对于模型的评估和选择非常重要，因此，可以通过快速开展用户体验工作来满足依赖性。此外，构建用户体验设计可以使项目立即有了可见成果并吸引客户。

但是，如果你对数据的完整性或建模团队有效处理数据的可能性有严重怀疑，那么在客户的模型上浪费时间并不是一个好主意，这将是完全多余的工作。在这种情况下，对数据基础设施采取一种快速而随性的方法，先构建一些模型来快速建立原型可能是一个明智的决定（即，对数据基础设施不做过多要求，先把整个流程跑通再说）。这可以消除项目中的所有技术风险，但代价是需要大量返工和以后可能出现的延误。

随着你获得更多经验，此类决策将变得更加明显和容易做出。最重要的提示是，此过程应始终与你的客户合作完成：就为什么需要完成特定重点任务建立共识，就如何处理和克服这些问题达成一致。

现在构建项目路线图还为你提供了交叉检查项目估计和假设的机会。根据你现在所发现的技术基础设施和可用于建模的数据，你需要对你的估计秉持较为现实的态度，标记此时可能出现的复杂性和困难，并决定如何减轻它们（可能的方式包括缩小项目范围、增加预算或完全重新考虑项目等），这个过程可能会很痛苦，但是，它总比抱着最美好的希望而最终项目却大败亏输要好得多。

4.8 Sprint 0 清单

你可以与交付团队一起完成表 4.2 中的清单，以确保 Sprint 0 的元素在项目开始之前就位。Sprint 0 的目标是确保团队有效且高效工作的条件得到满足。参与清单会议的每个人都应该投入精力，确保每一项都得到有效涵盖。

表 4.2　Sprint 0 的清单

项　　目	说明和示例
数据描述	数据资源是否存在恰当的历史记录？这是对数据是什么的讨论性描述（包括领域、源系统、规模和时间框架等）。 概述是否一致且充分？ 数据描述是否通过任何数据实验或任何其他方法进行了验证
提供的数据表和其他数据源的列表	表的名称和内容的描述（例如，客户主数据、客户类型层次结构）。 其他数据源的名称和描述（例如，传感器、聚合传感器平台）和连接详细信息
限制或问题	数据已知问题的描述。 记录原始数据中任何无法解释或不清楚的步骤
业务用途	迄今为止该数据的已知业务用途概述（客户当前如何使用它）
文档计划	确保为所有必须提交的文档确定交付日期，并确保这些文档能够按时创建和交付。 确保为交付文档分配了资源
项目路线图	提供如何实现项目最终结果的高层次任务分解
沟通计划	确保与项目的利益相关者（内部和外部）建立足够的接触点
基础设施计划	资源和时间已到位，可以提供所需的工作环境和用于开发的基础设施
团队设计	交付资源已确定并可供项目在预算内成功执行
项目心跳	列出整个项目期间的计划会议，每次会议的目的（Sprint 计划、回顾）；包括每日站立会议时间表和出席名单

4.9　The Bike Shop：项目设置

The Bike Shop 项目被定义并出售给客户，它有以下 5 个挑战：

❑　挑战 1：该项目将验证是否可以使用 The Bike Shop 的 opdis2 数据库和其他资产来构建客户流失预测系统，并根据预测的召回率和精确率来衡量系统的性能。

❑　挑战 2：该项目将验证是否可以使用 The Bike Shop 的 opdis2 数据库和其他资产来构建需求预测系统，并根据预测的召回率和精确率来衡量系统的性能。

❑　挑战 3：你将研究一个实施方案，该方案使用从 opdis2 迁移到新的云平台的数据和数据流，为制造和零售服务中的用户提供及时、可操作的信息。这使他们能够优化有关库存、供应和与客户互动的业务决策。

❑　挑战 4：如果挑战 1~3 的完成情况使客户满意，那么你将实现并交付一个提供所需功能的系统。

❑　挑战 5：我们将验证 2~5 年前的数据是否具有足够的质量，以满足在创建客户流失和需求预测模型时使用的要求，并且我们将量化这些数据的质量对（从可用数据中提取的）模型的排名和有用性的影响。

你与投标团队一起庆祝了胜利，每个人都希望你能够启动并运行该项目。你的组织将你分配到该项目并给予了资源预算。你被告知要与人力资源经理合作，以组建合适的交付团队。

你要做的第一件事就是打电话给 Rob，确认他是否仍然可以参与该项目。Rob 爽快地答应下来，你松了一口气，并立即将他标记到 The Bike Shop 的资源系统中。Rob 还推荐了一位数据工程师 Kate，因为她在项目设置阶段即有空加入。于是你给 Kate 打电话，邀请她一起喝咖啡，讨论该项目的工作。在这次见面中，你简要介绍了 Kate 的预期任务：努力支持 Rob、建立基础设施以及开始 The Bike Shop 的数据调查研究工作。Kate 热衷于参与大项目，而你认为她非常适合。

你根据需要标记了 Kate，她的经理也同意她加入你的项目。Rob 向你发送消息，称他稍后会与 Kate 会面，让她处理系统访问请求。

你还需要找到另外 3 个人来组成团队。你与 Rob 安排了一次会议，并一起审查工作计划。你们两个决定在项目的最后 4 周之前招募 2 名机器学习工程师和一名数据科学家。到最后 4 周时，你将需要一名用户体验工程师和一名应用程序开发人员，且会保留一名机器学习工程师，当然还有 Kate 和 Rob。

你联系相关的人力资源经理并询问谁适合你的任务。虽然任务是短期的，但资源经理们非常积极，因为他们的经验是这种项目可以提升他们的业绩报告。

很快，一份名单就出现了。你审阅了所有简历，并与所有你和 Rob 认为符合资格的候选人建立了相互认识的聊天群。

事实证明，这些候选人都很优秀，你邀请了 Danish（数据科学家）、Jenn（机器学习工程师）和 Sam（也是机器学习工程师）加入你的团队，为期 4 周。另外也邀请了 Clara（用户体验工程师）和 Miguel（应用程序/数据工程师）一起加入你的团队，不过加入时间是项目的后 4 周。

你知道系统为用户采取的形式非常重要。高层一致认为，你需要一组仪表板（一些仪表板用于显示更详细的库存信息，一些仪表板用于客户流失预测任务），并重点关注易用性。你决定让 Clara 提前一周在项目中确定这一点。碰巧，Clara 和她的资源经理对这个想法持开放态度，因为 Clara 想在第 6 周和第 7 周去度假。

这个好运提醒你检查团队的休假卡，你发现 Rob 在第 4 周预订了一周的休假，而你在第 7 周和第 8 周预订了两周的休假。这很不方便，而且会造成干扰，但是反思一下你就会发现，人们（包括你在内）都需要休息。这些新的空缺让你可以在项目的后 4 周内预订 Sam。表 4.3 显示了迄今为止的资源计划。

表 4.3　资源已确定后，该项目的粗略资源计划

资源	W1 (0)	W2 (0)	W3 (1)	W4 (1)	W5 (2)	W6 (2)	W7 (2)	W8 (2)	W9 (3)	W10 (3)
你	▓	▓	▓	▓	▓	▓	■	■		
Rob				■						
Kate										
Danish										
Sam										
Jenn										
Clara						■	■			
Miguel										

你与组织的运营团队的成员一起计算拟议中的资源计划的成本，并且你放下心来，因为它远低于项目的目标成本。事实上，你还有预算在第 7 周和第 8 周内保留 Danish 以应对一些意外情况。考虑到所需的工作量，这可能是一件好事。

你坐在椅子上，思考你、Rob 和 Kate 在接下来的 8 个工作日左右必须做什么。你已经尽可能快地行动了，但时间在流逝，你还有很多事情要做。不过，有两件事你可以快速解决：文档计划和沟通计划。

你根据标准模板进行工作，并认为 Karima 非常适合担任客户的产品负责人，因此你向她发送消息并询问她是否愿意在项目中担任该角色。你还询问她，在 The Bike Shop 方面，谁可以担任你的日常故障排除人员以方便交付。

令人高兴的是，Karima 成为了该项目的产品负责人，她认识一个很优秀的人 Niresh，他是她组织中的交付经理，可以担任日常技术联系人。

Niresh 对 The Bike Shop 系统了如指掌，Karima 完全有信心，如果问题可以被解决，那么 Niresh 就会解决它。你写了两份草稿，并将沟通计划和文档计划发送给 Karima 和 Niresh，以征求他们的意见。

通过使用项目前期的组织图，你可以让 Niresh 向你介绍 The Bike Shop 的数据保护官（data protection officer，DPO）以及负责签署该项目的安全架构师（security architect，SA）。在与他们会面之前，你、Rob 和 Kate 聚会在一起，讨论可能存在的隐私、安全和道德问题。其中包括项目合同中确定的数据许可问题以及预测结果不应用于创建排他性优惠的问题。

当你会见数据保护官和安全架构师时，你向他们简要介绍了项目和计划。会议结束后，你与数据保护官和安全架构师分享了简报幻灯片，以及一些行动和注释（一般来说，这些是为了获取更多信息和细节，将在项目后期提供）。

Rob 和 Kate 现在对要使用的基础设施有了清晰的了解，并且你对将获取哪些数据以及如何操纵和利用这些数据有了深入的了解。下一步是让 Kate 和 Rob 建立项目基础设施。这里有两部分工作要做：

- ❑ Rob 需要设计将要使用的开发/测试/生产环境。Rob 可以利用他和团队在客户基础设施中可以访问的组件来完成设计。然后他和 Kate 可以请求访问权限。
- ❑ Kate 需要设计和建立一个能够正常工作的基础设施。同样，要做到这一点，需要有必要的权限。

为了完成工作，Rob 和 Kate 获得了必要的权限并开始设置各自的环境。一个复杂的因素是，The Bike Shop 项目是作为更广泛迁移的一部分而销售的，总体概念是公司的数据资产需要迁移到云端，新的数据资产将支持新应用程序的部署，例如客户流失管理和库存预测程序（你将开发这些应用程序）。数据迁移完成的日期是第 7 周（表 4.3 中的 W7）。在此之前，数据在新的生产环境中将不可用。

这一发现的含义是，在为 The Bike Shop 委托的云容器中提供生产数据库之前，需要一种解决方法来让团队有效工作。Rob 与迁移项目的技术架构师讨论了这一问题，他们一致认为 opdis2 数据资产的一次性副本是最可行的方法。

这避免了管理数据源和依赖项的所有复杂性，这些数据源和依赖项是迁移项目工作的核心，并提供了你的团队所需的资产。我们联系了 Niresh 和安全架构师并同意该计划。设计结果如图 4.2 所示。迁移提供了生产（产品）环境，然后将用于为测试环境提供生产环境的适当子集。与此同时，一次性副本将支持开发。

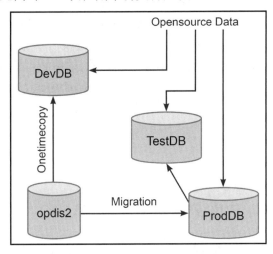

图 4.2　开发/测试/生产环境中的数据配置

原　　文	译　　文	原　　文	译　　文
Opensource Data	开源数据	ProdDB	生产数据库
DevDB	开发数据库	Migration	迁移
TestDB	测试数据库	Onetimecopy	一次性副本

一旦 Rob 了解了数据的提供方式，他就能够识别每个环境中所需的服务集。他的下一个任务是弄清楚如何将开发环境中生成的资产委托到测试和生产环境中。这需要一个脚本系统来定义测试和生产环境。然后，解释器将在新的 The Bike Shop 云中读取该信息并进行部署，无须人工干预。

Rob 对开发环境的定义包括以下两个方面的实例：

❑　建模团队将使用的两个高规格开发实例。

❑　机器学习工程团队将用来创建和证明所选模型实例的测试实例。

生产环境的策略是利用云环境的集群管理技术按需实例化并运行模型实例。这些将在几毫秒内生成，并可用于推理事件，直到需求下降，届时它们将自动退役。

Rob 提倡这种方法，因为它既便宜又强大。对实例的需求将由新产品数据库中的表刷新事件触发的工作流程创建。然后，仪表板可用于查看模型更新的数据表。这听起来相当复杂，但 Rob 向你保证这是最新的方法。

现在 Rob 已经完成了基础设施设计，Kate 可以查看系统访问权限，因此你可以向她告知你的资源计划，这将使她知道谁可以访问开发计算机。Kate 还负责在客户的基础设施上设置文档存储区域并访问客户的工单系统。源代码控制将使用行业标准工具来完成，Rob 指定了模型/实验管理工具和数据版本控制系统。

现在 Kate 需要开始创建数据故事的过程。这涉及与数据架构师和系统用户举行多次会议。通过研究 opdis2 系统要素的人员列表，她了解到以下情况：

数据仓库本身是通过聚合 3 个运营数据库创建的。这些数据库代表了制造商管理的 3 个运营区域：欧洲、美洲、亚洲和世界其他地区（rest of world，ROW）。数据尽管未被标记为源自这些资产中的任何一项，但已被标记为与特定国家/地区相关；每条记录都有一个 country（国家/地区）字段。图 4.3 显示了该流程。

总体而言，团队预计会从数据仓库的 3 个表中提取大约 4000 万行数据。opdis2 中被确定为可能有用的 3 个表是：

❑　Main BW 表，包含交易列表（已完成的销售）。

❑　Product Hierarchy/SKU（产品层次结构/库存量单位）表。

❑　Currency（货币）表。

数据负责人将根据需要确定 Product Hierarchy（产品层次结构）表和 Currency（货币）表，以聚合和标准化交易列表中的信息。

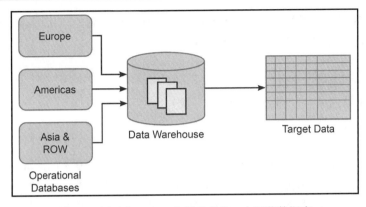

图 4.3　用于在 opdis2 中创建表的 3 个运营数据库

原　　文	译　　文	原　　文	译　　文
Europe	欧洲	Data Warehouse	数据仓库
Americas	美洲	Target Data	目标数据库
Asia & ROW	亚洲和世界其他地区		

　　Product Hierarchy/SKU（产品层次结构/库存量单位）信息非常重要，因为它允许对零部件、赛车、多功能自行车等商品进行合理的分组。这种安排允许对层次结构中共享公共节点的项目进行预测。有些商品可能是单独出售的，但很少作为一种类型频繁出售，因此了解这些汇总是为业务提供有用信息的关键。

　　Currency（货币）表也很重要，因为它可以使销售价值标准化。

　　这里主要关心的是弄清楚在数据质量项目期间发生了什么，这也是在项目前期发现中提过的。你发现该项目是在当前项目之前 18 个月完成的，这意味着比这更早的数据可能在特征上有所不同，并且可能更嘈杂。

　　与 Niresh 交谈后发现，在数据质量项目期间，对 opdis2 中的 Main BW 表进行了大量更改和删除，他认为，尽管该项目被视为成功，但很难确定总体数据的实际改进。更有可能的是，数据已经整理好了，但似乎没有任何指标应用于整理前后的数据状态。这强化了团队在访问资产时尝试量化和描述更改前后差异的必要性。

　　此信息构成你编写的数据故事文档的基础。你与 Kate 和 Rob 一起审阅它，经过一些评论和改进后，你将其归档到 Kate 的新存储库中。你注意到她已经为你归档了沟通和文档计划，因此你给她写了一封感谢信。

　　你与 Karima、Niresh、Rob 和 Kate 召开了一次会议，讨论项目应该如何运行。你描述的路线图很容易达成了一致。简而言之，你需要进行一些前期的用户体验工作，同时需要重点评估作为数据质量项目一部分完成的数据改进的影响。

你介绍了接下来要进行的 3 个 Sprint，并且得到了参与者的点头同意。然后你提到了工作方式的问题，并描述了你提议的项目心跳：

❑　　每日站立会议

❑　　每周利益相关者会议

❑　　Sprint 结束展示和讲述（每两周一次）

❑　　Sprint 结束评审（每两周一次）

❑　　Sprint 计划会议（每两周一次）

Niresh 和 Karima 有点吃惊；他们没有预料到要为该项目投入如此大量的时间。你跟他们解释说这是因为一切都需要不断评审，如果他们觉得这是浪费时间，那么有些会议可以在他们不出席的情况下进行。但是，你要求他们在前几周先尝试你的日程安排。如果会议日程和节奏明显没有必要，则在此后可以做出改变。当团队处于组建期时，每个人在项目一开始就进行清晰有效的沟通非常重要。

Kate 和 Rob 非常喜欢对数据故事的评审。他们热衷于保持这种做法，并且也希望小心地记录他们的工作。Kate 编写了一份简短的团队规范并将其保存到文档存储库中：

❑　　为每项工作创建一个工单。

❑　　每个工单都会生成一些具体的东西并由团队保留。

❑　　工作只有经过评审后才算完成。

你在 Sprint 0 的第 10 天下午坐下来。一切都已完成，你有时间制作时间表并处理你一直忽略的电子邮件。下周一，Danish、Sam、Jenn 和 Clara 将加入团队。Rob 刚刚演示了他开发基础设施，并且他已经获得了团队成员周一早上可以使用的凭证。看起来你和你的团队已经准备好要大干一番了！

4.10　小　　结

❑　　在人员到位并开始使用系统之前，需要尽早启动管理流程。实际上，通过做一些工作来确定需要的资源是很好的第一步，为获得所有这些资源而提出要求则是很好的第二步。

❑　　你需要确保客户了解将要交付什么、如何交付以及何时交付。

❑　　确保沟通渠道畅通，每个人都知道他们应该如何共享和获取信息。

❑　　你的团队需要就如何完成工作达成共识。

❑　　检查你需要的开发环境是否已设置好并且可供所有团队成员使用。

❑　　确保有一条易于理解的生产路径。

❑　　深入研究你的团队将使用的数据的故事。

第 5 章　深入研究问题

本章涵盖的主题：
- ❏　获取并验证对数据的访问权限
- ❏　重新审视、验证和完善业务理解
- ❏　开发用户体验和模型利用概念
- ❏　使版本控制和管道系统就位并正常有效
- ❏　构建向团队交付数据集的初始管道
- ❏　开始构建数据测试以使管道稳定可靠

在 Sprint 1 中，团队已经到位并开始使用基础设施来完成交付项目所需的任务，他们首先需要打开将执行机器学习项目的数据。为了深入了解数据，他们将使用自己构建的基础设施（特别是管道和测试系统）。

5.1　Sprint 1 待办事项

Sprint 1 待办事项提供了本章（S1.1～S1.4）和第 6 章（S1.5～S1.7）将要描述的任务，如表 5.1 所示。通过 Sprint 1，你可以为使用机器学习算法创建和评估实用模型的核心机器学习活动做好准备。这项工作需要更深入地挖掘数据资源，并发展团队的专业知识和能力，以便利用这些知识和能力进行建模。你还需要构建起支持作用的基础设施，将数据从其所在位置提升并转移到你需要的位置。

表 5.1　Sprint 1 待办事项

任 务 编 号	项　　　　目
S1.1	进行数据调查；扫描并对数据表执行完整性、覆盖范围和质量检查。 进行数据测试，以解决偏差、中毒、质量、覆盖率和（标签）准确性等问题。 撰写并评审数据调查结果
S1.2	开发业务应用程序描述。 开发应用程序用户故事待办事项（S2.1、S3.1）。 与用户一起验证应用程序描述和用户故事待办事项。 确定并验证机器学习模型的性能要求。 创建用户体验设计

任 务 编 号	项　　　目
S1.3	将相关数据聚合并融合到一个集成的场景中。 实现和管理数据管道。 设计和实现数据测试
S1.4	委托并采用模型存储库。 确定并记录机器学习管道中使用的所有工件
S1.5	规划和设计探索性数据分析。 撰写并分享探索性数据分析报告
S1.6	根据新出现的理解来检查道德规范
S1.7	定义并实现基线模型

可以看到，交付此 Sprint 的第一步是加深你（和你的团队）对数据的理解。接下来，让我们详细研究这个问题。

5.2　理　解　数　据

你的团队成员已加入，资金也已到位，现在可以开始解决客户的问题。在 Sprint 0 中，你只是获得了作业数据资源的样本概览。现在，你手头的任务是对可用数据资源进行快速而系统性的评估。

在本书中，此任务被称为数据调查（data survey），但它也可以被称为检查或概览。这是一项快速且结构化的调查，所产生的结果你可以记录、讨论和分享，以建立对数据理解和洞察力。最重要的是，这为数据中的明显问题创建了一个检查点。

数据调查工单：S1.1
- ❑　进行数据调查；扫描并对数据表执行完整性、覆盖范围和质量检查。
- ❑　进行数据测试，以解决偏差、中毒、质量、覆盖率和（标签）准确性等问题。
- ❑　撰写并评审数据调查结果。

你因为在 Sprint 0 中构建了有关数据的叙述，所以已经有了一个可供团队使用的地图，即使它的标记可能是有问题的。但是，地图毕竟不是真实的领土，现在你需要将你的数据故事与你精心组建的数据团队结合起来，以找到更多的问题。

你可能还没有团队、访问权限或基础设施来开始解决核心问题，如处理数据、阐明对问题的理解或创建基础设施来支持解决这些问题的工作。你如果缺乏所需的访问权限和许可，那么将会遇到麻烦；团队无法工作，项目无法推进。用户体验方面可能还有一些工作空间，但实际上，在解决这个问题之前，团队几乎无能为力。

5.2.1　数据调查

本书推荐的数据调查分为 3 个步骤。我们在第 4 章中完成了第一步，即数据故事。数据故事引出并记录了有关可用数据资源的建议和信息。现在，我们需要进行数据调查，以验证数据故事并提供有关数据资产的非功能和系统属性的更多信息。随后，当我们将数据放在正确的位置时，我们还需要通过探索性数据分析（exploratory data analysis，EDA）查看数据的统计属性。通过探索性数据分析，我们可以找出数据的真正用途。

数据调查的目的是减少数据资源内容的不确定性。数据故事充满了关于数据源中的内容及其来源的假设和断言。现在，我们需要检查数据故事中的假设是否合理可信。

为什么要在此阶段对数据执行结构化和系统性调查？它的驱动因素是什么？

首先，它在时间和精力方面相对便宜。为此需要编写的查询对于任何数据工程师来说都很简单，而且查询都应该运行得很快。对于后续的探索性数据分析练习来说，情况可能并非如此，在建模阶段几乎肯定也不会如此。该阶段所需的工程可能需要大量思考，并且查询可能需要一段时间来运行、测试和调试。现在，在数据调查上花费的精力相对较少可以避免以后犯下代价高昂的错误。

该调查的第二个优点是，它因为简单、快速、便宜，所以可以很全面。相比之下，探索性数据分析可以在感兴趣的数据集中发现大量研究途径。团队不可能研究所有的数据；事实上，他们可能只有时间正确探索数据集中相对较小的一部分。

狭隘的调查意味着一些潜在的令人震惊的问题可能潜伏着未被发现。如果这样的问题在项目结束时突然出现，导致项目翻车，则会让所有人都难堪。广泛但浅显的调查可以让你和团队就将深入且耗时的探索性数据分析工作重点放在哪里做出合理的决定。就调查本身而言，对数据进行以下检查是一个很好的开始方式：

❑ 数据故事中描述的所有组件元素是否都能在客户系统中被识别并定位？如果在最坏的情况下，你无法访问系统，那么是否可以通过技术支持人员或数据目录来提供代理以确定数据是否存在？

❑ 你能否获得今天、上周或最近一个周期的记录计数，以及数据资产的文件大小？该大小以字节为单位（TB、GB、MB、KB）。考虑到数据生命的历史，所识别的每个数据资源的大小和结构应与预期值相对应。有时，你可能无法在运营基础架构上进行表扫描以确定是否存在所有必需的记录。但是，较小的查询通常可以在不中断数据系统的情况下进行。

❑　根据客户的描述，数据中最早和最新的记录是否符合预期？

❑　关键列中的最大值和最小值、基本聚合（平均值、中位数）以及数据范围是多少？

❑　数据集历史中的重大事件（如迁移、平台重构、数据质量计划、联合和集成事件）前后的记录的规模、格式或类型是否发生变化？

为了探索数据调查的想法，可以想象一个管理智能建筑的说明性项目。其中一个表可能包含来自一组传感器的温度数据，你和团队希望将这些数据与阳光、建筑物使用情况和气候的数据集成在一起，为该建筑物创建一个节能控制系统。

团队如果可以访问良好的数据管理系统或数据目录，那么应该发现所需的数据库和表已就位，并且具有预期的记录数量和存储大小。但即便如此，你还是应该交叉检查记录显示的内容，以防止元数据与实际数据存储不同步。

接下来，我们将通过实际示例了解使用简单的查询调查数据表中的实际内容的实用性。这样的调查应该显示，其数据如数据库管理系统（database management system，DBMS）中所报告的那样并且可用于查询。我们将使用一些 SQL 片段来进行说明，但如果你无法阅读代码，也不必担心，我们会解释发生的情况。

这些调查可以像意识流（stream of consciousness）一样进行。也就是说，你既可以有明确的目的检查你对数据的理解，也可以随意查询，看看是否有什么蹊跷之处。重要的是要确保对以下 4 点进行调查：

❑　一切该有的数据都在。

❑　大小正确。

❑　记录看起来像你期望的那样。

❑　未发现任何重大问题。

你需要使用的资源中存在以下 3 种类型的数据：

❑　数值字段：表示测量的数量值，如大小尺寸、重量、密度、频率、波长、时间、浓度或温度等。

❑　分类字段：表示应用于事物的标签，如颜色、属、种、纹理或产品标识符等。

❑　非结构化字段：表示图像、文本或声音。非结构化数据的示例包括产品描述、示例图像、序列或时间序列、社交媒体消息、客户支持电子邮件、交易者之间的对话或事件记录等。

下文将分单独的小节提供如何在数据调查实践中处理每个类型字段的示例（详见5.2.2 节"调查数值数据"、5.2.3 节"调查分类数据"和5.2.4 节"调查非结构化数据"）。开始调查的常见方法是获取不同客户数据库中存在的所有数据表的列表。遗憾的是，不同的数据库可能需要使用不同的工具和命令来执行调查。

例如，我们可以使用以下命令访问 Oracle 数据库中的表：

```
select table_name from all_tables;
>TABLE_NAME | OWNER |TABLESPACE_NAME
TEMPERATURE_READINGS | SYS | SYSTEM
INCIDENTS | SYS |SYSTEM
```

此命令显示有两个可用表：temperature_readings 和 incidents。其中，temperature_readings 表包含数值数据，因此我们将使用它作为调查中涉及的第一个表。

5.2.2 调查数值数据

对于智能建筑项目来说，首先检查 temperature_readings 表中的记录数量是否正确是有意义的。这可以使用 select count(*)语句来完成。

```
select count(*) from temperature_readings
>262944000
```

这样的结果有什么意义吗？想想看，我们正在查看大约 5 年的传感器记录，因此其中会有一个闰年。计数结果为(5 * 365) + 1 = 1826 天，而 262944000 / 1826 = 144000。这是一个非常漂亮的整数，因为每天的分钟数恰好是(24 * 60) = 1440，它正好吻合 100 个传感器每分钟无故障地报告了 5 年的温度读数，每天 24 小时不间断！你也许会觉得有点奇怪，但正因为如此，表中的数据量大约是正确的。

需要检查的还不止于此，我们还需要确保这些记录确实有用。在下面的代码片段中，我们使用 select *，而不是使用 select count(*)，这意味着会获取所有内容。当然，获取所有内容会很乏味，因为阅读成千上万条记录可能会让人很痛苦。因此，我们可以在语句中添加一个 limit 1 子句，这意味着"开始获取所有内容，但在获得 1 条记录后即停止"：

```
select * from temperature_readings limit 1
>(21,2021,September,17,00:00:10,04.3,tx,op)
```

这个至少获得其中一条记录的设置是有用的。当然，相比于 limit 1，更常见的是通过扫描少量记录（可能是 10 或 20 条）来检查数据。你可以通过更改 limit 数量来做到这一点（具体多少条记录并不重要，你只需要知道这一点即可）。

此外，使用 where 子句来探测不同年份的记录也可能是明智之举。

我们还希望数据模式（schema）是可用的并且可以被理解，但如果不是，那么为什么不检查它并记录结果呢？

在 temperature_readings 的查询结果中，21 是传感器编号，后面是读数的年、月、日和具体时间：21, 2021,September,17,00:00:10。

在这个例子中，（任何人）都不知道结果末尾的 op 是什么产生的；这在数据项目中并不罕见。但是，你发现的内容应作为调查项目列入项目待办事项列表中。

这个 op 可能表示 out of parameters（参数超出范围），表明传感器损坏。或者，它可能意味着 operational（可操作），表示传感器正常工作。无论它的准确含义是什么，关键是需要有人尽快核实这一点。

在确定数据库中包含有用的记录后，接下来要检查的是，其中是否包含有意义的信息。这里的因变量是 temperature。在上一条记录示例中显示为 04.3。明智的检查是查看该因变量是否确实记录在数据中。例如：

```
select count(*) from temperature_readings as tr where
tr.temperature!="null"
>262583041
```

嗯，这意味着数据集中有 (262944000 - 262583041) = 360959 个空的温度读数，占比大约为 360959 / 262944000 = 0.13%。这并不多，但却是团队需要知道的事情。

另外，有多少温度读数为 0 或不为 0？记录的温度确实可能是 0.0℃，但在许多数据系统中，有些自作聪明的程序员会将"坏"读数替换为 0 值，以使数据管道能够顺利工作。因此，这里有必要进行 0.0 值的计数：

```
select count(*) from temperature_readings as tr where tr.temperature==0.0
>1890030
```

总的来说，这并不是一个离谱的数字，360959 + 1890030 = 2250989，因此只有占比不到 2250989 / 262944000 = 0.86% 的数据可能是垃圾（但是，0.0 值可能是真实值！）。

即使这些缺失值产生了病态的噪声浓度，它们的总体稀有性也意味着建模结果可能不会完全无效。显然，某些情况可能会使这些问题变得更加紧迫。例如，仅当温度超过特定值时（例如当传感器发生故障时），可能会出现空值。

根据表格的重要性和可用于构建调查的时间，你可能通过如此简单的查询即可实现目标，并且任务已完成。也许该项目依赖于许多带有因变量的表，但并没有什么复杂的事情发生。如果是这种情况，那么从高层次上了解表和数据库的质量可能是正确的工作分配。

另外，如果工作规模更易于管理并且你有充足的时间，或者数据故事中对数据质量的谨慎程度更高，那么对数据进行更深入的研究将是明智之举。在这种情况下，你可以考虑执行以下操作（基于智能建筑场景）：

❑　检查跨越零下的温度范围是否按预期工作。有多少个负值温度读数？无论如何都应该有一些的吧？

❑　检查现实世界属性（例如温度）的限制。有多少个读数高于 60℃或低于−35℃？

❑　确定实体计数是多少。例如，有多少条记录来自传感器 21？记录了多少个传感器？有多少条记录具有 op？该字段中有哪些不同的值？

此外，在你执行数据故事工单时，可能已经发现了数据的一些已知问题。现在是关注这些问题并进行深入研究的时候了。

仍以智能建筑为例。让我们想象一下，在运行第一年后，传感器设计发生了已知的变化。问题是，这种变化对现有数据有什么影响吗？我们已经知道数据集中有 360959 个空值，现在可以来看看其每年的分布情况是怎样的：

```
select count(*),year from temperature_readings as tr where
tr.temperature!="null" group_by year
>(0,0,0,0, 360959)
```

第一年大约有 0.5%的数据为空，第一年是更换传感器的年份。这是在建模时需要进一步研究和考虑的事情。也许当年的数据应该被完全忽略。数据调查的工作是发现问题，并告知团队他们对数据资源的期望。调查将向他们表明他们所期待的东西是否存在。

上述示例涉及数值。当然，数值数据并不是你需要使用的唯一数据，那么你应该采取什么样的操作来调查分类数据或非结构化数据呢？

5.2.3　调查分类数据

对于分类数据，了解记录在类别中的分布通常很重要。在智能建筑示例中，有一个传感器类型代码，在我们运行查询时可以看到：

```
select * from temperature_readings limit 1
>(21,2021,September,17,00:00:10,04.3,tx,op)
```

这里未知的是 op，但 tx 则是一种传感器。传感器有多少种类型？

有关传感器类型的数据是分类的（制造商 ID），因此了解它需要稍微复杂的查询，首先从 temperature_readings 表中获取所有不同的传感器类型，然后对它们进行计数：

```
SELECT Count(*) FROM (SELECT DISTINCT sensor_type FROM
temperature_readings);
>7
```

数值 7 足够低，因此完全可以逐一列举它们：

```
select distinct sensor_type from temperature_readings as sensors;
>Sensors
A1
A2
Tp
Tn
Tx
Xr
UNKNOWN
```

在这里，UNKNOWN（未知）的出现是我们需要研究的一个问题，另外，我们还需要搞清楚这些不同类型的传感器究竟是哪些东西。当然，此时我们可以停止这一调查线，因为探索性数据分析工作可能会投入大量资源来进一步挖掘。请记住，数据调查是为了确定需要进一步审查的数据的重要或困难之处，而不一定是现在就进行审查。

如果确定传感器类型很重要，那么在探索性数据分析练习中，我们应该查看每种传感器类型的数量、每种类型产生多少个不同的读数、不同质量的传感器对数据的影响、每种传感器的读数的范围、每种类型产生的异常值、每个传感器记录的温度的粒度等。

数据调查的目的是确定这些问题是什么，这就是我们现在所做的。当审查调查报告时，可以对问题进行优先排序，以便探索性数据分析团队跟进。

5.2.4　调查非结构化数据

在调查中处理非结构化数据的方法是不一样的。深入研究一组非结构化项目的属性需要深入的机器学习技术。

在第 6 章中介绍探索性数据分析时，我们将更详细地介绍非结构化数据的调查，但这些方法对于目前阶段的数据调查来说通常过于复杂且耗时。在数据调查阶段，我们只需要找出数据中可能潜藏的问题即可。

有些问题可能与团队要开发的模型和使用它们的应用程序无关，但重要的是要知道它们在哪里，以便可以调查和解决它们或避免它们。

对于非结构化数据，确定可用的非结构化数据资源并评估其质量非常重要。在智能建筑示例的数据库中，有一个需要包含在调查中的 incidents 表：

```
select count(*) from incidents;
>1781


select * from incidents limit 1;
>23-05-2021, CRITICAL, 360, "HVAC failure…", "affinity engineer..")
```

该查询向我们显示 incidents 表中的文本字段是 incident_description（事件描述）和 resolution（解决方案）。

让我们来衡量这些文本字段的质量：

```
select incident_description from incidents limit 5;
>"HVAC failure meant loss of cold air for floor 12 to 25",
"HVAC intermittent for several hours, users complaining",
"HVAC reported as making rattling sound",
"Loss of cold air on 5th floor, seems isolated",
"Users reporting excessive heat on 5th floor"
```

这些文本字段对应的事件描述如下：

"暖通空调故障，12～25 层没有冷气"

"暖通空调间歇暂停数小时，用户抱怨"

"暖通空调报告，有卡嗒卡嗒的声音"

"5 楼没有冷气，似乎被系统隔离"

"用户报告 5 楼过热"

这些事件描述片段中似乎存在一些你感兴趣的信息，但是你可能很难将其转化为数据，因为解析出问题发生在哪一层可能具有挑战性。另外，你可能很容易将其中一些事件与奇怪的传感器读数联系起来。

通常而言，你会对更多记录进行这种检查，因为你可以轻松地滚动浏览数十甚至数百条记录，以查看它们是否包含（或不包含）丰富的信息。

对于进行调查的分析师来说，检查有多少记录为空或包含 NULL 一词也是正常的。快速检查还可能显示其他无用记录的指示符（例如"."或"n/a"），这些指示符常用于掩盖管理应用程序中的必填字段。

类似的方法也可用于其他类型的非结构化数据。熟练的分析师可以快速从数据库中提取和显示数百张图像，并扫描它们是否存在问题。例如，选择的 100 张图像可能包含 90 张纯蓝天的图像，这可能是正常的和符合预期的（如果用蓝天表示天气为晴，就说得通），并且仍然表明它们是有用的数据，当然，它也可能是一个问题。

快速发现非结构化数据中的规律性、模式和异常现象可以让你提出更多问题并更深入地研究数据。例如，也许 90 张蓝天图像出现在分析师的查询中，是因为数据库中存在一些问题，导致它们出现在随机选择中。探索性数据分析团队可以查清真相，并提供你需要的证据，向你的客户表明存在或不存在问题。关键是，你需要在投入大量时间和资源进行建模和评估活动之前完成这一切。

5.2.5　报告和使用调查结果

　　数据调查需要在使用前进行记录和审查。表 5.2 作为建议列出了调查报告中可以记录的项目。一般来说，你会有很多页无趣的发现，例如报告具有正确数量的记录和良好完整性的表格的存在，因此在调查中附上一张记录了关键变化的封面是很有用的。这提醒大家注意记录中发现的主要缺陷。

表 5.2　数据调查报告内容

项　　目	说明（示例）
数据说明	对数据内容的论述性描述（领域、源系统、规模、时间段等）
列出已提供的表	表的名称和属性列表
对于每个表提供以下报告：	
已知问题	将已知问题的描述与数据联系起来
实体的数量	如果有可能，统计记录；否则，取自数据目录
样本实体	从表中提取的新样本
包含空值的记录数	可能专注于感兴趣的属性
包含 0 值的记录数	可能专注于感兴趣的属性
用于调查已知或已揭示的数据完整性问题的特定查询	Query 1 Result Query 2 Result

　　调查报告对团队非常有用；他们必须自己找到这些信息才能使用数据，因此这为他们节省了重复工作的时间。它还创建了有关数据属性的讨论点。

　　此外，随着时间的推移，会有不同的人对数据提出自己的问题或各种聪明的想法，因此将有更多的查询被添加到数据中，以调查数据的完整性。逐渐地，该数据资源将成为项目的一个明确描述的实体。

　　当然，该调查最重要的用途还是让团队确定在探索性数据分析练习期间将精力花在哪里。该调查提供了一张地图，显示了在构建模型之前需要哪些基础设施来解决问题。调查文档也成为开始数据测试的便捷方式（团队需要数据测试来支持数据管道的实现，以完成后续的建模和生产实践）。

　　最后，调查还可能发现危及你的项目成败的数据问题。如果是这种情况，请将其列入风险登记册中并让客户了解这些内容。

5.3　业务问题细化、用户体验和应用程序设计

从数据调查开始，Sprint 1 的下一步是更深入地了解业务问题。记录和理解业务问题提供的信息将使团队在项目和数据基础设施方面的工作变得高效、有针对性和有目的。

> **业务问题细化工单：S1.2**
> ❏　开发业务应用程序描述。
> ❏　开发应用程序用户故事待办事项（S2.1、S3.1）。
> ❏　与用户一起验证应用程序描述和用户故事待办事项。
> ❏　确定并验证机器学习模型的性能要求。
> ❏　创建用户体验设计。

正确理解业务是一项艰巨的挑战，可能需要数月甚至数年的时间。技术团队通常只能逐渐深入了解业务的需求和限制，他们需要很长时间才能真正看到最重要问题的核心。但是，你必须确定团队急需解决的业务问题，并且如果要取得成功，团队必须对此形成自己的看法。为了加速提取和记录核心业务问题，有必要采取一些策略和技巧。

在项目前期过程中，你构建了项目假设，在 Sprint 0 中，你将其转变为项目路线图。这些内容充实了你的团队需要交付的工作的任务，并且客户对这两者都进行了审查。此外，你在进行项目假设时创建了用户和模型故事。这些输出应该有助于开始创建有效的应用程序设计所需的工作，但是你还有很多工作要做！

为了取得进展，团队需要使用迄今为止所掌握的信息与下一层的专家和用户进行交流。敏捷开发的从业者说过，"故事卡片是对于对话的承诺"。[①] 这其实是对 3C 原则的阐释。3C 分别指的是：

❏　卡片（Card），卡片上面只有一句话，以便让成员快速捕捉到要点。

❏　对话（Conversation），通过产品和技术的直接对话，了解背后的需求细节。

❏　确认（Confirmation），验收条件确保清晰无歧义。

你在项目前期阶段编写的用户故事可以进一步开发并形式化为故事卡片。故事卡片列出了应用程序概念、谁将受到影响、影响方式以及故事对组织的作用。

表 5.3 显示了典型的机器学习项目故事卡片的内容。请注意最后 5 行，它们确定了你应该如何创建它。

[①] McDonald, Kent (2017). "What do user story conversations look like." Agile Alliance. https://www.agilealliance.org/user-story-conversations/.

表5.3　机器学习项目故事卡片的内容

项　　目	说明（示例）
概念	对项目所涉及的顶级领域的简单解释；例如客户服务或库存管理
利益相关者名单	Jo Bloggs（IT 部门）、Sam Smith（生产部门）、Arthur Aske（物流）
业务重点	业务重点领域列表。例如：提升客户服务水平、增加收入、降低成本、促进企业发展、多元化经营、提升资本效率、保持健康的现金流、提高竞争力、增强社会责任
业务影响说明	解决方案是如何提供价值的；它为客户解决了哪些问题。例如，"该分析提供了初级产品部门感兴趣的见解"
业务重点的影响	指出"业务影响说明"与公司"业务重点"之间的联系。例如，"这些见解为采购和制造部门提供了如何更好地增加收入和提升资本效率的信息"
数据资源	确定系统将用于训练和生产的数据资源。描述数据在生产中如何到达模型
模型概念	描述要使用的模型、它的作用以及预期它可以正常工作的原因
功能需求/非功能需求	关系到模型在工作中必须有多优秀。该模型的吞吐量、延迟和可用性如何？使用它要多少钱？
使用方式	解释如何将交付的成果具体化为业务活动，将如何处理来自模型的信息或来自系统的决策。还可以通过可视化和仪表板为决策者提供信息
问题	说明可能妨碍系统实施或使其无法发挥作用的因素

在上述故事卡片中，组织方面的内容提供了项目背景并解释了故事的目的。此外，模型数据方面的内容以及对于该模型的作用和可以正常工作的原因的解释也是有目的的。团队发现了一种利用机器学习来实现预期业务价值的可行方法。

故事卡片的最后 3 个组成部分描述了模型的约束。功能需求和非功能需求阐明了模型需要对客户有用的性能：

❑　功能需求代表了模型产生有价值的分类或预测的能力。

❑　非功能需求阐明了模型需要快速、经济且稳定可靠地实现这一点。

故事卡片的下一部分要求提供有关如何使用模型的文档。这是现在必须阐明的事情。如果业务流程中没有一个点可以创建、获取和使用模型的输出，那么即使模型是完美的，它也将毫无用处。

最后，故事卡片中还应该考虑和记录问题。业务流程中是否存在否定模型价值的因素？例如，如果模型为用户提供一些建议，但当用户非常需要该信息时（他们通常很忙），那么他们需要进行工作以使模型的输出可有效使用。

收集填充故事卡片所需信息的过程可能非常耗时且具有挑战性，因此确定优先级非常重要。你由于正在从事机器学习项目，因此需要特别强调故事卡片的某些元素。例如，故事卡片的数据资源部分很关键，因此将故事讨论中的内容与数据故事和调查中已知的内容联系起来会很有用。开发这些故事卡片时发现的问题可以有效地反馈到调查文件中并提交给探索性数据分析工程师以了解清楚。

除了强调故事中的数据方面，模型的功能需求和非功能需求对我们将在第 7 章 "使用机器学习技术制作实用模型" 中介绍的设计有很大影响。这些包括：

- ❑　所需的延迟和响应能力：模型需要多快从数据中生成预测才能发挥作用？
- ❑　模型的预期吞吐量：每秒或每天可以处理多少个案例？
- ❑　预期的使用模式：它会以批处理模式运行（例如，在一夜之间更新数据库中的数百万条记录）还是在线运行（例如，实时响应网站上的用户）？
- ❑　所需的稳健性：可以容忍模型失败的频率是多少？
- ❑　模型的准确率：不同利益相关者认为有用的模型应该有多准确？
- ❑　模型准确率是一个复杂的概念，要正确评估和测量它，还有很多工作要做（请参阅第 8 章 "测试和选择模型"，了解对此的漫长而枯燥的讨论）。对于目前阶段来说，了解团队面临的挑战的深度非常重要。
- ❑　错误数量：不同的用户会容忍什么样的错误？哪些错误会削弱人们对模型的信心？假阴性分类与假阳性分类的成本有多大。举个例子，如果模型漏掉了样本中某种疾病的发生率（假阴性），与模型错误地检测到疾病（假阳性）相比，其代价有多大？这些错误会产生什么后果？
- ❑　性能标准：系统性能与业务价值有何关系？系统性能在哪一水平上会导致它失去价值或破坏价值？是否存在收益递减的门槛？什么时候性能改进不重要？

对于创建和收集的每个故事，你需要考虑两件事：验证和交互。

首先，故事卡片需要经过验证。你需要与受影响的人一起进行讨论，并确保它反映了他们的现实概念。另外，不妨问问自己，这些故事值得花钱吗？严格对故事进行优先级排序和修剪，以了解创造价值的最小集合。

故事对所开发模型的要求也很重要。对模型提出挑战性要求的故事可能会很昂贵。因此，如果可能的话，消除它们会使项目更加可行。这里的问题是，"该故事是否足够重要和有价值，足以证明项目的重点是满足这个特定故事的要求？"

其次，团队中的用户体验专家需要研究用户如何与系统交互，并最终与支撑系统的模型进行交互。在项目的这个阶段，团队应该对最终产品的外观有一个很好的（尽管仍然模糊）想法。现在开发用户体验概念的好处是，通过生成线框和模拟屏幕，你可以开始将概念变为使用者和团队成员眼中可以看到的东西。这创造了参与度，并就什么是可能的、将要做什么以及它将是什么样子的建立了共同的理解（第 9 章将对可以使用机器学习的应用程序的风格和结构进行广泛的讨论。）

这些发现可以写成应用程序描述并与项目利益相关者一起进行评审。这将创建并记录关于应用程序外观和行为的联合协议。

你提取的报告中的要求还需要由建模团队、数据科学家和数据工程师进行验证。这可能会给风险登记册带来危险信号和风险，或者在就团队可以交付的要求与用户达成一致时产生绿色信号和谈判点。它解释了哪些故事将被纳入，哪些故事被淘汰，以及模型需要做什么来交付这些故事。

在目前阶段，做出与敏捷开发相关的注释是合适的，例如"这是一个敏捷项目"。选定的故事集和预计的应用程序仍然作为讨论点。目前还无法就这些问题达成具体一致，因为这些模型并不存在，而且可能永远不会存在。当然，他们同意这是团队将构建的第一组东西；如果一切顺利，那么这些都是客户花钱获得的最佳选择。但是，如果无法从数据中提取高性能模型，那么这些故事卡片就需要重新洗牌，并且你需要采取另一种方式来解决客户问题并创造业务价值。

一组清晰的故事描述了建模的价值和方法，为开发项目的有用输出奠定了基础。为了支持这一点，还有更多的后台工作要做。下一个必须解决的任务是开发第一组数据管道。该管道将获取原始数据，将其转换并移动到团队环境中，探索和操作它以进行建模。

5.4　构建数据管道

数据管道基础设施是机器学习项目的命脉。你需要有用的、干净的数据，也需要快速转换和丰富数据以响应变化或新结果的能力，它们所带来的收益是巨大的。拥有灵活且易于管理的管道基础设施可以提高团队的工作效率并更好地响应项目的要求。

重要的是，如果数据出现问题，方法和算法未能取得符合期望的结果，那么灵活的数据管道基础设施也可以帮助迅速应对局面。

任务 S1.3 定义此阶段需要做什么。由于此任务将数据管道交付到团队的开发环境，因此在 Sprint 1.3 中需要复制此管道或将其重用于测试和生产数据流。

数据管道工单：S1.3

❏　将相关数据进行聚合并融合到一个集成的场景中。

❏　实现和管理数据管道。

❏　设计和实现数据测试。

数据通常被分布在跨内联网、云端和组织的容器、数据库、数据集市（data mart）和数据仓库的复杂生态系统中。管理这些数据资产的收集和操作很快就会变得极其复杂。

　　在进行探索性数据分析（详见第 6 章）之前，团队需要构建一个基础架构，让他们能够快速方便地检查和处理数据，并且他们希望调查结果可靠且可重复。然后，这项工作可以被建立在创建一个系统的基础上，该系统将可用数据提炼成可轻松用于训练和测试模型的形式。通常而言，这意味着使用一系列聚合和转换操作，将许多（可能是数百个）数据资产归约到单个表或相对简单的记录流中，以供一些算法使用。

　　在此过程中，数据需要被重新平衡，以应对现有项目类型分布不均匀的问题，从而使机器学习算法能够提取稳定可靠的模型。

　　就非结构化数据而言，这通常需要将其呈现为标准格式或大小，而对于已损坏的数据，则需要对其进行过滤和清洗。

　　数据增强（data augmentation）则可以通过转换和变化来创建训练样本。[①]

　　在随后的开发过程中，团队还可以扩展管道，以服务于数据科学家想要使用和评估的算法。在测试和比较模型时，团队可以尝试新的操作来改进和完善结果。

　　构建数据基础设施来适应这些添加和更改对于提高敏捷性至关重要。不过，在团队开始之前，他们需要将包含原始信息的数据表汇集在一起，并以可使用的方式提供它。

　　具体任务如下：

❑　创建实时且可维护的资源。使用此资源可以处理最新数据，也可以从特定检查点重现过去的结果。

❑　识别并处理源数据中存在的任何问题。这为项目的下一阶段奠定了坚实的基础。

❑　创建数据资产，以反映其所代表的领域的现实情况。

　　该管道必须支持所有必需的处理阶段，以实现这 3 个目标并创建可用的训练数据资源。图 5.1 显示了支持机器学习项目的数据工程所需的流程。

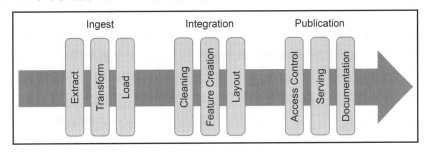

图 5.1　支持机器学习项目的数据工程所需的流程，这将为 Sprint 2
及以后的机器学习建模团队提供数据资源

---

① Shorten, Connor, and Taghi M Khoshgoftaar (2019). "A survey on Image Data Augmentation for Deep Learning." Journal of Big Data, 60.

原　文	译　文	原　文	译　文
Ingest	提取	Feature Creation	特征创建
Extract	抽取	Layout	布局
Transform	转换	Publication	发布
Load	加载	Access Control	访问控制
Integration	集成	Serving	提供服务
Cleaning	清洗	Documentation	提供文档

图 5.1 中的流程有不同的名称，并且通常以不同的细微差别和阶段之间的划分来表示。最熟悉的框架之一是数据工程背景下的 ETL（抽取、转换、加载）。这里介绍的过程强调了机器学习项目的特殊要求。

从图 5.1 中可以看出，数据必须是：

❑ 从其来源提取。这些数据可以是来自 RabbitMQ 或 Kafka 等源的数据流，也可以来自存储为 XLXS、CSV 或 Parquet 格式的数据文件。

常见的提取要求是使用 SQL 查询从多个表和数据库中提取数据。

另一个提取要求则是将数据从不同的基础设施引入目标基础设施中。

一般来说，数据可以从不同的云环境、SAS 应用程序或本地数据存储引入云基础设施中。一旦到达云端，就可以由云环境中通常按需提供的机器学习处理设施方便地进行处理。但值得注意的是，与特定数据集相关的限制性安全要求可能会将数据从不同的环境返回敏感数据所在的本地基础设施中。

❑ 一旦数据被提取到用于处理它的目标基础设施和数据引擎中，就必须对数据进行操作和布局以用于创建模型。有时，此步骤被称为集成（integration），因为通常需要创建一个可以传递给机器学习算法以创建模型的单个表。不过，通常而言，最好创建中间表和数据存储，将获取的数据放入建模团队方便且可访问的形式中。处理这些数据的操作包括清洗数据和从数据的不同方面创建特征。

❑ 在为建模团队布置数据后，重要的是要确保团队中正确的成员可以适当且轻松地访问其所需的数据。

许多基础设施的身份和访问管理（identity and access management，IAM）框架可用于提供此类基础设施，确保只有拥有正确凭证的成员才能访问资源。

除了访问控制，另一个要求是建立一个服务系统来适当地读取数据。这可以是 SQL 查询、对大型数据文件的访问，或者团队用来请求训练、测试数据或数据流的 API。一个很好的做法是提供说明文档，让建模团队可以利用管道创建的资源进行自助服务。

如果现阶段不注意避免的话，那么以下两个陷阱可能会在机器学习项目中导致严重问题：

（1）从各种来源构建数据集可能会产生统计问题。

（2）如果不能像工程问题那样以严格的方式解决这项任务，则可能会产生技术债务，并在以后让团队陷入细节和困难的泥潭中。

接下来，就让我们详细讨论在集成多个来源的数据以创建机器学习系统训练数据集时可能出现的统计问题。

5.4.1　数据融合问题

现在有一种相对较新的做法是从多个数据源中构建用于建模的数据集，而传统上，统计学家则出于特定目的使用单一流程（调查或抽样方案）收集数据。

独立实验（independent experiment）的做法是创建和收集数据，以重现或推翻先前的研究；而 meta 分析（meta-analysis）则用于结合对某一现象的多项研究的结果，并获得对结果的更大信心。尽管检索和使用他人的数据既困难又昂贵，但人们普遍认为，在获取新的原始数据时，这种方法更容易且更富有成效。

这种方法之所以可行，是因为数据存储可重用的条件出现了变化，重新利用数据变得非常容易。从 20 世纪 70 年代开始，数据集被系统地准备并存储在数字档案中以供复制和重用，但操作它们的计算资源并不存在。尽管如此，统计学家还是以数据融合（data fusion）的名义研究了数据重组的过程。[①]如今，获取和重新组合数据以产生新的见解是很常见的，但这个过程也可能存在一些问题。

将特定人群的数据与一般观察值相结合可能会引入偏差。你可以收集数据作为实验的一部分，用于研究部分人群以检测特定效果。例如，你可以使用测试阴性方案来确保对照组（control group）和目标组（target group）是从总体的同一部分中选出的。这些研究产生了受控的高质量数据集，并且很容易将它们与观察数据结合起来以模拟某些总体层次的行为。糟糕的是，控制一个变量与一组干扰结果的共同因素（噪声）的偏差的选择性方案可能会引入其他变量的偏差。

引入偏差的最重要方式之一是我们从不同时间段获取数据并将其视为单一资产的一部分。数据收集的时间通常是一个隐藏的特征；也许数据集是根据运营快照创建的，这些快照本身包含不同时间范围的记录。

例如，你可以收集聚合的零售数据作为几年的快照，并将其存储在每年的同一日期。

---

① Bareinboim, Elias, and Judea Pearl (2016). "Causal inference and the data-fusion problem." PNAS -Colloquium Paper. 7345–7352.

第一次检查时，这可能看起来都是一致的，但由于拍摄快照的日期不同（例如，4 月 1 日可能在某一年是星期二，在下一年是星期五），这样，主要交易日可能从一个时期变化为另一个时期。使用这些数据的建模过程中的不良实践可能会导致模型出现严重扭曲，然后无法在生产环境中运行。

对于数据集中的稀有实体来说，它们可能由于在样本中不成比例地出现而造成失真，也可能因为数据资产中缺少它们而造成建模盲点。

此外，你也可能过度表示稀有实体，因为它们在数据中比普通实体更引人注目，并且因为它们对客户组织更重要。例如，累犯和重犯在犯罪数据库中出现的比例过高，因为警察对轻犯不感兴趣。警方不太重视记录轻微犯罪，但这并不意味着这种情况不常见。从警方记录中建立罪犯档案并不能创建所有罪犯的代表性档案，而只能创建警察感兴趣的罪犯档案。这可能意味着使用这些数据来预防犯罪可能会被证明是无效的，因为预测成功的干预措施可能并不适合大多数犯罪行为。

传感器数据集可能包含以不同质量收集的数据。事实上，同一个数据集也可以包含不同质量的数据。例如，你可能希望对一些传感器进行每分钟采样，对另一些传感器则进行每小时采样。一些调查数据的一致性值可能为 1～5，另一些则为 1～10；一些表可能包含某个区域的平均温度，而其他表则可能包含一个区域内的温度样本。

了解此级别数据源的语义对于决定组合它们是否有意义和有用至关重要。归一化错误可能会对你从后续融合数据集得出的模型产生很大影响。因此，盲目地将数据拼凑在一起可能不是一个好主意。

没有什么可以替代对领域知识的深入理解并思考可能在数据集中造成扭曲分布的问题。幸运的是，你的团队已经就位，并且你所做的工作提供了这些潜在扭曲的信息和认识：你需要验证流程是否有充分依据并反映了现实情况。

你至少需要检查：

❏　数据实体是在相同的基础上收集的，无论是通过原则性选择还是通过一般观察。

❏　不存在隐藏扭曲的隐藏变量（例如前面提到的罪犯身份或收集时间特征）。

❏　捕捉实体行为的传感器并没有随着时间的推移而发生数量或质量的变化。

值得一提的是，违反上述限制的数据有时也是很有用的，你同样能够使用此类数据开发出有价值的模型。如果是这样，那么重要的是你需要刻意运用自己的判断力并做出决定，而不是依靠盲目的运气！

5.4.2　管道丛林

现在让我们回到为项目构建数据基础设施时可能出现的第二个挑战：未能以严格的

方式将任务 S1.3 作为工程问题来解决。

机器学习项目中的一个常见问题是管道丛林（pipeline jungle）的出现。[①]这会产生大量的技术债务，导致项目难以管理，并且在技术和功能上都不可靠。

管道丛林出现在以临时方式构建数据转换和聚合的重要粘合代码而不考虑管理和维护的项目中。没有团队愿意创建一个管道丛林，但随着时间的推移，它们会逐渐出现，并逐渐渗透团队中，直到所有人突然发现自己陷入了复杂性的泥潭中。这个过程让我想起了关于破产的一段对话：

"你是怎么破产的？"比尔问。

"两种方式，"迈克说，"逐渐地，然后突然地。"

——欧内斯特·海明威《太阳照常升起》

一些常见问题可能会导致管道丛林的开始。在某些情况下，团队需要处理专业的数据基础设施，以应对项目中使用的数据的规模、速度或特殊属性。例如，旧的专有数据仓库有时以神秘的二进制格式存储数据，如果没有其他专有的导出工具，则很难提取数据。处理这些工具的技能可能超出你的项目团队的能力，你可能必须与客户组织中的专家合作。

在某些领域，专业工具可能是使数据可用于建模的拦路虎，也是使你的模型具有可接受的性能表现或满足软件许可条款的唯一方法。

当使用专业或专有工具和适配器时，最好将它们包装在标准管道工具中，以确保管道集成到通用基础设施中。

因为包装和集成工作可能是团队的一项开销，所以很容易破解一次性流程来获取你所需的数据，但要注意的是：这也是容易出问题的地方。正确地做这件事意味着你可以控制数据流的方式，发现问题并根据需要修复问题。

导致管道丛林的另一个驱动因素是，未能像任何其他代码一样对管道进行文档记录和版本控制。数据管道可能会成为团队将进行的最重要的代码投资之一，因此需要编写文档来说明管道的工作方式，并且需要易于发现和让大家都知道。

你如果使用诸如 Apache Airflow 之类的管道管理和调度工具，则可以使用管道发现和识别之类的功能。

你需要警惕由于某种原因而被遗漏的异常或特殊情况，确保它们被包装起来。例如，

① Sculley, D., Holt, G, Golovin, E.D., Phillips, T., Edner,D., Chaudhary, V., Young, M., Crespo, J.F., & Dennison, D. (2015). "Hidden Technical Debt in Machine Learning Systems." Neurips 2015 Workshops. https://papers.nips.cc/paper/2015/file/86df7dcfd896fcaf2674f757a2463eba-Paper.pdf.

通过使用单步管道和标准工具来包装它们。单步管道可调用你用于基础设施组件的工具，当然，它将通过管道基础设施来实现这一点。

最后，对于其他代码管道，必须对管道步骤进行检测和测试。每个步骤和管道都应报告其调用时间以及成功还是失败。可以通过创建计时器或超时来断言故障条件，当操作或管道花费太长时间或完成速度快得可疑时，计时器或超时就会触发。设置这些约束可以捕获逃避数据测试的问题，因为有时数据测试也无法达到应有的效果。

数据测试通常不会发现流程技术执行中的问题。例如，当调用数据库以检索附加数据失败时，如果满足某些条件，则仍可能使得应附加的数据集看起来通过了分布或完整性测试。但是，由于故障发生得非常快（因为连接很小）或是在多次超时之后（因为无法建立连接），那么这应该提醒团队注意问题。

5.4.3　数据测试

除了构建管道测试，团队还应该投资于数据测试。不过，数据测试有一个较难跨越的绊脚石。事实证明，数据测试成本高昂且运行缓慢。这并不奇怪，因为机器学习通常有大量数据，并且测试可能涉及大量的交叉比较，这在计算上是非常昂贵的。如果你无法承担过于昂贵的数据测试或导致管道陷入停顿，则必须进行战略性部署。

数据测试的水平和目标是一个判断问题，但显然，对于普通软件的测试来说，实施的高质量测试越多，则团队对自己的工作和结果就越有信心。

通常实施的数据测试类型包括：

❑　重复测试：数据管道的一个常见问题是重放来自遇到数据泄露问题的源的数据，然后被编程为重新开始。

重复也可能来自复制数据的代码中循环条件的错误（例如，循环变量在循环的最后一次迭代或在某些条件之后没有更新），或来自手动剪切和粘贴的混乱。值得一提的是，在数据故事中，也会有剪切和粘贴数据的错误，并且当事人往往还可能没有意识到，这种情况经常发生！

❑　数据量测试：随着时间的推移，数据量应该是可以预测的。你可以利用这一事实来检查已到达的内容和预计将实施的内容。尝试设定合理的界限和底限。

❑　输入数据中前置条件的测试：这种测试将确定任务的输入是否符合预期。此类测试的部分和不完整列表包括：测试是否存在所有预期列、测试这些列是否包含相同数量的非空数据点（例如，如果传感器 x 关闭，则读数 x 为空）、统计测试是否表明数据的分布接近预期（例如，数据的标准差在一定范围内）。

❑　后置条件（postcondition）测试：此测试将确定生成的内容是否符合预期。和前面提到的前置条件测试类似，你可以建立一些有关数据管道输出的信息。

❑ 从前置条件到后置条件的约束测试：检查这些条件之间的预期关系是否成立。例如，所有非空前置条件都有一个非空后置条件，或者预处理和后处理数据中存在相同数量的 0（如果这是预期情况）。

❑ 性能测试：如上所述，数据管道步骤可能具有非功能性检测：如时间量、内存、成本和调用次数等。这些参数对于监控开发基础设施非常有用，对于监控已部署的机器学习系统中的生产基础设施也很重要，但它们也可以用于测试。

这些测试可以是绝对的（例如，任务应在 3 s 内完成），也可以是相对的（任务应在正常完成时间的两个标准偏差内完成）。

在最坏的情况下，管道中的步骤可能由于非功能性压力或无序运行而无法完成，从而造成严重的破坏。

❑ 测试对极值的反应，测试 null、NaN、large_number、small_number 和 0 行为。

理想情况下，测试基础设施会馈送到监控系统中。记录系统级故障（例如数据库无法访问）并分发通知和警报非常重要。自动警报意味着基础设施团队可以快速响应并解决问题，而不至于让机器学习团队停摆。

5.5 模型存储库和模型版本控制

任务 S1.4 要求团队构建模型管理和版本控制基础设施。这允许对将在 Sprint 2 中开发的机器学习模型进行敏捷且受控的开发和部署。

模型版本控制工单：S1.4

❑ 委托并采用模型存储库。

❑ 确定并记录机器学习管道中使用的所有工件。

在系统开发过程中，预计每个模型都需要大量迭代来找到训练过程、超参数、算法、架构等的适当组合。为了管理典型迭代建模过程生成的实验，你需要实现一个模型存储库。存储库将记录在特定迭代或实验期间创建的特定模型、参数（数据、特征）、超参数、算法、架构和其他模型组件，以及本次迭代的评估指标。

所选模型的演变以及为推动这种演变的决策提供参考的信息是非常重要的，它们将决定模型未来的行为方式以及所开发系统的可治理性。记录模型的演变可以为系统的未来稳定性、故障和盲点调查提供丰富信息。通过维护这些信息，你可以追溯系统演变的来龙去脉，并且可以用事实证据说明你的选择。

你将使用模型存储库记录以下信息：

❑　　每个模型的标识，它们是链接到测试和生产环境中使用的二进制文件或声明性规范的名称。

❑　　在开发过程中为模型创建的评估结果。

❑　　在模型资格认证和选择过程中为模型创建的测试结果（如果有的话）。

❑　　模型使用的所有技术工件以及用于开发模型的组件（例如，一些基础模型或特征等）的列表。

❑　　数据管道的状态（正在运行或未运行）以及用于提供训练集、验证集和测试集的数据管道标识。

❑　　使用管道构建训练集、验证集和测试集时创建的测试结果和监控信息。

除了实现模型存储库，团队还必须致力于使用它。

虽然建模的核心任务尚未开始，但早期实验、一些测试和基线开发都是应该捕获的信息，因为这为项目的其余部分奠定了基础环境。

5.5.1　特征、基础模型和训练机制

提供模型版本控制系统很重要，因为团队在构建、评估和集成模型时需要它提供控制和自动化功能。如前文所述，团队可能会在项目中使用其他工件，处理这些问题的基础设施对于项目的顺利交付也很重要。

你应该明确记录和跟踪团队使用的所有工具和组件。编辑器、解释器、编译器、库和虚拟机都需要记录并得到客户的批准。许多客户都有架构合规性策略，这些策略涵盖软件项目的库和工具的验证与选择。当然，这些几乎总是有例外流程，以允许在必要时采用新工具。你无法回避这些流程，因此可以使用它们来确保你的工具集合规，或将其正式注册为例外。

可重用基础模型的开发创建了一类对于机器学习项目来说至关重要的新工件。你最好检查许可条件并确保客户知道所使用的模型，并且必须在存储库和目录中注册该模型。

同样重要的是确保在所有流程和管道中使用正确版本的基础模型。使用一种模型生成嵌入，然后尝试使用不同的模型来匹配它们通常会产生较差的结果。

你可以使用 MD5 等哈希函数为模型创建唯一标识符，[①]然后将其嵌入模型服务代码中作为加载检查，确保在生产以及开发和测试中使用正确的模型环境。

团队将使用特定的库和工具来提供从数据中提取模型的算法，这意味着版本控制非

---

① IETF (1992). RFC 1321. Accessed 2022. https://www.ietf.org/rfc/rfc1321.txt.

常重要。你需要留意异常情况，例如团队采用了夜间构建（nightly build，也称为每日构建 daily build）或下载了无视公司政策的构建。因此，在投入生产环境之前，安全团队会对构建进行明确检查。你要了解的是，流氓构建不仅可能导致公司的惩罚（或你被立即解雇），而且还会导致依赖问题，从而阻止部署。

在这方面可能出现的另一个陷阱是，你需要测试构建以避免许可成本问题，或克服测试中缺乏特定硬件的问题。例如，测试中使用的虚拟机可以省去浮点计算，以便能够快速完成集成测试或系统测试。对于部署和平台团队来说，进行这样的设置是很正常的事情，但是如果测试虚拟机或库以某种方式进入生产版本，那么生产系统将无法正常工作。

5.5.2　版本控制概述

机器学习是一个快速发展的领域，支持机器学习系统的新组件正在如雨后春笋般出现，因此完全枚举出构建可靠的生产系统所需的每个版本控制项是一件不可能的事情。但是，在项目中实施一些系统测试和流程来进行版本控制仍会有所帮助。你可以用来增强对系统版本控制信心的测试包括：

❑　使用校验和（checksum）来确定工件中存在正确的信息。

❑　使用签名的二进制文件来确定正在使用的工件的正确所有者和来源，并且它们是可以信任的。

❑　从二进制文件中采样已知值，然后检查它们是否正确。

在许多项目和设置中，采取这些步骤来识别、注册、保护和验证项目的依赖项可能看起来有点小题大做。不过你可以放心，这确实是值得的！因为这将使得问题能够被跟踪、及早发现并快速解决。它还将使快速有效生产所需的持续集成/持续交付（continuous integration/continuous delivery，CI/CD）流程能够顺利实施。

诸如 Jenkins、GCP Cloud Build 和 AWS Code Build 之类的构建管理系统需要与所有组件的正确版本相结合，以便为生产系统提供正确的配置。

对组件版本的良好控制将使得你可以快速更新和交付配置。如果你一切都依靠手动完成，那么预计进展会非常缓慢。

随着数据管道、数据测试以及模型和特征存储安排就位并且可以投入使用，团队现在可以深入研究数据。团队一旦可以轻松地操作适当的数据，就可以真正了解他们用于建模的东西。现在一切都已就绪，团队可以开始探索性数据分析工作，然后建立模型。

本章介绍了团队在交付项目之前需要做的工作，这些工作将解决他们可能面临的实际技术问题。我们讨论了：如何调查数据资源，了解哪些问题需要做进一步的探索和检查；如何深入研究需要解决的业务问题；如何构建数据管道来支持对数据资产的探索，并在建模和测试中使用数据管道；如何构建模型版本控制基础设施等。

在第 6 章中，我们将介绍 Sprint 1 的其余部分，包括探索性数据分析流程（该流程将深入挖掘有关数据集统计属性的见解）以及第一个基线机器学习模型的开发。在第 6 章末尾，我们还将通过 The Bike Shop 实例讨论 Sprint 1 中的所有工作。

5.6　小　　结

- ❑ 数据调查将确定预期的数据资源存在并且具有一定程度的完整性，使团队能够对其进行有意义的工作。
- ❑ 通过开发故事卡片和用户体验原型，你将对项目的方向以及作为项目假设核心的机器学习建模活动的要求产生更深入的理解和共识。
- ❑ 在项目开发过程中所需的所有工件的模型存储库和版本控制基础设施都需要在此阶段被建立、调试和采用（即打开并使用它们）。
- ❑ 系统性地构建数据管道基础设施，以支持项目后期建模的敏捷开发。管道必须为提取数据、转换数据以及建模团队的数据访问提供支持。
- ❑ 仔细记录项目使用的数据资源的数据收集动机和方法。
- ❑ 建立数据测试和数据管道测试的基础设施，以确保团队在模型开发和生产过程中使用正确的数据。

第6章 探索性数据分析、道德和基线评估

本章涵盖的主题：

❑ 进行探索性数据分析以发现数据的统计特征
❑ 使用基础模型探索非结构化数据属性
❑ 检查项目的道德、隐私和安全方面
❑ 构建基线模型以获得关于成功潜力的反馈
❑ 为评估更复杂模型的性能提供支持

在第 5 章 "深入研究问题" 中，详细介绍了获取团队可用于建模的数据资源所需的前置工作。现在，团队可以深入研究数据以了解其特征，并辨别可以用它做什么和不能做什么。为此，团队需要以结构化的方式工作，探索和了解数据，使用一系列工具进行调查，并记录和分享获得的见解。

这项工作的一个重要部分是让团队重新审视围绕该项目的道德问题。这是至关重要的，因为道德问题可能会阻碍调查和开发的进行。在将客户的资金浪费在永远不会被用到的开发成果上之前，确定是否会出现这种情况非常重要。

最后，你和你的团队将开发展示性能底线的基线模型，你可以使用现成的且可以快速实现的方法来创建该模型。这样做是为了衡量更耗时、更复杂的方法的可能性，并确保这些方法能够提供证明其使用合理性的价值。

6.1 探索性数据分析

一切都已准备就绪，你可以从 Sprint 1 待办事项列表中获得 S1.5 工单中的工作。

探索性数据分析工单：S1.5

❑ 规划和设计探索性数据分析。
❑ 撰写并分享探索性数据分析报告。

到目前为止，我们已经完成了有关团队将使用的数据的介绍，团队已经检查了它是否存在并且看起来是否符合预期。我们已经获得了系统访问权限并建立了数据管道基础设施。现在，我们可以使用有关数据集和访问它们的凭据的信息，将数据放置到一个可

以对其进行分析的地方（如果处理比较困难，则可以将数据放置到多个地方）。

当数据处于适合分析的状态时，下一步就是使用分析方法系统地了解我们拥有的东西以及可以用它做什么。

此过程通常被称为探索性数据分析。这种做法是在 20 世纪 70 年代（数据时代的黎明时期）发展起来的，并由 John Tukey[①]倡导。探索性数据分析最初的重点是使从业者能够从全面的端到端研究转向"发现"数据。今天的数据科学家会以多种方式使用探索性数据分析，本书则是将其作为机器学习建模实践的前奏。

6.1.1　探索性数据分析的目标

当团队准备好查看数据的统计属性时，他们就会了解哪些信息可供机器学习算法使用。探索性数据分析的核心是一些简单的问题：

❑　个别数据示例有意义吗？真的有客户喜欢客户数据集中最极端的例子吗？客户可能每周有数百笔交易，或者大多数客户可能连续几周都只有寥寥几笔交易或完全没有交易。如果你找到典型客户，那么该客户的收入和交易数量看起来是否匹配？

❑　实体的分布如何？这个问题建立在对典型实体和数据中最极端示例的理解的基础上，然后用它来确定数据整体是否有意义。

数据范围内是否存在无法解释的空白或盲点（dead spot）？是否存在应有的空白但这个空白却有令人惊讶的价值？典型的例子是数据集中出现的假期和周末。如果零售商报告圣诞节那天客流量很大，那么这需要解释原因；至少，值得让业务利益相关者确认这是否是有道理的。

❑　数据项的汇总统计数据是否有意义并且与数据的上下文相关？例如，交易表中的总交易数加起来是否等于公司的总收入？每个日历期间的交易总数看起来合适吗？

❑　数据中的关系是否符合预期？例如，在人口统计数据集中，是否有比父母年龄还大的孩子？在成长型公司中，是否有任何过去时期的收入高于当前交易时期的收入？

探索性数据分析的理念是让数据自己说话，但遗憾的是，时间是在不停地流逝的。因此，如果你有充裕的时间，那么对数据进行开放式探索无疑是一种很好的方法；然而，在紧张的日程中，这很难做到。相反，你和你的团队可以使用从数据故事和数据调查中

提出的大量问题来规划结构化实践，以加深你对数据的理解。

最好写出你想要执行的一组特定探索性数据分析活动，列出活动、方法以及你以这种方式查看数据的原因。然后，记下你期望找到的内容。通过这样做，你可以创建一个书面记录来显示所采取的专业方法。你还可以与团队合作，有效地确定优先级并控制需要完成的工作，确保将资源和时间集中在高优先级的调查上。

除了形成对数据的总体理解，探索性数据分析实践还使团队能够有效地重新审视数据管道的设计（你在第 5 章中构建了这些数据管道，以便为团队提供工作数据）。首次使用这些管道时，团队将获得一些有关其表现的反馈。稍后，团队将使用这些数据管道来创建用于建模的测试集、训练集和验证集，因此如第 5 章所述，它们是建模实践成功的基础。

你可能需要调整管道的性能和行为，以响应团队在生成第一个数据视图后提供的反馈。探索性数据分析实践本身也会对管道的结构产生影响。例如，如果用于确定模型训练性能的验证集不能代表目标域，则训练过程可能未充分指定模型应表示的内容。[1]

数据集关键属性的方差决定了验证集需要有多大。数据集关键变量或属性的方差分布在确定训练期间数据的排序时也很有帮助。[2]

团队可以使用以下 3 种类型的工具来处理数据：

❑　汇总统计（summary statistics）：将数据简化为一些易于比较的属性的计算，如平均值、最小值、最大值或中值等。

❑　可视化：将数据表示为可视化映射，目的是显示其整体特征。

❑　基于模型的方法：使用基础模型将数据映射到汇总或可视化域中，以获得对其属性的一些了解。当你和团队处理非结构化数据（如图像或文本）时，你需要一个模型来将图像等现实世界的特征简化为人类可以解释的格式。

6.1.2　汇总和描述数据

汇总统计量是提供一组数字的样貌的单个数字。例如，一系列数字（如{1,2,3,4,5}）可以描述为：平均值为 3，中值为 3。

尽管将此集合描述为平均值 3 会丢失大量信息，但在某些情况下，这也是有关序列中所有数字的重要信息。

---

[1] D'Amour, A., Katherine Heller, D. Moldovan, B. Adlam, and B. Alpanahi. "Underspecification presents challenges for credibility in modern machine learning." ArXiv. 6 November 2020. https://arxiv.org/pdf/2011.03395.pdf (accessed November 23rd, 2020).

[2] Soviany, P., R. T. Ionescu, P. Rota, and N. Sebe. "Cirriculum Learning: A Survey." ArXiv (2021). https://arxiv.org/abs/2101.10382 (accessed March 2022).

再举一例，仓库托盘上的面粉袋可能有不同的精确重量，但它们的平均重量为 1.5 kg，这一事实几乎提供了买家确定托盘价格所需的所有信息。

在现代计算环境中，我们可以通过使用基于 DataFrame 的处理（适用于可以在单台机器上存储和处理的相对较小的数据集）或使用 SQL 或其他结构化查询语言来汇总数值数据。

DataFrame 工具的示例包括 Python 中的 pandas、R 中的 dplyr 或 Julia 中的 DataFrames.jl。这些工具提供了强大的数据操作和汇总机制，可以快速提供有关数据实例和聚合的统计见解。这些工具通常受到数据科学家和工程师的青睐，因为它们可提供比原始 SQL 更方便、更强大的编程约定和结构。这些工具通常提供 describe() 函数，你可以使用该函数创建数值数据特征的标准化初始报告。

要了解更多信息，请查看以下资源：

- ❑ 有关使用 Python 中的 pandas 的信息，可尝试阅读由 Reuven Lerner 编写的图书 *Pandas Workout*[①]或 Boris Paskhave 编写的图书 *Pandas in Action*[②]。
- ❑ 有关使用 dplyr 进行探索性数据分析的详细说明，请参阅 Ryu 编写的 *Cran-R EDA Vignette*[③]或 Hadley Wickham 编写的 *R for Data Science*[④]。
- ❑ SQL 提供了 DataFrame 类型系统的一些功能，只不过是在数据库引擎的环境中。在某些情况下，将数据移动到使用 pandas 或其他 DataFrame 系统的机器的内存中是不方便的，有时，数据的规模使得这样做不切实际。

  现代数据库引擎通常可以对存储在其中的数据运行高度优化和并行的 SQL 查询。这意味着探索性数据分析的聚合和汇总数据的操作即使对于大型数据集也是实用的。SQL 通常被视为比 DataFrame 语言级别更低或更复杂。但是，有许多工程师都在 SQL 方面掌握了深厚的技能，与 DataFrame 相比，他们可能更喜欢使用 SQL。

选择最能描述特定数据集的统计值可能不是一件容易的事，因为在开始调查之前你并不清楚哪些东西是重要的，并且有许多不同的方法可以计算不同类型数据的质量。当然，也有一些自动化的方法可以覆盖所有这些领域。

Ryu 编写的 *Cran-R EDA Vignette*[⑤]描述了函数 eda_report，该函数可以自动生成涵盖

[①] Lerner, Reuven. Pandas Workout. Manning (2021).

[②] Paskhaver, Boris. Pandas in Action. Manning , 2021.

[③] Ryu, C. Cran-R EDA Vignette. 16 11 2020. https://cran.r-project.org/web/packages/dlookr/vignettes/EDA.html (accessed 12 21, 2020).

[④] Wickham, H., Grolemund, G. R for Data Science. O'Rielly Media, (2016).

[⑤] Ryu, C. Cran-R EDA Vignette. 16 11 2020. https://cran.r-project.org/web/packages/dlookr/vignettes/EDA.html (accessed 12 21, 2020).

单变量、分布和基于目标（特征）分析的报告。

虽然创建汇总报告是获得数据集的一些方向和概述的好方法，但是根据团队对数据的了解以及他们对数据的需求来提出问题，可能会更具启发性。

让我们回顾智能建筑的例子。查看 temperature_readings 表的团队成员可能会编写以下按年统计传感器读数的查询：

```
select count(*), year from temperature_readings group_by year

>(52560000, 52560000, 52560000, 525704000, 52560000)
```

可以看到，尽管有一个传感器的读数（525704000）比其他传感器的读数（52560000）多了 140000 个，但传感器读数在各个年份中仍是均匀分布的。这并不可疑，因为读数多出来的年份是闰年，它比寻常年份多了一天。

但是，当我们按月分组统计读数时：

```
Select count (*), month from temperature_readings group_by month

>(0,0,0,0,0,0,0,0,0,0,0,26944000)
```

不好！所有的读数都标记为 12 月完成，这显然不对劲。此时，你意识到数据存在全局性问题。也许对数据进行可视化处理会看清楚到底发生了什么？

6.1.3　绘图和可视化

虽然使用查询创建汇总统计数据可以回答特定问题并提供有关数据集的一般信息，但散点图或山脊线图（ridgeline plot）等可视化元素的功能也很强大（山脊线图多用于时间序列或其他序列）。汇总统计数据无论构造得多么好，都可能具有欺骗性，因此构建数据集的可视化描述是清楚了解其属性的有用方法。

使用可视化和绘图的方式之一是更好地认识汇总统计数据。为了说明为什么这可能是探索性数据分析过程中的一个重要步骤，我们不妨来看看安斯科姆四重奏（Anscombe's Quartet）。安斯科姆四重奏是统计学家安斯科姆于 1973 年构造的，它揭示了数据分析中的一个重要问题：仅仅依靠基本的统计量（如均值、方差等）来描述数据集是不够的，还需要考虑数据的分布情况。

如图 6.1 所示，虽然这 4 幅图中的数据具有不同的联合属性，但它们却共享一些相同的汇总值：

x_n 的平均值为 9，y_n 的平均值为 7.5，x_n 和 y_n 的皮尔逊相关系数（Pearson correlation coefficient）为 0.816。其他汇总统计数据也相同。

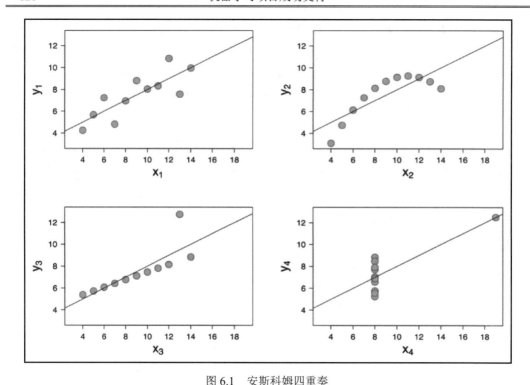

图 6.1　安斯科姆四重奏

Anscombe.svg：Schutz（使用下标作为标签）：Avenue，CC BY-SA 3.0

（https://creativecommons.org/licenses/by-sa/3.0），来自 Wikimedia Commons

　　虽然对数据集的每个属性进行详细的统计调查可能会发现安斯科姆四重奏刻意创造的这种现实和想象之间的差距，但通过可视化所有数据并查看数据点之间的相互关系通常更容易发现这一点。

💡 提示：

CC 许可协议是指知识共享（Creative Commons）许可协议，它规定了以下 4 项权利的选择：

- ❑ 署名（attribution，BY）：从 2.0 版本开始，所有的 CC 许可证都要求署名。其他权利的缩写都取自对应英文的首字母，而只有署名（BY）是源自英文介词 by（由……创作）。

- ❑ 继承（share-alike，SA）：即"相同方式共享"，要求被许可人在对作品进行改编后，必须以相同的许可证发布改编后的作品。

- ❑ 非盈利（non-commercial，NC）：即"非商业性使用"，被许可人可以任意使用作品，只要不用于商业用途即可。

❑ 禁止演绎（no derivative works，ND）：除了不能对作品进行改编或混合，被许可人可以任意使用作品。

使用可视化和绘图的另一种方式是查看包含欺骗性协变行为的数据。图 6.2 显示了餐厅小费多少与支票金额大小之间的关系（图片来自维基百科，原创作品[①]）。人们可能期望支票会在对角线周围拟合，表示一种线性关系（即，随着支票金额变大，小费也会相应增加），但现实情况却是，中等金额支票的小费和大额支票的小费明显分散而不是在对角线上。

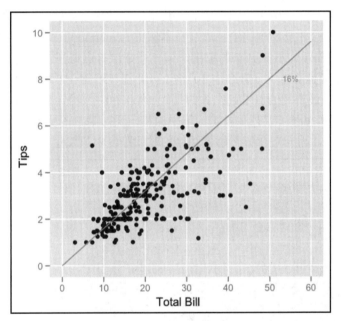

图 6.2　餐厅小费与账单（支票）关系散点图，来自维基百科有关探索性数据分析的页面。
作者：Visnut，原创作品，CC BY-SA 3.0。https://commons.wikimedia.org/w/index.php?curid=25703576

在探索性数据分析实践中，如图 6.2 所示的图向团队表明，在设计建模数据集时，他们需要小心考虑范围顶端和底端之间的分散差异。仅仅是随机采样可能无法提供算法创建有效模型所需的信息。

在智能建筑示例中，我们看到温度数据的月份字段没有意义。因此，我们可以考虑绘制 day（天）字段中温度读数的数量。我们可以使用以下查询从数据中获取此信息：

[①] Cook, D, and D. F. Swayne. Interactive and Dynamic Graphics for Data Analysis: With R and GGobi. Springer (2007).

```
select count(*), day from temperature_readings group_by day

>[1.00000000e+00  7.21986000e+06  7.21985800e+06  7.21984900e+06
   7.21985200e+06  7.21985300e+06  7.21985200e+06  7.21984600e+06
   7.21986200e+06  7.21985500e+06  7.21986300e+06  7.21984800e+06
   7.21986100e+06  7.21986300e+06  7.21985600e+06  7.21986400e+06
   7.21985300e+06  7.21985600e+06  7.21984600e+06  7.21985200e+06
   7.21986200e+06  7.21985200e+06  7.21986000e+06  7.21985900e+06
   7.21986400e+06  7.21985400e+06  7.21986200e+06  7.21985900e+06
   7.21986200e+06  7.21986200e+06....
```

可以看到结果是一个由大整数组成的大数组，因此你要做的就是使用 Python 函数重写调用并将其传递给你最喜欢的绘图库（在本例中为 matplotlib）。

图 6.3 将结果显示为从 0 到 7 的范围，乍一看好像有点奇怪，但是你很快就会明白，这是 Python 绘图工具决定将 y 轴缩放 10^6 倍，因此它显示有 350 多个 day（天）值，读数略多于 700 万个，最右侧的值看起来大约只有 1800000 个读数。简单地想想，你就应该知道这是怎么回事，day（天）字段是一年中的某一天，第 366 天是 2 月 29 日，大约是其他值的四分之一，因为它在该传感器网络的时间跨度中只发生了一次。

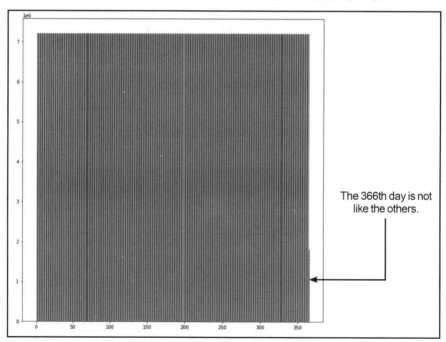

图 6.3　传感器读数在一年中各天的分布

原　文	译　文
The 366th day is not like the others.	第 366 天与其他日子不同

很明显，如果每天记录传感器的数据，并且忽略月份字段，则一年中的每一天都有（大致）符合预期的温度数据量。我们还可以看到，这几年数据的分布都是正确的，因此看起来我们拥有数据采集期间每一天的数据。

一种更明显的探索途径是查看已经记录的温度统计数据。尽管我们有大量的读数，但通过从总体中随机抽取相对较小的样本，你可以获得有代表性的统计数据。

SQL、pandas 和 dplyr 都与强大的绘图和可视化引擎（如 matplotlib 和 ggplot）完美集成。在实践中，尤其是在探索性数据分析期间，当使用大型数据集时，应使用数据的小子集进行可视化探索。绘制数百万个数据点会让任何高分辨率屏幕都变得混乱，而且它也会对更强大的现代处理器和 GPU 提出挑战。

高效的处理和分箱（binning）技术，以及绘制概率密度而不是单点，都可以提供帮助。采样虽然可能会产生误导和一些问题，但也可以简化问题，在使用它来可视化绘制样本和绘制数据集的某些部分的情况下，它可能是一种较为有效的方法。不过，有些调查确实需要完整的数据。在这种情况下，通过采样后的子集寻找异常值或解决与数据完整性相关的问题可能会失败，因为仅凭一小部分子集无法捕获任何候选"坏蛋"。

6.1.4　非结构化数据

如果你的项目使用的是非结构化数据（如照片、视频或文本），该怎么办？机器学习算法在这里也很有用，因为它们可以将非结构化数据独特地处理成有用的抽象模型。将统计思维应用于非结构化数据是没有意义的。照片集合中的中间值不容易定义，即使你确实定义了它并将它挑选出来，它也不太可能会像总体中的中间值实体那样告诉你其他照片的属性。尽管如此，探索非结构化数据资源中的信息质量是有用且可能的。

使用预装或快速构建的机器学习模型来探索新的非结构化数据资源可能会有所帮助，但也可以按系统方式使用人类感知。例如，在机器学习训练中就经常使用由标注工程师预先标记的图像数据集。

对于预先标记的图像数据集，你可能感兴趣的属性包括：

- ❑　与每个标签对应的图像的数量：类别是否平衡？是否存在代表性严重不足的标签？
- ❑　标记项目的朝向：在 Torralba 和 Efros 撰写的论文 *Unbiased Look at Dataset Bias*（《无偏见地研究数据集偏差》）[1]中指出，图像通常被采样为以特定侧面显示

---

[1] Torralba, Antonio, and Alexei Efros. "Unbiased Look at Dataset Bias." CVPR (2011). 1521-1528.

或以陈列室展示为主，例如，你如果通过搜索引擎搜索杯子的图片，则会发现杯子的手柄通常位于右侧而不是左侧。

❑ 图像定位：同样在 Torralba 和 Efros 撰写的论文 *Unbiased Look at Dataset Bias*（《无偏见地研究数据集偏差》）[①]中，这被称为采集偏差（capture bias）。标记的项目出现在图像部分中的频率如何？

❑ 环境：某些背景是否重复并与某些图像相关？有一个被传说得煞有其事但多半属于以讹传讹的故事是：为了构建能够识别出坦克的模型，工程师使用了雪地里的坦克和阳光下的拖拉机图像进行训练，据称该模型会将雪地里的所有东西都标记为坦克，将阳光下的所有东西都标记为拖拉机。

❑ 覆盖率：关于数据集中的图像，标签集是否完整？是否存在未标记的图像？是否存在多张图像中显示的未标记的项目？是否有缺失标签？假设这些图像是家用工具，你可能有螺丝刀、锤子和扳手，但是有锯子或剪刀吗？

这些调查是通过人眼对虚构数据集中标签的查询结果进行的。但是，如果没有标签该怎么办？更重要的是，在使用机器学习技术解决业务问题之前，有没有办法使用机器学习模型来帮助执行探索性数据分析？好消息是，你可以使用预先构建的基础模型将数据转换为允许你探索的形式。

meta（原名 Facebook）、谷歌和其他公司都使用了机器学习技术来创建通用领域的模型，例如英语文本和日常图像（指来自日常生活场景的图像，而不是来自望远镜、显微镜和卫星的图像）。这些模型可能存在问题，使用它们时需要需要小心谨慎，但对于探索性数据分析实践来说，明智地使用它们的风险较低，并且对于非结构化数据来说，这些模型可以提供任何其他来源无法提供的见解。

适当的基础模型可以直接用于获取有关数据集的一些概述信息。我们可以使用许多基础模型来生成浮点数向量（也就是大型有序数组），业内将其称为嵌入（embedding）。这些表示模型可以确定非结构化数据项在概念空间中占据的位置。

你如果正在处理照片数据集，那么可以选择一个基础模型，如 EfficientNet[②]；如果是文本，你可以使用 BERT 衍生模型之一，如 all-MiniLM-L12-v2。你可以从存储和分发这些模型的众多开源存储库之一中下载它们，并使用它们为所有数据或较为合理的数据子集生成嵌入。嵌入通常是 768 个甚至 1024 个浮点数。它们代表高维空间。直接理解或使用嵌入是没有用的，但团队可以间接地从中获得一些意义。

[①] Torralba, Antonio, and Alexei Efros. "Unbiased Look at Dataset Bias." CVPR (2011). 1521-1528.

[②] Tan, Mingxing, and Le Quoc. "Efficientnet: Rethinking model scaling for convolutional neural networks." International Conference on Machine Learning (2019): 6105-6114.

一种简单的方法是使用降维（dimensionality reduction）机制——例如 T 分布随机邻域嵌入（T-distributed stochastic neighbor embedding，t-SNE）或主成分分析（principal component analysis，PCA）来可视化嵌入空间中数据项的分布。

降维有时仍然可以提供丰富的信息，但降维和信息丢失的程度也可能很大。或者，你可以使用 Facebook AI 相似性搜索（Facebook AI similarity search，FAISS）[1]或 Annoy[2]等系统对嵌入进行索引，然后使用最近邻查询功能从语料库中提取某些结构。

莎士比亚戏剧的文本是可以公开访问的，因此我们可以通过这些文本来演示如何使用这种基础模型/索引系统来支持非结构化数据的探索。如果将莎士比亚戏剧的文本提供给解析器并将其拆分成句子，则可以将它们输入像 **all-MiniLM-L12-v2** 这样的模型中，该模型会为每个句子提供一个嵌入：

```
array([ 8.19933936e-02, 9.97491628e-02, 6.05560839e-02, 6.95289299e-02,
        4.54569124e-02, -5.78593016e-02, 2.58211885e-02, -5.37960902e-02,
        1.54499486e-02, 1.98997390e-02, 3.31314690e-02, 4.48754244e-02,
        -1.08558014e-02, 2.36593257e-03, -1.36038102e-03, 5.81134520e-02,
        4.76119894e-04,....

= Indeed, there is Fortune too hard for Nature, when
    Fortune makes Nature's natural the cutter-off of
    Nature's wit.
```

当这些嵌入被索引时，我们可以使用 FAISS 在另一部戏剧的文本中找到最近邻：

```
Nature and Fortune join'd to make thee great:
    Of Nature's gifts thou mayst with lilies boast,
    And with the half-blown rose
                    (King John)
```

通过迭代索引中的所有项目，我们可以创建一个矩阵来显示所有戏剧文本之间的链接（邻近性）强度。这可以可视化为如图 6.4 所示的热图（heatmap）。

热图可能会也可能不会提供对非结构化数据的一些见解。当然，*The Comedy of Errors*（《错误的喜剧》）看起来与其他戏剧相去甚远，而 *King Lear*（《李尔王》）和 *Othello*（《奥赛罗》）似乎则有很好的联系。

[1] Johnson, Jeff, Douze Matthijs, and Jégou Hervé. "Billion-scale similarity search with gpus." IEEE Transactions on Big Data (2019): 535-547.

[2] Bernhardsson, Erik. "Spotify Annoy Readme.MD." GitHub. (2020). https://github.com/spotify/annoy (accessed March 9, 2022).

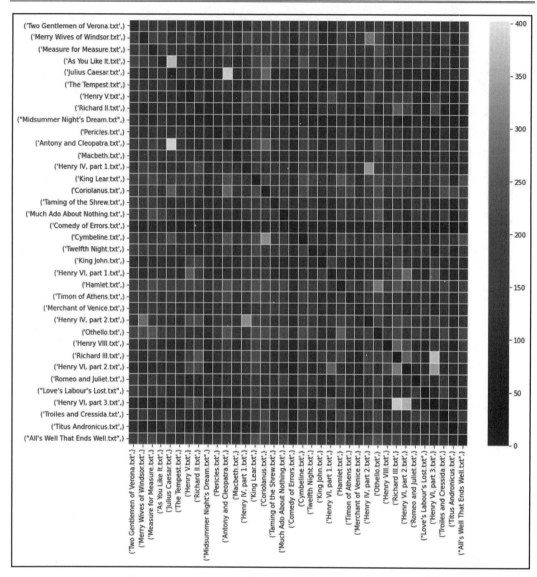

图 6.4　使用 all-MiniLM-L12-v2 模型生成的莎士比亚戏剧文本嵌入的最近邻连接的热图

　　我们还可以对近邻关系数据应用其他过滤器。例如，可以运行过滤器来仅提取高于平均链接值 2 或 3 个标准差的连接。在这种情况下，可以绘制如图 6.5 所示的图表，其右侧显示了 Othello（《奥赛罗》）戏剧的聚类情况，而左侧则显示 The Merry Wives of Windsor（《温莎的风流娘儿们》）与其他戏剧有明显的不同。

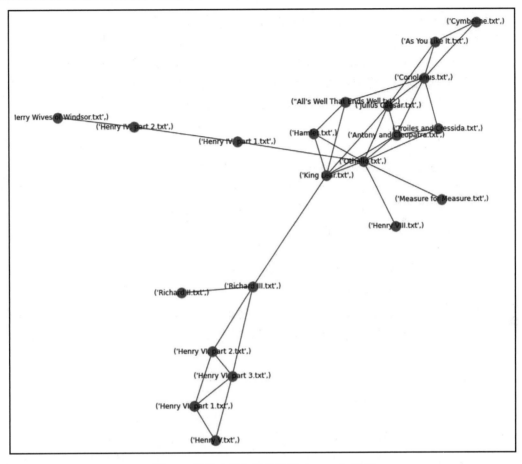

图 6.5　寻找戏剧之间的显著（0.05%）联系

6.2　道德检查点

探索性数据分析工单：S1.6

　　根据新出现的理解来检查道德规范。

　　在目前阶段，可以适当地运用一些近年来发展起来的道德伦理评估工具来系统地检查可能出现的问题。目前，IEEE、Ada Lovelace Institute 和微软都拥有评估和跟踪人工智能和机器学习系统中道德问题的工具和系统。

　　我们在第 2 章"项目前期：从机会到需求"中讨论了此类工具，并建议使用算法影响评估（algorithmic impact assessment，AIA）之类的工具来了解部署的机器学习系统的道德影响。当时，你和团队对提议的系统了解甚少，而现在你已经检查了数据并对业务需求有了更深入的了解，因此你可以更好地评估与项目相关的道德、隐私和安全问题。

在最近一项关于道德影响分析工具的调查中，Ayling 和 Chapman [①] 指出，在机器学习项目的各个阶段和机器学习项目道德规范的各个方面都有大量相应的工具可用。Ayling 和 Chapman 还发现了它们的一些缺陷和差距，过多的可用工具也意味着该领域的方法必然会进一步发展和整合。

你应该考虑使用定义明确且相对完整的方法来理解和记录机器学习系统的道德伦理影响。在撰写本文时，影响评估有以下明确要求：

- ❑ 让所有项目利益相关者参与其中，包括用户和受影响的人员。
- ❑ 了解受影响者的成本与收益。
- ❑ 关注项目和要开发的系统的生命周期。
- ❑ 了解如何衡量和理解系统发展过程中的影响。
- ❑ 查看用于管理系统的机制是否充分。

在某种程度上，这些要求（以及未来完善的道德评估系统中的其他要求）在项目的目前阶段仍然掌握在你和团队的手中，你可以控制道德评估系统的影响和开发的最终结果。

对于那些接触该系统的人来说，系统的成本可能会超过其收益。如果是这种情况，那么就需要将其记录在项目的风险登记册中，并在可能的情况下予以缓解。

类似地，系统的治理方面也可能不够充分（因为你目前对客户组织和系统业务方面的了解也较为有限）。因此，你也可以使用风险登记册和项目待办事项来记录此问题。

你所开发系统的最终成功和价值取决于其道德影响。不符合道德规范的系统不仅可能最终变得毫无价值，而且很可能成为一种全面的责任。任何人都不应该故意开发一种不道德的系统！因此，你应该利用这个机会采取谨慎的评估措施，防止你和你的团队卷入事故。

6.3　基线模型和性能

我们经常会看到性能评估与其应用和领域相分离的情况。例如，某个团队可能会宣

---

① Ayling, J, and A Chapman. "AI & Ethics." Putting AI ethics to work: Are the tools fit for purpose (2021). HYPERLINK "https://doi.org/10.1007/s43681-021-00084-x" https://doi.org/10.1007/s43681-021-00084-x.

称生成了一个准确率达到 99% 的分类器，这很好，但是，如果没有应用环境，我们如何知道它是否真的有实用价值呢？举个例子，在某个数据集中，癌症病例的阳性样本仅占 1%，而阴性样本则占 99%，在这种情况下，分类器只要始终将样本预测为阴性类别，其准确率即可达到 99%，但实际上，这样的分类器在实际应用中毫无用处。

在评估性能时，有多种方法可以克服这种陷阱（我们将在后续的章节中详细讨论）。基于业务所需的功能确定模型的性能非常重要。例如，在检测癌症病例的模型中，用户需要的是它能够检测出那 1% 的阳性样本，并且它的性能应该比预测多数类别的简单模型更好。如果你的模型连简单模型都不如，那么你就是在浪费时间。

> **探索性数据分析工单：S1.7**
> 定义并实现基线模型。

使用简单的建模技术（如决策树学习或低维感知器），可以在相对较小的数据样本上快速开发基线模型（这样可以快速迭代）。简单的模型通常可能会过拟合（记住数据），或者可能严重不明确（不对数据的复杂性进行建模），但在目前这个阶段，这都没关系！我们只是要寻找挑战的目标，并希望确定系统性能的底线。

建立基线的非技术途径来自业务分析：预测客户流失的昂贵复杂模型需要比手动制作的分类器（例如，简单查看客户合同到期月份、估计家庭收入或每月支出等）更好。那么，究竟应该好多少？我们可以用另一个问题来回答这个问题：模型需要改进多少才能提供项目所需的投资回报？

如果你天真地认为只要比一个不智能的、简单的系统好一点点即可，那么这样的项目在开发中可能看起来很棒，但是，在通往生产之路的某个地方，它们几乎肯定会折戟沉沙。

6.4　出现问题时的解决方案

6.1 节"探索性数据分析"中描述的 EDA 实践是一种持乐观假设的"金光大道"，它掩盖了我们在项目中通常会遇到的问题、绕路和死胡同。在获取和探索客户数据的取经路上，遭遇八十一难和陷入复杂困境都是正常的，一路坦途倒是令人称奇了。例如，尝试 SQL 端点发现它们不存在是很正常的，有时它们位于无法重新配置的防火墙后面。或者，团队可能会震惊地发现他们获得的凭据不起作用，并且管理员因生病或年假而无法联系上。

如果团队和项目有适当水平的客户支持，那么这些问题都还算好，可以轻松克服，但更严重的问题则是发现数据资源的特征和内容与项目开始时客户所描述的完全不同。在这种情况下，只有3种"泥泞之路"可走：

(1) 横下一条心，走上灾难之路。

(2) 重新协商项目目标。

(3) 果断停止项目。

第一条路是通往灾难之路。你打算死马当活马医，继续该项目，就好像数据符合你的预期一样，使用它来构建模型并回答支撑该项目的问题。万一出现了什么"奇迹"呢？只要数据资源恢复，一切都会好起来的。但是，经验表明不会有奇迹，该项目彻底失败了。

第二条路是根据你现在认为能（或不能）完成的事情与客户重新协商项目目标。关键是你和你的团队可以指出你从迄今为止的参与中了解到的真正关注点和价值。这样做可以让你根据可用的数据规划出一条新的成功之路。这个新项目可能成本更高且需要调降目标，或者成本和目标与以前相同，但在其他方面需要做出改变。无论哪种情况，客户都必须参与并接受项目方向和结果的变化。工作说明书中关于数据和系统的假设在此时至关重要，因为它为你提供了重新谈判的机会。这也打开了第三条路的大门。

发现数据资源完全不符合要求的第三条路是停止该项目。同样，工作说明书中的假设是你能够实现这一点的机制。但是，即使你按照合同可以走这条路，这仍然是一个在商业和专业上都让你感到痛苦的决定。虽然在这个超紧张、超压缩的项目结构中，你已经完成了三个 Sprint 中的一个半，这都是可以收费的，但如此努力、如此快速推进的目的是顺利开发这个项目以使双方都可以获得更大的利益，并在成功后赢得更多业务。现在这种情况不会发生了，而我们的努力本来可以用在其他更好的机会上。

假设你进行的道德评估揭示了无法克服的问题，构建所需类型的系统而不会对先前未识别的利益相关者造成不可接受的伤害是不可能的，在这种情况下，项目根本不可能继续下去。你的工作就是找出这些问题。你已经尽快排除了风险，但情况就是如此。对于你、团队和客户来说，现在就分道扬镳可能是唯一明智的事情。

当然，本书的重点还是关注更美好的前景：你完成探索性数据分析时不会出现任何重大问题。你希望的数据已经可用，团队了解并可以使用它。除了客户系统施加的约束，你还建立并记录了数据约束，了解业务约束和机会。

在收集了这些约束后，现在我们必须解决它们，为客户找到正确的解决方案。此时需要设计和开发系统核心的模型。

总之，到目前为止，团队已经拥有可使用的工具、对模型约束和要求的理解以及支持数据和基础模型开发的资产。项目的下一步和 Sprint 2 的任务就是建模团队开始工作，将所有这些东西放在一起并使用它们。

6.5　预建模检查表

解决了 Sprint 1 的工作项目后，团队应该暂停并检查如表 6.1 所示的预开发清单。这样做的目标是确保在开始建模工作之前做好充分的准备，使得必要的资源到位，每个人都已使用并理解本次 Sprint 中创建的相关信息，并解决任何突出问题。

表 6.1　Sprint 1 的预建模（pre-modeling，PM）检查表

任 务 编 号	项　　　　目
PM 1	访问已经获得的训练和验证数据
PM 2	进行数据调查，确保数据符合预期且可用
PM 3	数据管道已实现并提供了版本控制功能
PM 4	适当的数据测试已到位
PM 5	已经创建适当的存储库和版本控制基础设施，以支持记录和管理所有工件
PM 6	进行探索性数据分析并记录结果
PM 7	创建基线模型
PM 8	进行了道德评估

6.6　The Bike Shop：预建模

The Bike Shop 项目的数据资源位于陈旧的 SAP 实例中，在 The Bike Shop 防火墙后面的公司内部网上进行管理。因此，团队需要一个与 SAP 的接口，使用专有的数据服务桥在迁移项目之前将数据传送到云数据仓库。The Bike Shop 拥有并管理其云登录区域上的云数据仓库。要使用云登录区，团队需要获得 The Bike Shop 的云服务提供商的凭证。访问 The Bike Shop 数据所需的步骤如下：

（1）确保数据服务桥许可的安全性。

（2）为团队成员获得 The Bike Shop 云服务提供商 ID。

（3）团队成员必须使用他们的 ID 参加公司入职人员安全培训，并确认他们接受 The Bike Shop 的所有数据政策。

（4）获取并安装双因素身份验证（two-factor authentication，2FA）和 VPN 客户端。

（5）在云登录区实现数据服务桥。

（6）配置云登录区防火墙以允许流量到达 SAP 服务器。

（7）配置企业防火墙以允许来自云登录区的流量。

（8）配置 SAP 服务器以接受来自云登录区的连接。

（9）执行商定的一次性副本。

（10）将数据仓库中的数据提取并格式化为适当的模式。

尽管工作量较大，但这些任务是需要按部就班而非一蹴而就完成的，具体日程取决于服务的配置情况、交付组件的物理流程和团队成员培训所需的时间等。此外，由于企业互连的成本，数据传输也可能需要一些时间（一般来说，由于流量管理和服务质量责任以及公司业务对其网络提供商提出的要求，这些连接可能比消费者连接慢一个数量级）。

尽管存在这些瓶颈，但是团队仍应与正在工作的数据迁移经理一起检查 The Bike Shop 项目合同，以确保此流程在 Sprint 开始时预先加载，并且数据在第 2 天即到达云数据仓库。

6.6.1　数据调查结束后

The Bike Shop 的数据调查提出了有关源数据的重大问题。尽管数据涵盖了适当的时间跨度（5 年），并且每年和每月的记录数量都按预期分布，但团队发现了一个问题：数据仓库表中存在大量重复记录，并且 3 个原始数据表和聚合表中的记录计数存在明显不匹配的情况。他们标注了这些问题以待进一步调查和解决。

在调查过程中，我们还注意到几乎所有记录都来自每个月的第 4 周。你需要让产品经理检查为什么会发生这种情况。事实证明，这不是什么未使用属性的问题，而是一项业务活动的结果。财务团队每月都会在最后期限前处理记录，并在每个月底完成其工作。

因此，你需要进行交叉检查以根据原始国家/地区计算记录的分布情况。这验证了每个国家/地区销售记录的分布是否与每个国家/地区在业务上的相对重要性保持一致。你准备了有关数据仓库中数据的报告，并（根据项目的沟通计划）通过文档存储库将其以通知形式发送给客户和团队。

与此同时，团队在 The Bike Shop 项目的登录区启动了开发、测试和生产环境（根据基础设施计划）。基础设施即代码（infrastructure as code，IaC）可用于快速实例化骨干团队项目交付所需的所有组件和服务。在这种情况下，不存在定制的基础设施，也不存在会延迟构建的规模问题。

你可以通过简单的检查来完成构建的验证，并准备、归档和传达基础设施报告（根据双方商定的策略协议）。与业务利益相关者举行研讨会，以确定他们将如何使用该系统。

研讨会议程如下：

❑　简要介绍拟议的解决方案（包括模拟用户界面），以了解要构建的内容。

❑　评审售前阶段开发的用户故事。

❑　审查工作说明书（statement of work，SOW）中的项目挑战。

❑　推动项目前进的问题：

　　➢　应该对哪些实体进行预测？哪些国家/地区？哪个产品线？哪些单独产品？

　　➢　需要哪些配置选项？

　　➢　应为用户提供哪些控件来操作和试验模型？

事实证明，该研讨会遇到了一些问题，部分被要求出席的利益相关者未能出席，现在很明显，该项目将仅由首席信息官（CIO）和团队负责。这意味着项目方向将缺乏业务人员的参与，这最终会降低其对组织的价值。

这种情况并不罕见。运营经理在评估业务创新举措时通常都会持抵触心理，在他们看来，按照既有损益（profit and loss，P&L）线成功运营以实现渐进式绩效改进是最稳妥有利的，任何战略变化或组织重点的变化（例如投资不同的产品线或投资在不同的市场）都是对其业务的威胁。因此，他们不太可能积极参与此类活动。

就 The Bike Shop 而言，创新通常是由制造总监（director of manufacturing）控制下的机械工程开发小组（mechanical engineering development group）确定的。该小组拥有一项由公司管理层控制的创新预算，以使企业能够保持其产品线的竞争力。糟糕的是，这个小组对支持 IT 创新不感兴趣。随着公司和经济数字化新结构激励业务利益相关者参与 IT，创新项目变得越来越重要。但是，对于 The Bike Shop 项目来说，那个时间是在未来，因此你的团队必须应对业务脱离的现实。

为了克服这个问题，团队需要与产品负责人合作，深入组织的基层，并与能够提供有关系统见解和验证的人员召开会议。这些中层管理人员可以与 CIO 团队合作，因为他们参与了经常性业务实施和升级计划，因此有动力与 CIO 团队保持良好的关系。他们拥有运营方面的专业知识，而且比最初确定的高级利益相关者更年轻、对技术更感兴趣，因此他们是很好的信息来源。只不过，这些专业人员无法签核他们认可的功能和概念。

这样一系列的会议将产生一组稳定的用户故事，并且让团队对完成的实现应提供的机制和输出有更清晰、更准确的理解。

在就用户故事、挑战和功能达成一致后，团队即可开发并验证待办事项 S2.1 和 S3.1。与此同时，现在你可以利用既有信息来决定使用哪些开源数据来补充 SAP 的销售和库存数据。你决定选择来自 Reddit 的经济指标和特定国家/地区的新闻报道。与主题专家的讨论验证了团队关于 SAP 数据仓库中聚合数据表的发现。

此外，数据仓库中使用的聚合过程似乎存在问题，这意味着原始表中的大量记录可能不会出现在聚合表中。与 CIO 团队讨论后，你决定导入 3 个区域表并根据这些表创建模型。这也是保证数据完整性的唯一方法。这些决策使团队能够设计和开发管道，将源数据移动和转换为一致性数据，适用于探索性数据分析，然后进行建模。

图 6.6 显示了团队开发的数据提取管道。该管道中有 5 个步骤，它们被分解为具体的工作流元素。

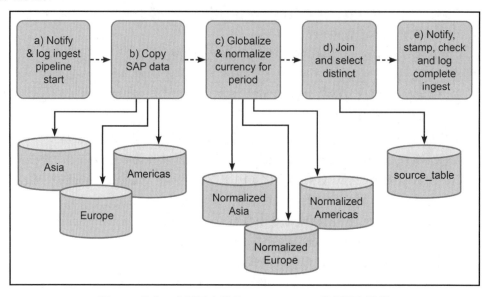

图 6.6　具有 4 个原子步骤的 The Bike Shop 数据提取管道

原　　　文	译　　　文
a) Notify & log ingest pipeline start	a）通知并记录数据提取管道启动
b) Copy SAP data	b）复制 SAP 数据
c) Globalize & normalize currency for period	c）全球化和标准化当期货币
d) Join and select distinct	d）连接表并选择不同的行
e) Notify, stamp, check and log complete ingest	e）通知、标记、检查并记录完整的数据提取过程
Asia	亚洲数据
Europe	欧洲数据
Americas	美洲数据
Normalized Asia	标准化之后的亚洲数据
Normalized Europe	标准化之后的欧洲数据
Normalized Americas	标准化之后的美洲数据

首先，管道将启动步骤 a），因此要做的第一件事就是通知团队中负责管道的人员已启动管道，并记录管道正在运行。

步骤 b）将数据从 3 个 SAP 实例提取到云上的临时存储中。

步骤 c）运行 SQL 查询，为每笔交易生成以 The Bike Shop 所选全球货币表示的标准化值。这可以是美元（$）、英镑（£）或欧元（€），但英镑是在 1991 年使用的，并已调整为相对价值以及相对于现代一篮子货币的瞬时价值。此步骤将创建一组 3 个新表，其中包含所有原始记录，并包含额外的列。

步骤 d）将连接这 3 个标准化表并仅从中选择不同的行。这是因为，在与 The Bike Shop 主题专家的初步讨论中，提到不同地区经常重复特定销售的记录。由于正在开发的应用程序并非旨在确定当地补偿值（这正是重复发生的原因），而是旨在衡量基础业务绩效，因此必须删除这些重复记录。

步骤 e）将对生成的源表运行一些简单的检查。记录创建的行数与标准化之后的行数和源表中的行数，步骤 b）和步骤 c）所花费的时间，以及步骤日志中引发的任何异常等。

根据这些检查可以确定提取过程是成功还是失败，并向流程订阅者发送通知，在项目元数据存储中注册更新。

Danish 和 Rob 主持了有关建模要求的讨论，并重新讨论了引入开源数据来补充 The Bike Shop 数据库中信息的想法。我们决定使用天气预报数据来开发需求模型，其想法是，基于天气预报信息预测用户是愿意骑自行车出行还是更愿意在下雨天乘坐公共汽车以避雨，再根据这一结果来预测用户对自行车的需求。

另外，团队希望使用新闻源数据作为一般客户情绪的来源，然后用它来预测销售。他们在版本控制系统中识别这些数据源，并确定需要一个语言模型来支持情感提取。团队设计了一个选择实践并将其添加到待办事项中。然后，一位数据科学家进行了该实践。他选择了一个模型，记录并向团队报告了该选择及其原因。它也在版本控制系统中得到确认。

6.6.2 探索性数据分析实现

你的团队已准备好进行探索性数据分析，以了解可用的实际数据。正如前文所讨论的，探索性数据分析活动的重点是确保 source_table 具有高度完整性，并且 source_table 中的数据具有足够的信息以使建模合理且有价值。他们还希望充分了解数据及其特征，以便与团队共享。他们确定了两个特定的完整性检查：

❑ 数据集中的销售数据是否可信并且与客户报告的收入相符？

❑ 货币转换和标准化有意义吗？

在建模方面的问题是：数据是否覆盖了相关市场和产品？如果市场之间的数据存在一定偏差，或者产品线和业务部门之间的数据存在偏差，那么它们在派生模型中的潜在影响可能比底层驱动因素和业务绩效与实践之间的差异更重要。此外，团队还需要了解区域之间和产品组之间的活动分布。

在确定这些目标后，团队将探索性数据分析活动放入待办事项中。两名数据科学家承担了涵盖上述每项活动的多个子任务，并开始处理个别活动以结束这些活动。团队还提供了一个子工单，用于将结果汇总到报告中。

探索性数据分析完整性检查表明，尽管源数据表中的数据显示了预测的问题，但重复数据删除和新记录连接过程似乎是有效的。图 6.7 显示了在未进行重复数据删除的情况下提取的数据中的汇总销售额，其中使用了简单的标准化。

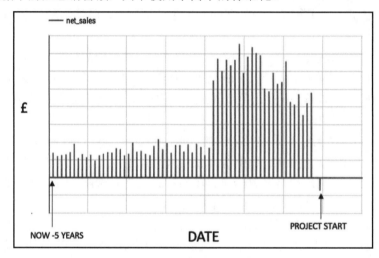

图 6.7　简单标准化和未删除重复数据的汇总销售额

经过重复数据删除并进行适当的归一化后，销售数据的图形变得更加合理（见图 6.8）。对公布的收入数据进行交叉核对后发现，其差异极小（约为 0.1%）。

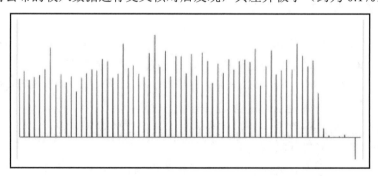

图 6.8　使用精心设计的货币标准化流程处理重复数据的相同数据

团队调查了最近周期中观察到的负收入以及项目启动前的最近一段时间的可忽略不计的收入，并确定这是由取消订单引起的（由销售团队输入为负收入）。已登记为确认销售的订单的交货时间很长，这会导致系统性扭曲。The Bike Shop 采用这些做法是为了防止企业收入被夸大，因此它们是数据的必要特征。该团队引入了调节因子来补偿管道滞后并处理当期的负收入问题。

数据的简单投射可用于回答有关待办事项中创建的数据的其他问题。然后，团队成员将根据所有团队成员进行的子调查的结果创建探索性数据分析报告。该报告将根据沟通计划进行评审、归档和分发。

你按计划召开了一次评审会议，以进一步解决围绕该项目的数据隐私和道德问题。在此阶段，团队没有发现项目存在任何与数据隐私相关的问题，因为在使用的任何数据源中都没有识别出个人数据。

现在团队已经熟悉了 The Bike Shop 的项目和目标，他们可以使用 IEEE 用例矩阵来深入了解可能与此应用程序相关的关键道德问题（见图 6.9）。

	Usecases	Human Agency and Oversight	Technical Robustness and Safety	Privacy and Data Governance	Transparency	Diversity, non-discrimination and fairness	Societal & Environmental Well-being	Accountability
Product and Customer	Personalized Marketing Offers			X	X	X	X	
	Next Best Action			X	X	X	X	
	Loan and Deposit Pricing			X	X	X	X	
	Credit Adjudication				X	X	X	
	Customer Sentiment Tracking	X		X			X	X
	Customer Lifetime Value			X		X	X	
	Customer Segmentation			X		X	X	
Risk	High Frequency Trading/Robo-Advisors	X					X	
	Cyber Security		X	X			X	
	Fraud Detection		X	X		X	X	
	AML		X				X	X
	Model Validation and Bias Detection		X		X	X		X
Operations	Robotic Process Automation	X	X					
	Operational Efficiencies	X		X				
	Expense Management	X				X		X
Corporate	Talent Acquisition			X	X	X	X	
	Talent Retention			X	X	X	X	
	Audit		X	X				
	Collections	X		X			X	
	Customer Service			X			X	

| Basic | Developing | Advanced | Leading |

图 6.9　基于 IEEE 用例矩阵的 The Bike Shop 道德评估矩阵

团队认为拟议的应用程序与运营效率相关。尽管应用程序中没有个人数据，但团队认为数据治理问题很重要。如果应用程序中的数据管理不善，结果可能会产生误导。该矩阵还将人力机构和监督确定为关键问题。

团队注意到了这一点，并确定这些问题应该在 Sprint 2 中解决，确保建模技术适应用于见解和与预测分析交互的工具。

此外，他们还计划使用控件，允许禁用系统中的预测分析，并改为使用仅包含趋势或稳定状态的预测。团队需要准备、归档并传达道德报告。

现在团队已经持有数据集，可以进行一些简单的建模工作，以创建基线信息，支持对要生成的模型的评估，并向团队提供有关未来挑战的反馈。

Danish 快速实现了库存需求和客户流失率的回归模型。这提供了基准性能测量。结果表明，即使在 Danish 使用的有限数据集和样本中也存在一些强烈的信号。在快速测试中，模型预测与观察到的波动密切相关。

Danish 很快就生成了这个模型，因为他是在团队构建的模型持续集成/持续交付（CI/CD）管道的第一个版本之上进行操作的。他还对数据做了很多假设，所以每个人都知道，实际建模问题还远远没有得到解决。

现在，团队已经准备好了有关数据调查、应用程序定义、探索性数据分析和道德评估报告结果的重要元素的说明，并在 Sprint 审查会议上提供和展示这些内容。它被用作请求客户签核 Sprint 1 阶段工作成果的基础。Sprint 2 的待办事项已经制定并达成一致，这意味着你可以启动 Sprint 2，第 7 章"使用机器学习技术制作实用模型"将对此展开详细讨论。

6.7　小　　结

- ❑　通过执行探索性数据分析，你可以深入了解使用客户提供的数据开发满足项目要求的模型的潜力。
- ❑　一旦数据集可供分析，我们就可以系统性地探索非结构化数据。
- ❑　使用图形（图表）来探索和说明数据特征。可视化方法具有启发性，并且交流所发现的内容对于未来从事该项目的人员来说非常重要。
- ❑　简单的方法（计数、大小、标签等）可以提供对非结构化数据的一些见解。现代方法（嵌入、映射等）可进一步表征这些数据集。你可以考虑使用最新技术探索数据中的各种可能性。
- ❑　当数据源和类型变得清晰时，需要明确考虑道德因素。请记住，如果不对项目的道德方面进行评估，可能会浪费大量资金，并在道德上损害团队声誉。
- ❑　构建简单的基线模型可以验证建模的潜力，并提供一种衡量进展的方法。

第 7 章 使用机器学习技术制作实用模型

本章涵盖的主题：

❑ 转换数据以进行处理

❑ 利用特征工程注入信息

❑ 设计模型的结构

❑ 运行模型开发过程

❑ 决定保留哪些模型和拒绝哪些模型

Sprint 2 是我们必须迈过去的一道坎。在该阶段，我们要使用一些机器学习技术制作实用可靠的模型。此阶段项目的成败是其他一切的关键点。虽然我们通过售前、Sprint 0、Sprint 1 的持续工作为成功创造了很好的条件，但如果最终不能实现实用且可靠的模型，那么所有这些工作都将是徒劳无功的。

如果你已经完成了获取和准备数据的困难部分，那么创建一个模型并不困难。简单的模型甚至可能只需要编写寥寥数行代码或单击用户界面上的几个按钮即可。但是，创建一个实用且可靠的模型则要困难得多。

是什么让使用机器学习技术创建的模型有用或无用？机器学习业界的传统认为，有用的模型应该是泛化性能良好的模型：该模型可以有效地处理未经训练的数据，并且可以应对未见的情况。但事实上，还有许多其他特征也可以使模型变得有用，或者如果模型不具备这些特征，则毫无用处。

表 7.1 列出了有用模型与无用模型的质量对比。为了提供有用模型，团队需要从数据中生成许多特征，创建大量候选模型，正确评估它们，选择最有效的模型，并向受模型影响的人或监管机构和审计人员解释这一切。该过程必须以专业的方式执行和管理。此外，如果没有严格的评估过程，那么你的模型在生产环境中可能会变得脆弱，或者你可能难以向利益相关者表明你对模型做出了负责任且适当的选择。

表 7.1 中条目的 3 个驱动因素是：需要进行与系统中所有利益相关者的需求相一致的建模工作，需要建立在坚实的基础之上，以及需要确保结果是可靠的。可靠的结果是指不仅你认为它是一个很棒的模型，而且还需要其他人可以验证它确实是一个很好的模型。也就是说，团队现在需要生成允许进行验证的资产。

表 7.1　是什么让模型有用或无用

有　用	无　用	解　释
基于充分理解和妥善准备的数据基础架构创建	由临时数据资源开发，几乎没有控制或考虑质量	你如果没有一个确保质量的流程，就不知道你使用的数据是否良好
根据充分理解的要求创建并满足该要求	该模型被创建出来只是因为团队能够创建它，但不清楚它是否符合任何要求	如果你没有为模型支持的案例建立规范，那么获得客户认同所需的工作可能会令人望而却步。你可能没有足够的洞察力来猜测利益相关者对业务价值的看法，然后证明你是对的
出于道德考虑而创建	创建模型时没有考虑道德伦理的影响，也不尊重受影响的人	有道德问题的模型最终会被企业叫停。在通往生产环境的道路上走得越远，它们造成的损害就越大
高质量的特征工程造就了强大的性能	低质量的特征工程或根本就没有特征工程	低质量的特征工程意味着测试中的模型性能可能与用户或现实世界的期望和需求脱节
精心设计	随意设计	如果设计是随意的，那么模型很可能会变得脆弱
全面性能评估	未经充分评估	当模型未经充分评估时，没有人知道它是否能够有效工作
模型选择过程是有目的和透明的	模型选择是随意的	对于随意选择的模型，没有人知道你是否选对了，也没有人知道你为什么选择它
使用了事先定义的建模过程	建模过程完全是随意的	事先定义的建模过程允许对模型选择进行问责
完善的文档	没有文档	由于文档有助于提高透明度，因此它还可以帮助运维人员识别和解决问题

7.1　Sprint 2 待办事项

在 Sprint 2 中，团队将实施系统且专业的建模和评估流程。表 7.2 列出了 Sprint 2 的待办事项。通过良好的组织管理和文档记录，团队可以避免一些产生低质量模型的陷阱和常见问题。至少，这是我们所希望的！在深入了解细节之前，让我们先看看 Sprint 2 的这些任务。

表 7.2　Sprint 2 的待办事项：建模和评估

任 务 编 号	项　　目
S2.1	创建特征工程计划，然后与团队共享并进行评审。 实现特征工程管道。 设计并添加数据增强方案

任 务 编 号	项　　目
S2.2	创建模型的设计并编写说明文档。 考虑作用于模型设计的外力。 决定任务分解以创建总体设计。 根据给定数据所需的归纳偏差来选择组件。 开发融合模型输出的合成方案
S2.3	就建模流程达成一致并进行设置。 调试并使用实验跟踪器。 调试并使用模型存储库。 识别并拒绝明显较差的模型
S2.4	实现并调试测试环境。 确定对模型进行功能测试的过程，包括创建测试数据的方式以及如何避免数据泄露等问题
S2.5	开发一组测试来确定模型功能的性能。 确定在测试场景中使用的测量方法。 设计和构建适当的测试环境，以支持敏捷和可重复的测试
S2.6	执行非功能测试
S2.7	使用评估数据来确定要使用的模型。 通过显式机制使用模型测试/评估数据来选择生产环境中使用的模型。 考虑如何在设计中组合组件模型。 考虑非功能需求。 考虑模型的定性方面
S2.8	撰写模型交付报告
S2.9	确定并记录模型选择
S2.10	评审并获得客户对模型选择的签核认可

7.2　特征工程和数据增强

特征工程工单：S2.1

- ❑ 创建特征工程计划，然后与团队共享并进行评审。
- ❑ 实现特征工程管道。
- ❑ 设计并添加数据增强方案。

特征工程和选择是机器学习管道的核心部分。如果不进行一些预处理来创建一致、

有用且信息丰富的特征，那么组装的原始数据对于机器学习算法来说可能毫无意义。在建模开始之前，还需要丰富和转换数据集，以便为算法提供适当的特征。

目前已经有一些特征选择和工程系统可供使用。例如，Kuhn 和 Johnson 在他们的 *Feature Engineering and Selection: A Practical Approach for Predictive Models*（《特征工程和选择：预测模型的实用方法》）一书中提供了识别、创建和选择特征的分析视角。[①] 在此框架中，他们使用了数学和技术考虑来重组数据，使其更适合机器学习算法的使用。

7.2.1　特征工程的基础概念

特征工程的系统方法有助于识别和解决数据方面的技术问题。尤其是它们可以：

❑　识别并消除数据集中多个字段中相同信息造成的偏差。
❑　解决由偏态分布和规模差异造成的偏差。
❑　处理层次结构数据和层次结构内分布的信息。

除了解决数据呈现给算法的方式的技术问题，我们还可以使用特征工程将人类的见解和常识编码到机器将要读取的数据中。

例如，我们的常识（对于从小就了解公历的人来说）是十二月后面跟着一月，并且假设十二月由数字 12 表示，一月由数字 1 表示似乎是合理的。现在给定有 3 个日期：12/30、12/31 和 1/1，机器如何推断出 1 月的第一天是在 12 月的最后一天之后呢？

还有一个典型示例是处理包括方位或方向的数据，此类数据通常表示为 0'～360'的标量值，或者有时也表示为罗盘方向或不同点之间的关系。如果我们将此数据视为线性量，则方位角为 359' 和 1'的项目将出现在刻度的两端。但实际上，它们很接近，并且几乎都位于正北方向（0'±1'）。我们如果能够重新构建此类数据以考虑这种循环性，那么无疑将获得更好的结果。

特征工程是以对机器学习算法有意义的方式转换数据的过程（例如，日期 1/1 在 12/31 之后，359'与 0'紧邻，这些信息都应被包含为机器的知识）。

特征工程师不需要将知识作为某种额外的推理规则嵌入，而是重写数据，使其成为机器学习系统使用的信息的一部分。

给定 3 个日期：12/30、12/31 和 1/1，我们可以通过将日期表示为距某个点的距离来解决这种不规则性。如果我们取仲夏日（Midsummer's Day）这个点，那么元旦（1/1）这一天代表的距离值就是 182（简单计算方式就是平年天数折半 365/2 向下取整，忽略了闰年的情况），一年的最后一天（12/31）代表的距离值则是 181，一月的第 2 天（1/2）代

① Kuhn, M. and Johnson, K. (2019). Feature Engineering and Selection: A Practical Approach for Predictive Models. Chapman & Hall.

表的距离值也是 181。这里的要点是，所有这些示例的值都是相似的，因此这种转换对于相似的事物更有意义。

我们可以使用智能建筑示例来展示重写方向的作用。正如我们在第 5 章 "深入研究问题" 中看到的，智能建筑传感器记录了第 1～366 天的温度，其中包含 366 天记录的是闰年。图 7.1 显示了一年中每一天的平均温度。

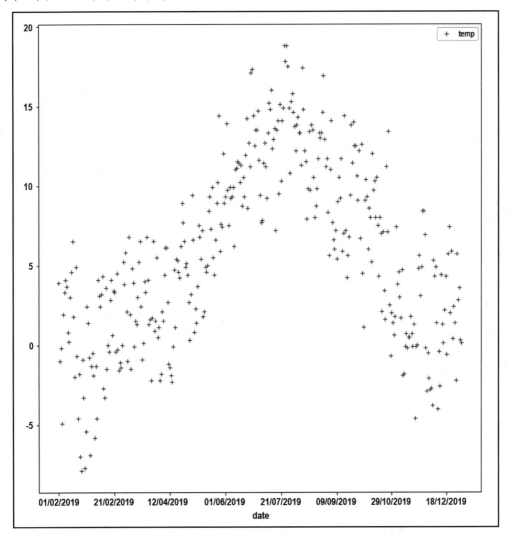

图 7.1　按一年中的日期绘制的气温

（Suffolk Wattlesham 气象站 2019 年数据，来自英国政府）

图 7.2 显示了两个新特征：一个特征给出了候选日与仲夏日的距离（以天为单位），另一个特征则是当天的平均气温。候选日与仲夏日的距离计算为归一化值，范围为 0.0（仲夏日）～1.0（仲冬日，Midwinter's Day），如果有闰年，那么这个距离就是 183 天（366/2），因此仲夏日后的第二天的归一化值为 1/183 = 0.0054。

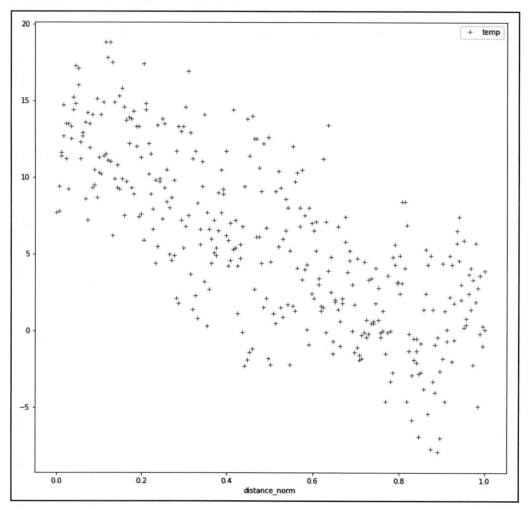

图 7.2　根据与仲夏日的距离绘制的温度（距离归一化为 0.0～1.0）

7.2.2　创建新特征

我们还可以通过使用预训练的基础模型为一些非结构化数据源创建特征。在第 6 章

"探索性数据分析、道德和基线评估"中，我们使用了基础模型来探索莎士比亚戏剧文本中的非结构化数据。我们可以使用相同的方法从非结构化数据中创建特征，然后将其输入机器学习模型中。这与直接对一些非结构化信号进行机器学习不同，在非结构化信息中的规律和模式是在基础模型的训练中创建的。然后，我们使用这些结果以更易于建模过程使用的形式表示数据。

在莎士比亚戏剧文本的示例中，我们使用了 all-MiniLM-L12-v2 句子转换器来创造新颖和差异的概念，然后提取了一个概念图来关联相似的主题。

我们也可以使用类似的方法（以及基础模型的其他更直接的用法）来创建有用的特征，并融合来自非结构化和结构化数据源的信息。例如，莎士比亚戏剧文本的例子展示了如何在非结构化文档（戏剧文本）空间中查找相似性。

现在让我们来考虑一个涉及文本数据的新问题。假设在某个应用场景中，有一封电子邮件本来是要接受一个新客户的，它将传递到一个审批流程中，但后来发现该电子邮件被发送给了错误的人（并且本来应该以不同的方式处理），结果浪费了大量的时间和精力。你的团队通知你，他们认为该问题的出现是因为文本分类器可能对新电子邮件或那些结构奇怪的电子邮件表现不佳。

这种极端情况可能会在最终过程中消耗不成比例的成本，而且可能会严重破坏分流系统中的用户信心。

经过探索性数据分析过程后，团队认为确定训练集中异常值的特征对于清洗训练集很有用，并希望构建一个高质量的分类器来确定适当的主题。

他们构建了一个简单的特征来为系统提供新的奇怪信号/非新的正常信号。和以前一样，数据将使用基础模型中的嵌入进行索引。电子邮件的新颖性是通过获取索引中第二个最接近的电子邮件（忽略身份匹配）并使用相似性距离来评估的。

其伪代码如下所示：

```
results_array = array [length(emails)]
for email in emails :
    match = index.search (email)
    results_array[email.id]=match.D
```

在上述伪代码示例中，email.id 是电子邮件的索引，而 match.D 则是索引返回的距离。结果数组（results_array）包含每封电子邮件到索引中最接近的匹配项的距离。

你如果找到这个数组的标准差，并设置一个阈值为两倍标准差加上平均值，那么可以过滤掉最奇怪的 5% 的电子邮件进行训练。你如果将此特征用于主题分类器本身，则可以创建"其他"标签，并且其余主题的分类会更强大。

为某个领域开发高质量的特征可能既耗时又困难，需要丰富的经验和领域见解才能获得良好的结果，这就是特征存储被视为宝贵资产的原因。例如，如果前面我们介绍的智能建筑物项目开发了一种表达传感器在建筑物中的位置的方法，可以提供这方面的见解和信息，那么这就是一个巨大的胜利。

此外，在组织中创建一致的数据使用方式有助于确保机器学习算法的行为一致且易于理解。如果你的项目在这方面是一个开拓者，那么你开发和留下的特征存储很可能将成为客户的持久资产。

7.2.3 数据增强

6.1.4 节"非结构化数据"提到了一个流传很广的关于早期机器学习系统的杜撰故事，据称该系统是为了识别照片中的坦克而开发的（其开发的确切应用总是似是而非含糊不清）。这个故事的神妙之处在于，机器学习系统学会的不是识别坦克，而是识别雪地，因为唯一有坦克的镜头都是在雪地里拍摄的。

这个故事几乎肯定是虚构的，但有一点确实说对了：机器学习算法如果只能学习狭窄的数据集，那么可以学习的内容就会受到限制。它尽管也许能够从接收到的信息中学习强大的分类器，但也可能会掉入一些陷阱，即它学会使用数据中的巧合来进行分类。当然，如果有不同的样本，那么误导性的巧合可能会变得较为罕见。

为了解决这个问题，Shorten 和 Khoshgoftaar 开发了数据增强技术。[1] 数据增强（data augmentation）是使用转换和更改来创建额外训练样本的过程。当原始训练集中只有一小部分样本可用时，可以使用此技术使机器学习模型更加稳健可靠。

图 7.3 显示了一组图像增强示例。原始图像样本为（a），其他图像样本则为其增强变化：

- ❏ 样本（b）、（c）和（d）都是它的旋转示例。当然，你还可以生成更多旋转。
- ❏ 样本（e）、（f）和（g）添加了一些额外对象和噪声。
- ❏ 样本（h）进行了反相处理。
- ❏ 样本（i）进行了缩放处理。
- ❏ 样本（j）进行了缩放处理并在场景或帧内重定位。
- ❏ 样本（k）对图像进行了镜像处理。

这些图像增强示例为机器学习算法提供了更多的猫的样本。

---

[1] Shorten, Connor, and Taghi M. Khoshgoftaar. "A survey on image data augmentation for deep learning." Journal of big data 6, no. 1 (2019): 1-48.

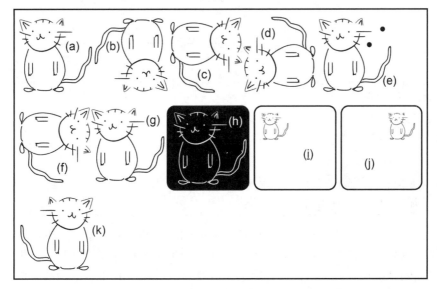

图 7.3　通过简单的操作增强猫的图像

来源：维基共享资源

https://commons.wikimedia.org/wiki/File:Black_and_White_Cat_Sketch.svg

你可以使用如图 7.3 所示的图像增强过程来制作更加稳健和通用的模型。这种做法的思想是，如果训练数据中存在更多种类的信号，那么专注于巧合特征的模型将不太可能被机器学习过程选择。

我们还可以将类似的增强过程应用于其他形式的非结构化数据。例如，我们可能想在文本样本中添加拼写错误，用同义词替换非停用词，或者通过自动翻译系统遍历句子以改变它的措辞。对于图像识别系统来说，我们可能希望使用对比度和亮度的改变来增强数据，或者引入噪声和扭曲等修改方案。

💡 提示：

顾名思义，非停用词（non-stop word）就是指不被自然语言处理（natural language processing，NLP）解析器视为停用词（stop word）的词条或可被丢弃的词条。

无论你需要的是什么，随着团队研究的深入进行以及有关算法行为的新信息的曝光，我们都可以在建模过程中迭代地应用新特征和数据增强方法。7.4 节"使用机器学习技术制作模型"将讨论如何管理迭代建模过程。

一旦实现了第一组特征，那么团队的下一步就是创建模型的设计。

7.3　模 型 设 计

> **模型设计工单：S2.2**
> ❑　创建模型的设计并编写说明文档。
> ❑　考虑作用于模型设计的外力。
> ❑　决定任务分解以创建总体设计。
> ❑　根据给定数据所需的归纳偏差来选择组件。
> ❑　开发融合模型输出的合成方案。

在通过机器学习算法构建模型之前，必须由团队中的数据科学家和机器学习工程师设计模型。这就好比人类在进行太空探索之前，必须由工程师设计火箭发动机。当然，你需要记住的是：火箭发动机的设计目的是利用可用的技术和燃料来为其提供动力，以实现所需的结果。如果你的火箭工程团队无法获得稀有金属和高质量燃料，那么他们的方法将受到很大的限制，不能使用大量的钛和合成化学品而只能考虑更加务实的方案。同理，机器学习模型旨在根据可用数据及其运行的生产环境，以功能性和非功能性方式进行交付。

7.3.1　设计的外力

在 Sprint 0 和 Sprint 1 中，你公开并阐明了你正在开发的业务应用程序的机器学习建模的要求和约束。你的用户故事中应该阐明一系列的外力，以作用于模型的设计，从而支撑你的团队提供解决方案的方法。

以下是这些外力的一些例子：

❑　定量性能（quantitative performance）：定量性能指标的一些示例包括良好的 F1 分数、精确率和召回率、敏感性和特异性等（如果你第一次听说这些不同的性能指标，请参见第 8 章"测试和选择模型"中的相关讨论）。在具体测量时需要小心，但本质上，你可以测量的分类器的定量性能取决于它如何有效地完成其工作。

❑　解释/透明度：给出最佳数值评估的分类器需要为其决策提供充分的解释，或者其工作方式足够透明以允许其在特定环境或应用场景中使用。

❑　延迟：分类器的延迟应适合应用场景。例如，在自动驾驶应用场景中，你的分类器可能需要在几分之一秒内完成执行。另外，如果你要批量为演讲视频创建字幕，则花费一整夜的漫长时间也不耽误。

❑ 成本：如果你需要执行一个分类器数百万次，那么用于运行它的基础设施的成本可能会非常高昂，变得令人望而却步。

❑ 数据隐私/安全：根据分类器的行为做出的推断可能会泄露秘密或机密数据。

❑ 重用和数据稀疏性：你可能没有足够的数据来训练某些类型的分类器，因此可以考虑下载预构建的分类器，在不需要对它进行训练的情况下即可使用它来执行项目中某些数据不足的部分。

❑ 项目风险/开发时间：从头开始训练分类器可能很困难且有风险，意外行为可能意味着它们无法使用。下载预训练的组件或使用简单的模型可以降低项目风险，但也可能会牺牲整体性能。

❑ 生产中的稳健可靠性：具有大量可调整选项的解决方案在现实世界中可能是脆弱的。

今天的机器学习从业者拥有一系列可用的算法来处理现代应用的复杂的功能和非功能性需求。你可能会说，在具有如此丰富资源的情况下，直接从工具箱中选择一个解决方案不就可以解决项目中遇到的上述外力难题了？遗憾的是，世界并不是这样运作的，事情比我们想象的要更复杂一些。

7.3.2　总体设计

为数据和要解决的问题选择正确的算法非常重要，并且有大量文献可以支持你的选择。例如，Kevin Murphy 在他的 *Probabilistic Machine Learning: An Introduction*（《概率机器学习：简介》）一书中对大量算法进行了详细、深入的解释。[①]不过，从所有可用的候选算法中选择最佳选项通常并不简单，因为可能：

❑ 没有最佳选项。相反，你需要仔细权衡。

❑ 没有完全适合该应用的选项，你只能从矬子里面拔将军。

❑ 最佳选项并不适合你的模型应用环境。例如，你的团队不理解它，你没有时间来实现它，硬件平台不支持它，或者（一般来说）它需要在生产环境中投入太多的注意力和干预，并且它不会被你的用户注意到。

我们可以做些什么来克服这些难题？针对这些问题的一种务实的应对措施是实现一个复合模型，该模型汇集了多种技术，以单一模型无法做到的方式处理数据的不同部分（在有时限的项目中做到快速可靠）。

---

① Murphy, K.P. (2021). Probabilistic Machine Learning: An Introduction. Cambridge, MA.: MIT Press.

　　例如，你可能需要自动翻译机器人将以几种潜在语言之一说出的句子解释为英语。在技术上可以将该模型实现为单个深度网络，并且该单个网络的性能可能优于专门的单语言网络。简而言之，将问题分解为多个部分并使用更成熟且经过测试的解决方案可能会风险更小、问题解决更容易、执行速度更快。

　　另一个问题是由需要开发多个不相交模型的挑战产生的，这些模型在业务流程的不同部分中独立工作。例如，在客户服务流程中，你的系统可能需要识别客户所说的语言，然后根据他们面临的问题向他们提供正确的支持信息。面对这些挑战，你可以选择架构来将问题分解为多个部分，并使用算法来解决每个部分。那么这些选择是如何做出的呢？

7.3.3　选择组件模型

　　数据科学家需要利用他们的专业知识和经验来选择正确的机器学习算法，为当前的问题生成正确的模型。虽然没有什么可以替代经验和洞察力，但在此过程中牢记一些有用的启发式方法是有好处的。尽管这些经验法则和一般原则可能不符合最佳技术方法，但它们对于在建模过程中管理项目风险而言非常有用。

　　模型的两个最基本的决定因素是：

　　❑　算法使用的数据类型。

　　❑　模型产生的输出类型。

　　举例来说，模型如果需要产生从 0.0 到 1.0 的分级控制信号，但是该模型只能产生开或关的二进制信号，那么可以说是完全没用的。

　　如果机器学习算法无法“看到”彩色，那么它生成的模型将是黑白的。

　　从根本上来说，这里的问题是，算法能否有效地对输出分布进行建模？这是一种奇特的说法，即模型是否存在技术上无法产生的输出？原则上它能够产生正确比例的产出吗？如果不能，那么你需要阻止团队并让他们使用可以的方法。

　　假定你选择的算法（原则上）能够创建你所追求的分布模型，那么在可能的情况下，应优先选择众所周知的成熟算法而不是新颖算法。

　　诚然，某个新颖算法可能是最先进的，并且可能比每个人都在使用的旧的算法执行得更好一点，但是，新算法也可能未经充分测试且未被充分理解。

　　因此，你也可以考虑让成熟算法与建模团队倡导的最新、最闪亮的方法进行基准测试。如果他们新的“令人惊叹的”机器学习魔法超越了旧的架构和方法，那是一件大好事！如果没有，那么旧的方法也会给你带来极大的安慰。

　　一般来说，如果可以有效地解决建模问题，那么最好使用更简单的算法。当然，复杂的深度网络架构可以做到其他算法无法做到的事情。有时你可能会发现团队别无选择，只能进入新领域，尤其是在处理图像、声音和自然语言时。

　　深度网络可以为复杂的非结构化数据创建模型，但这些模型通常被认为是不透明或不可解释的。有些机制使用深度网络，因为它们的性能非常好。这可以有效地向人类解释，但这些机制总是不如更直接、透明的模型，如关联规则或决策树。如果透明度是一种设计外力，那么你可能必须仔细平衡它与系统的性能。

　　深度网络的训练成本可能很高，并且在生产系统中使用时，其延迟和成本也很高。请记住，当团队运行数据中心的 GPU 一个星期以创建可用于提高建筑物能源效率的模型时，会产生大量碳排放。这不是一件好事，所以务必和你的客户说清楚。

　　这些一般性原则只是很好的常识性设计启发。我们选择模型是因为它们会根据输入产生所需的输出。这种可能性被称为归纳偏差（inductive bias）。

7.3.4　归纳偏差

　　我们可以使用不同的算法和方法创建机器学习模型，但每种算法和方法都会在过程中引入一些偏差。

　　仍然以智能建筑中的传感器为例。这些传感器具有以下属性，可用于描述每个传感器：

- ❑ age（寿命）：从 0（新）到传感器安装天数的标量。
- ❑ manufacture（制造商）：有 5 家不同的制造商。
- ❑ installation（安装）：有两个值，即内部安装和外部安装。

　　我们的数据中有一半的传感器出现故障，因此我们希望制作一个决策树来预测哪些传感器可能会发生故障。

　　现在需要对如何构建决策树做出一些选择。那么我们应该首先测试哪个属性呢？应该对哪些属性应用哪些测试呢？

　　在本示例中，一个明智的测试可能是从 installation（安装）属性开始。该传感器是内部安装的还是外部安装的？在某些情况下，我们可能会看到 80%的外部传感器发生故障，而只有不到 20%的内部传感器也会发生故障。

　　图 7.4 说明了按照 installation（安装）属性进行拆分对某些数据的影响。

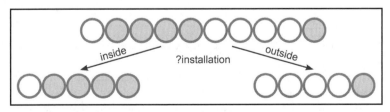

图 7.4　通过 installation（安装）属性拆分训练数据，外部传感器（右）比内部传感器更容易发生故障

原　　文	译　　文
inside	内部
outside	外部
installation	安装

尽管我们的选择是常识性的，但从某些方面来说它也是任意的。图 7.5 显示了使用 age（寿命）属性的另一种拆分方式，它创建了清晰的数据划分。可以看到，所有安装时间超过 100 天的传感器总是出现故障。使用测试寿命 > 100 进行拆分会创建一个仅包含故障传感器的右侧节点。

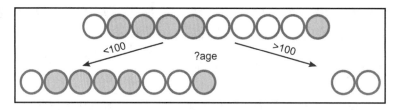

图 7.5　使用 age（寿命）属性拆分数据以在右侧分支上生成仅包含故障
传感器的节点，该树不需要进一步测试

原　　文	译　　文
age	寿命

还有一些更复杂的选择也已经被开发出来，并且它们都有为什么合适或为什么不合适的深思熟虑的推理支持。这些争议到了最后几乎总是可以归结为奥卡姆剃刀（Occam's razor）的变体，而奥卡姆剃刀的原理是"如无必要，勿增实体"，也就是说，摒弃一切可有可无的东西，我们应该选择最简单的决策树的拆分集，而不是其他确定类成员资格的方法。

使用一个标准在决策树中的节点处拆分目标集的算法（例如 J-measure[1]之类的信息论测量）也许更有可能发现数据中的特定规律，这比利用其他标准（例如统计显著性或简单计数）的算法[2]更有效。

一般来说，我们可以使用 XGBoost[3]、其他增强算法和随机森林在表格数据上创建有效且稳健的模型。但糟糕的是，它们创建了难以理解的复杂分类器。这使得在基于模型

[1] Mallen, J.I. and Bramer, M.A. (1994). "CUPID - An Iterative Knowledge Discovery Framework." Research and Development in Expert Systems XI.

[2] Dua, D. and Graff, C. (2019). UCI Machine Learning Repository, http://archive.ics.uci.edu/ml. University of California, School of Information and Computer Science. Irvine, CA.

[3] Chen, Tianqi, and Carlos Guestrin. "Xgboost: A scalable tree boosting system." In Proceedings of the 22nd ACM SIGKDD International Conference on Knowledge Discovery and Data Mining, pp. 785-794, (2016).

的决策应该透明且易于解释的应用场景中使用它们变得非常困难。

如果 XGBoost 模型由于过于琐碎和复杂而无法直接使用，则可以考虑将其用作降噪器（denoiser），筛选出容易让比较简单的模型产生混淆结果的噪声。为此，我们需要训练 XGBoost 模型，然后使用其输出作为目标变量，使用更简单的决策树或关联规则发现算法进行建模。或者，你也可以使用 XGBoost 作为基准来衡量选择简单的可解释模型在模型有效性方面给你带来了多少成本。

对于图像、文本等非结构化数据，XGBoost 不太成功，也不太适用。深度网络的各种分层架构的开发意味着在选择特定架构时可能会产生一系列偏差。选择正确的偏差意味着有时可以从更少的数据中获得更低的损失，从而换取更低的训练和推理计算负担。

图 7.6 显示了 5 种不同类型的深度网络。这些都是层次结构，如多层感知器（multi-layer perceptron，MLP）、为计算机视觉任务设计的卷积神经网络（convolutional neural network，CNN）[①]或网格网络（grid network）、为基于语音和文本的任务设计的循环神经网络（recurrent neural network，RNN）[②]、图神经网络（graph neural network，GNN）[③]以及基于注意力的网络，如 Transformer[④]。

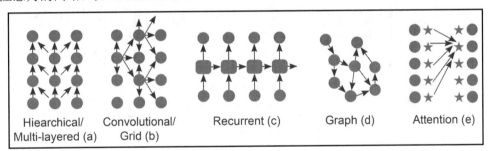

图 7.6　机器学习算法中的归纳偏差，改编自 Jumper、Evans 等人的文章[⑤]。

序列（a）到（e）由这些偏差在机器学习社区中流行的顺序决定。

箭头表示信号在网络或图中的传播

[①] Yan LeCun, Josh Bengio. (1995). "Convolutional Networks for Images, Speech and Time-series." In The handbook of brain theory and neural networks, by M.A Arbib, 276-278. Cambridge, MA: MIT Press.

[②] H. Sepp, J. Schmidhuber. (1997). "Long Short-Term Memory." Neural Computation 9 (8) 1735-1780.

[③] Franco Scarselli, Marco Gori, Ah Chung Tsoi, Markus Hagenbuchner, Gabriele Monfardini. (2009). "The Graph Neural Network Model." University of Wollongong Research Online. Accessed March 22, 2021. https://persagen.com/files/misc/scarselli2009 graph.pdf.

[④] Vaswani, A., Shazeer, N., Parmar, N., Uszkoreit, J., Jones, L., Gomez, A.N., Kaiser, L. and Polosukhin, I.,. (2017). "ArXiv." Attention is all you need ArXiv. preprint ArXiv:1706.03762. Accessed March 22, 2021. https://arxiv.org/pdf/1706.03762.pdf.

[⑤] Jumper, J. Evans, R. et al. (2020). "Alphafold 2 Presentation." Prediction Centre. 12. Accessed January 29, 2021. https:// predictioncenter.org/casp14/doc/presentations/2020_12_01_TS_predictor_AlphaFold2.pdf.

原　　文	译　　文	原　　文	译　　文
Hierarchical/Multi-Layered	分层/多层	Graph	图
Convolutional/Grid	卷积/网格	Attention	注意力
Recurrent	循环		

　　图 7.6 中的网络结构是为了响应处理不同类型数据的需要而开发的。例如，图 7.7 显示了使用分层结构的感知器类型网络。它使用了图像中的数据，一次一个像素，但由于像素的上下文与其内容一样重要，因此感知器通常表现不佳。图像中的信息主要存储在像素彼此之间的关系中，而感知器无法捕获这一点。

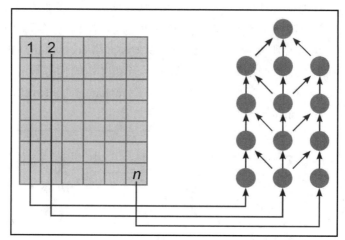

图 7.7　左侧像素图像与右侧分层网络的对应外观。

可以看到，图像的顺序丢失了并被有效地随机化。

像素 n 被馈送到网络最右侧的输入，远离其上方的像素或对角相邻像素，

这使得系统的对象识别任务变得很困难。

　　有鉴于此，我们可以构建如图 7.6（b）所示的卷积神经网络[1]。卷积是在网络中以局部方式传播信息的过程，在局部级别提供激活的归一化和滤波。学习到的滤波器在网络上的滑动窗口中传递，确定信号应该如何从一个像素传播到另一个像素，并且信息在各层之间进行池化。在大规模训练集和足够强大的计算引擎能够利用图像应对此类训练挑战之后，卷积神经网络成为图像识别问题的首选架构。

---

[1] LeCun, Yann, Leon Bottou, Genevieve Muller, B Orr, and Klaus Robert. (1998). "Efficient Backprop." In Neural Networks: Tricks of the Trade, by G. Orr and K. Müller. Springer.

7.3.5　多个不相交模型

许多项目需要构建多个模型来支持人工智能应用程序的不同部分。这些模型的结果不会互相输入，而是被人类使用或作为决策系统的单独输入。

例如，信用风险模型可能由代表不同类型或风险驱动因素的多个不相交模型组成。一个模型可能会对欺诈交易进行建模，另一个模型可能会对使贷款申请人面临风险的依赖性进行建模，而第三个模型可能会对经济趋势进行建模。这些模型的输出可以被组合在一起以创建一个总分，也可以单独显示给信用控制人。

如果你的团队正在开发一个集成系统，则不同模型的不同需求可能会对所需系统的复杂性（在推理和生产数据层方面）和系统性能产生重大影响（在定量和非功能性能方面）。我们需要平衡每个模型的资源分配，以确保系统的整体价值最大化。

需要注意的是，资源包括分配给生产模型的时间和处理器算力，以及开发过程中的时间和团队的努力。对于团队来说，一个容易掉入的陷阱是花费数周时间完善一个模型，而不是关注其他模型，而关注其他模型可能仅需要较少的工作即可产生更多的收益。

7.3.6　模型组合

除了使用多个不相交的模型，还有一种方法是按顺序使用模型来执行整体推理过程。有时需要将模型链接在一起，这样才能捕获进一步的结果或根据中间结果采取干预措施。例如，你必须就过程中某些试剂的流量控制做出决定，并且在做出有关加热溶液的另一个决定之前必须观察混合的结果。这种情况被称为模型组合（model composition），其设计过程比两个孤立的独立模型更为复杂。

或者，我们也可以明智地将单个任务分解为一组相互依赖的模型（当然，在某些情况下，单个模型仍然是最佳选择）。一般来说，将问题分解为多个步骤并单独学习每个步骤，可以为模型创建推理链，这一实用方法可以快速可靠地解决问题。

举个例子，假设你要将某种语言的原文翻译成英语，那么第一步便是识别源语言，下一步是确定句子的含义或意图，最后一步是以尽可能最优雅的方式将该含义或意图翻译成英语。可以想象有这样一个网络，它能够解决称为"翻译"的元任务中的所有 3 个任务（事实上，这样的网络确实存在并且具有其特定的优势）。但是，构建 3 个不同的网络来执行上述每个步骤并使用适当的粘合和管理逻辑将它们链接在一起可能会更容易。这种方法有以下优点：

❑　我们可以更密切地管理每个子项目的技术风险，因为它构建的是组件模型，而不是颇具风险的大型端到端（end to end，E2E）网络。

❑ 可重用的元素（如预训练模型、现成的网络或数据集）都可用于子组件，因为这些元素可能代表比 E2E 解决方案更通用的任务。

❑ 我们可以单独测试各个组件，从而更轻松地进行故障排除和调试。

❑ 我们可以并行构建单独的组件，从而有可能大幅缩短开发时间（假设构建更好的单一网络的工程时间成本大于集成的成本）。

❑ 我们可以将部分解决方案打造成一个能够提供商业价值的整体系统。

如果在开发其中一些组件方面取得了一些成功，并且这些组件可以被集成到业务流程中以支持决策者，那么你就可以交付一个成功的项目。

当然，模型组合也有其缺点：

❑ 复合模型的性能可能不如单个定制模型。

❑ 就文档和流程而言，管理大量模型的生产可能非常困难且成本高昂。

❑ 模型链可能会带来延迟和吞吐量问题以及性能瓶颈（舰队整体前进的速度不取决于速度最快的舰艇而是必须迁就速度最慢的船舶）。

❑ 理解和维护复杂的设计很困难。

当你开发了模型设计并且就集成策略达成一致之后，下一步就是将其传达给团队，让团队真正实现它。

7.4　使用机器学习技术制作模型

建模过程支持工单：S2.3

❑ 就建模流程达成一致并进行设置。

❑ 调试并使用实验跟踪器。

❑ 调试并使用模型存储库。

❑ 识别并拒绝明显较差的模型。

机器学习模型的实际创建工作可以很复杂，复杂到需要构建具有很多层和反馈回路的深度学习网络，也可以很简单，简单到只要单击一个或几个按钮即可。

当模型创建工作非常复杂且头绪众多时，显然你需要很深入的专业知识，并且需要使用专家团队来完成工作，因为非专家将无法创建支持应用程序的模型。

如果你使用低代码（low code）或工具驱动的方法来生成模型，那么有时似乎不需要专业知识，因为即使没有专家参与，有价值的结果看起来也已经摆在桌面上。

现实情况是，即使模型是一键创建的，也需要创建者具备对事物本质的洞察能力，并且结果应符合专业规则。

让模型制作者单击按钮前的所有准备工作以及单击按钮后模型上发生的所有事情都会创造价值，或者造成损害。因此，定义和管理用于建模的流程非常重要。

7.4.1　建模过程

开发模型的实际过程是由好奇心驱动的，也是实验性的；换言之，它既是一门艺术，也是一门科学。

建立对数据和领域知识的理解并为模型创建深思熟虑的设计是必要的，但这还不足以保证成功。为了获得表现优秀的模型，团队需要进行实验、反思和研究，以找到可行的方法。

这听起来像是一项临时的、非结构化的活动，从某种程度上来说，确实如此。尽管科学家可能会灵光一现并尝试一些疯狂的事情，但这一切都是在一个可管理框架内完成的。对于科学家来说，实验细节是预先写在实验记录里的。

数据科学家需要使用相同的管理框架来实现类似的严谨性和可再现性（reproducibility）目标。模型设计的一些细节很容易搞乱并丢失，如果出现这种情况，则意味着模型无法重建或具有未记录的元素。

此外，你还需要组织调查并保存记录，以免重复工作，重做应该在第一轮就完成的工作。对做得不好或记录不良的工作进行重复返工不仅浪费时间和金钱，而且还浪费宝贵的资源。实际使用的流程应可以防止浪费时间，而且还可以防止团队在他们正在构建的模型的质量上搞自欺欺人的把戏。

建模活动中的一个大问题通常被称为数据泄露（data leakage），这是指由于意外地允许测试信息逃逸到训练过程中而导致模型评估过程被破坏。从本质上讲，数据泄露和教师在考试前给学生泄题是一样的，它意味着算法提前查看了测试数据。

典型的数据泄露场景是这样的：因为某些模型恰好在验证数据上表现良好，所以建模团队倾向于关注类似的模型，并为验证问题找出更多的性能优化。遗憾的是，这未能转化为现实世界的性能，该模型的现实表现令人非常失望。这可能是因为团队的行为导致了对验证数据中的特殊之处和人为因素的无意识优化。

顺便说一句，另一个常见的错误是训练和验证数据的选择。这种情况尤其容易发生在时间序列预测问题中，即未来某个时段的数据已经提供了模型锁定的信号，然后在测试数据中复制了该信号。例如，我们在智能建筑的验证集中使用的是炎热夏季的数据。由于测试数据集也取自同一个炎热的夏季，因此该模型在测试性能时形同作弊，但是在生产环境中它显然无法复制这种作弊方式，只能"原形毕露"。

这些问题将阻碍对模型的正确探索。更糟糕的是，本该用于研究其他有前途的设计选项的时间却被浪费在营造出性能假象的幽灵模型上。

面对这种风险，你和你的团队该怎么办呢？

（1）计划如何利用可用时间来实现模型和探索模型性能。

（2）对于设计的每个部分，确定一组实验来创建和验证该组件的行为。每个实验都是建模和测试的一个片段（episode）。写下此过程的预期结果。

（3）按计划进行建模和测试并记录结果。

（4）要了解结果，请使用适当的工具进行检查和评估。

（5）在每个片段之后，审查并决定对计划进行哪些更改，以及是否需要新功能或对数据管道进行更改。

（6）从待办事项列表中选择另一个片段，然后对该片段执行相同的操作。

这样做的目的是，通过对流程进行约束并记录和审查所做的事情，你可以识别并阻止任何过度优化的流程（可能存在信息泄露）。如果出现问题，那么你至少可以确定需要获取更多验证数据以检查模型是否运行良好，保证进一步的开发。

如果做不到这一点，那么数据科学家就只能在黑暗中跌跌撞撞地尝试一些东西，看看它们是否真的有效。

通过检查结果并理解它们，数据科学家将回顾每次迭代中学到的东西，这样才能在开发过程中获得方向和动力。当然，这也只是理论上的；正如实验室的实验是一条布满荆棘的道路一样，数据科学的实验也很难进行。

在模型开发过程中决定以有计划和系统性的方式工作时，你和你的团队还应该考虑另一组驱动因素。在传统科学中，精心维护的实验室记录可以重复实验并检查实践的安全性和专业性。同样，仔细记录机器学习过程也可以重现和审核有前景的模型。随着机器学习系统在社会生产中变得越来越普遍，它们也受到更多的质疑，因此这一点将变得越来越重要。专业工作和良好的记录保存将使你的模型经得起审核和检查，这使它们更有用和更有价值。

接下来，就让我们看看如何记录建模活动以及如何管理和跟踪结果。

7.4.2　实验跟踪和模型存储库

作为项目基础架构的一部分，你已经实现了一个模型存储库，其中即可存储团队构建的模型实例。有关模型的一些元数据也应该存储在那里。

例如，它应包含用于创建模型的算法版本、用于算法的超参数以及将数据馈送到算法的训练集或训练管道版本的链接。

表 7.3 显示了多次运行中记录的一些统计数据的小样本。在该表中可以看到，我们曾经使用简单的线性模型进行了预测。性能的变化是由于测试集的大小不同造成的。我们还使用了曲线下面积（area under the curve，AUC）指标来估计实验的性能。请注意，testSize 参数是在上午 10:38 才开始添加的，这是因为当时数据科学家注意到性能上存在的一些差异，并且测试集的大小也没有记录，不利于对它们进行解释。你还可以看到尝试大型测试时机器学习包（Elastic_net）选择的惩罚函数的变化。

表 7.3　实验跟踪系统可能记录的统计数据示例

开始时间	持续时间	l1_ratio	惩罚	testSize	auc_test
15/02/2022 10:43	1.9 s	0.5	Elastic net	0.5	0.93916314
15/02/2022 10:42	2.1 s	0.5	l2	0.1	0.94286043
15/02/2022 10:38	2.1 s	0.5	l2	0.1	0.94286043
15/02/2022 10:34	2.4 s	0.5	l2		0.94286043
15/02/2022 10:00	2.0 s	0.1	l2		0.94286043
15/02/2022 09:59	1.9 s	0.5	Elastic net		0.93916314
15/02/2022 09:58	2.3 s	0.1	l2		0.94505654

人工记录这些信息枯燥烦琐且很容易出错，因此，可以考虑使用一个名为 MLflow 的包（工具）将数据记录在表中（你也可以采用许多其他类似的工具）。

你可以从与机器学习算法（在本例中为简单回归）相同的 Python 运行时运行该工具。MLflow 有一个 API，你可以使用它来记录实验的详细信息。通过建模代码的调用，你可以将统计数据和参数输入 MLflow 数据库中。这样，每次你运行实验时，有关参数和性能的数据都会被推送，你可以从图形用户界面（GUI）或简单的命令行调用中检索它。

表 7.3 并未显示将二进制文件、资产（例如传输模型、测试集、训练集和验证集等）以及用于构建模型的公式绑定在一起的模型的唯一标识符，而你只是看到了开发过程中的输出和结果。要想实现该绑定，需要模型存储库发挥作用。

机器学习算法发现的模型将存储为二进制文件，以对所有发现的参数设置和权重进行编码，这些参数设置和权重可指定从数据中提取的特定模型。所有这些文件将保存在文件系统或数据库中。

在使用 MLflow 的情况下，你可以使用其 API 将上述文件存储在文件系统中，并且可以调用已存储的实验详细信息。

图 7.8 显示了为创建表 7.3 中的运行条目而存储的模型。你可以看到这些工件包括用于创建模型的所有 Python 包的 Conda 代码以及对实际模型进行编码的 pickle（.pkl）文件。这些工件应该足以按需重构和运行模型，因为使其工作的所有依赖项和要求都已存储在

模型存储库中。其他目录则包含定义模型及其在实验中如何执行的元数据。

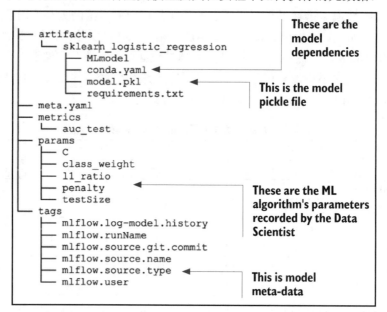

图 7.8　存储在模型存储库中的文件，你可以通过它们来了解存储了哪个模型、
模型是如何制作的、它与实验跟踪信息的关系，以及如何使其再次启动和运行

原　　文	译　　文
These are the model dependencies	这些是模型依赖项
This is the model pickle file	这是模型 pickle 文件
These are the ML algorithm's parameters recorded by the Data Scientist	这些是数据科学家记录的机器学习算法的参数
This is model meta-data	这是模型元数据

　　在 Sprint 1 中开发的数据管道以及在冲刺开始时设计的特征工程也将支持数据科学家的工作。这就是你需要开发管道和特征工程的原因！此外，这项工作是在团队对数据、业务问题和项目道德规范审查已有理解的背景下进行的。

　　要想使项目的机器学习部分变得更加容易，你还可以更进一步。例如，通过将模型的设计和创建模型的过程外包给机器，你和团队可以为自己省去很多麻烦。

7.4.3　AutoML 和模型搜索

　　如何将模型的设计和创建模型的过程外包给机器？流行的做法是使用自动搜索系统

迭代地创建模型。这样的搜索可以通过选择算法参数的变化以及创建和测试具有不同结构和偏差的模型来进行。这种做法的演变是因为，深度学习系统可以表达的潜在模型的空间是巨大的，你不可能以手动方式检查所有可以构建的结构。

虽然这种过程可以说是由于深度学习系统的发展而出现的，但从那时起，这种做法也通常应用于调整基于统计思想的机器学习算法的性能。由于其传统，该技术也被称为神经架构搜索（neural architecture search，NAS），有时也被称为元学习（meta-learning）。

AutoML 令人称道的地方在于，你只需要编写一行代码或单击一个按钮即可取得像那些勤奋的数据科学家一样的工作成果。否认 AutoML 在快速提高模型性能方面的优势无疑是愚蠢的，因为有人已经通过使用这些流程获得了一些稳定可靠的结果[1]，而且这种方法还可以帮助你自动完成那些烦琐且容易出错的工作。

当然，AutoML 也有一些问题需要注意。

（1）模型搜索系统实际上是优化系统，因此它也可能生成一些脆弱的模型，例如，这些模型在留出来的数据上运行得非常好，但在测试数据上（或生产环境中）却失败了。模型搜索系统找到某个模型恰好在特定测试中表现良好，这只是时间问题；但是，它要找到真正合适的模型，却需要一定的运气。第 8 章"测试和选择模型"将讨论维护用于评估模型的测试系统完整性的问题，目前你只需要知道这可能是一个问题即可。

（2）你很难证明或解释模型搜索系统发现的架构或参数设置。如果在验证集上最优的架构被丢弃（可能是由于脆弱性）并且由于某些其他原因而选择了替代方案，则尤其如此。在这一过程中，我们无法理解模型搜索系统判定的差距。次佳的模型是从哪里来的？为什么选择这条路线或决策树？团队决定使用自动搜索，然后又因为无法理解而忽略了它，这虽然有其合理性，但对于流程之外的人来说可能看起来很奇怪。

（3）还有一个重要问题是，AutoML 需要的计算资源可能非常昂贵。虽然这可能是一项值得的投资，但你仍然需要平衡学习过程的成本与模型优化所获得的收益，如果使用人工过程即可快速发现最佳模型的话，就没必要这么浪费。

就生产该应用程序所需的所有资金和资源而言，该应用程序的一小部分改进所获得的价值是多少？当然，还有一种更精明的计算是，数据科学家人工评估过程的时间成本也很高，那么它与 AutoML 流程的金钱和能源消耗成本之间谁更划算呢？

当然，AutoML 在某些情况下是很有用的。例如，在建模开始时使用 AutoML 或模型搜索过程来确定可以从数据集中获得什么样的性能，可能是为更系统和更有目的的建模过程生成基准的有用方法。如果系统导出的模型接近 AutoML 模型的最终性能，那么你

---

[1] Elsken, T., Metzen, J.H., Hutter, F. (2019). "Neural Architecture Search: A Survey." Journal of Machine Learning Research 20 (1-21)．

就知道可以停止了，它已经得到了尽可能好的结果。

相反，如果 AutoML 失败，则表明无法从数据中得出好的模型，你可能需要更多数据或更好的特征工程。在这种情况下，你可以与客户进行行务实讨论：它或许是因为团队缺乏执行该项目所需的机器学习技能，或许更糟糕——AutoML 的失败表明该项目根本不适合现有的机器学习技术。

AutoML 的另一个用途是尝试对已开发的模型进行优化，以衡量还有多少改进空间。另外，还可以观察优化后的模型在哪些方面比现有模型表现更好。

7.5　警惕"臭"模型

说某个模型"臭"——就好像软件工程师说源代码"臭"一样。到目前为止，我们只是讨论了建模过程的一半，在理解为什么应该选择某一个模型而不是另一个模型之前，让我们来解释为什么模型会"臭"。

那些表现好得可疑或差得可疑的模型其实就是因为它们"臭"，并且这个臭味大到不可思议或小到令人难以置信。

如果模型又臭又脏，则正确的做法是深入研究并找出其原因。弄清楚原因后，你可以将模型拖到外面并用棍子痛打一顿，直到它停止抽搐，然后把它扔掉（把它扔到池塘里是个好主意，可惜的是你听不到"扑通"声）。

问题在于，臭模型可能还具有与之相关的良好性能统计数据，这就是为什么对此类事情保持警惕很重要。那么，究竟是什么让模型很臭？

❑　在评估验证数据期间，模型的表现不稳定且不一致。参数的微小变化会导致其性能发生巨大变化。这不是我们希望看到的良好表现，因为它表明存在严重错误。

❑　某些模型很臭是因为它们比你预期的效果更好，或者因为即使你知道它们有问题，它们仍然可以工作。

❑　当模型从所有其他类似模型中脱颖而出，但是某些超参数的微小调整却会导致它在性能上产生巨大差异时，这样的模型就是臭的。

如果你生成的可疑模型具有上述 3 项中的某些属性，则表明该问题域中存在一些意外的规律性。这可能会刺激新的系统建模研究，倒也是一件好事。

你需要坚持预先记录实验然后记录其结果的原则，如果最终发现模型有异常，则可以安全地丢弃它。

模型很臭有可能是由管道中的错误引起的，该错误会破坏数据，也可能是因为库或工具包中的实现存在问题，或者因为你犯了配置错误。

最常见的是，你对训练集中的验证数据所做的所有评估都不是你想象的那样。训练集或验证集中存在数据泄露或时间旅行问题。或者，该模型已经过拟合，它只是记住了数据。模型一旦被用于未见过的数据，就会失败，因为没有泛化能力。

这就是要警惕臭模型的原因。这种模型看起来运行良好，它似乎可以将你和团队从失败的机器学习项目的黑洞中拯救出来。让臭模型产生惊人的结果以证明你的"工作成果"并硬着头皮继续开发是非常容易的，但这不过是掩耳盗铃。需要注意的是，纸终究包不住火，臭模型造成的结果将是灾难性的。

你如果能尽早发现臭模型，那么可以通过它来查找管道中需要修复的错误。一旦这些问题得到解决，重新运行你的模型实验和调查就是简单而快速的。经过几次迭代后，你的模型很可能会开始变得稳健可靠。臭味自然就会消失！

本章解释了建模活动的设置，并简要介绍了模型设计的外力和过程。我们还讨论了建模活动的实际流程以及所需的基础设施。第 8 章将讨论建模故事的另一半：评估和选择你认为适合的模型。该章还将介绍 The Bike Shop 团队如何应对建模挑战。

7.6　小　　结

❑　创建信息特征，供机器学习算法在建模阶段使用。
❑　通过数据增强创建额外的训练数据以支持更强大的模型。
❑　了解模型设计的外力。
❑　对你想要开发的模型的组件做出有目的且有效的选择。
❑　理解并使用归纳偏差来指导你的建模方法。考虑使用分层网络、基于网格的网络/卷积网络、循环神经网络、图神经网络或图注意力网络等架构。
❑　确定何时使用模型组合以及如何有效地构建它们来解决当前的问题。
❑　构建和管理受控且有目的的建模过程。
❑　使用自动化工具跟踪和管理模型的演变。
❑　根据模型的表现或结构检测并确定应立即拒绝的臭模型。

第8章 测试和选择模型

本章涵盖的主题：
- ❏ 构建测试环境，然后将代码和工件迁移到其中
- ❏ 测量模型的属性
- ❏ 了解如何离线测试和在线测试机器学习发现的模型
- ❏ 了解如何使用测试结果来选择模型
- ❏ 使用定性评估和定量指标选择模型
- ❏ 在评估模型时避免欺骗性陷阱

在 Sprint 2 中，到目前为止，团队已经基于他们对数据的理解、客户的要求和现实背景以及他们期望构建的应用程序设计了将要开发的模型。他们使用了结构化流程来开发模型，并使用了实验跟踪器和模型存储库来跟踪进度。他们还运用了常识和经验来查找和拒绝可疑或有问题的模型。现在重要的是要了解模型的结果并正确评估竞争对手的模型，以便对他们用于生产和应用程序开发的模型做出正确的选择。

对于模型评估来说，测试是一个系统且离散的过程。这个过程提供了易于理解的数据和证据，团队可以基于这些数据和证据做出更好的模型选择。

模型选择过程不但要使用你获得的数据和证据，还要利用它对一个或多个模型做出深思熟虑且清晰明确的决策，该决策应该可以向最终用户证明，向利益相关者解释，并由监管机构审核通过。

你需要了解适当的测试和选择流程，以及团队需要使用它们的原因。有了这些背景知识，你就可以与团队一起就项目在这一阶段应该做什么做出更好的选择。

让我们更深入地了解这些。

8.1 测试和选择模型的原因

你可能会问，开发团队中的数据科学家既然已经确定了他们认为最适合实施的模型，为什么还要进行单独的测试和选择过程呢？执行本章列出的过程的目的是什么？

严格的评估对于建立对要部署的模型的性能的信心至关重要，但真正评估模型并将其与其他模型进行有意义的比较既耗时又昂贵。这意味着，将评估嵌入数据科学家的工

作流程中通常效率不高，因为一次完整评估可能需要构思和开发 30 代模型。就所需的时间和精力而言，提出良好的候选模型通常是经济的，但正确评估模型则是缓慢且昂贵的。

　　良好的评估需要新鲜的、未见过的数据，或者在某些情况下，评估必须使用模型应用程序的实时部分进行（例如，在实时交易环境中评估炒股模型）。

　　有时，你可能把数据用完了也得不到一个明确的结果；而另一些时候，你的实验可能会伤害人类、让公司蒙受财务损失或让客户感到不安。这些代价都太大了！关键是，如果你正在运行实时测试，那么在团队生产的第一个模型甚至所有后续几代模型上运行它是没有道理的。换言之，你对失败的容忍度是有限的，因此必须有选择地、明智地进行评估。

　　请记住，你和团队可能需要将模型发布到测试环境（具有适当的安全性和访问控制）中，以便对更广泛的数据集进行评估。即使对于最快的 DevOps 团队来说，管理这个发布过程也是缓慢且昂贵的。一般来说，一个高性能的 DevOps 项目每天运行一到两个版本，而拥有快速算法和更快机器的数据科学家可能会在一小时内迭代四到五个模型。如果模型需要计算量大的训练，那么这个公式可能会有很大的不同。在这种情况下，团队的实验范围可能会更加有限，并且需要处理的模型也会更少。

　　本章介绍对机器学习项目进行正确评估所需的工作。为此，你有必要了解团队通常需要应用的不同测试实践和流程。需要强调的是，你不需要在每个项目中都应用所有这些测试。你可以对一些项目完全使用离线测试流程（参见 8.2.1 节"离线测试"），而另一些项目则严重依赖在线测试流程（参见 8.2.3 节"在线测试"）。对于某些项目来说，模型选择过程（参见 8.3 节"选择模型"）可能是轻量级的。此外，在你的团队必须交付的许多项目中，定性选择指标（参见 8.3.4 节"定性选择指标"）可能根本不起作用。

　　重要的是，你要了解可以进行什么样的测试，以及哪些测试需要与团队中的哪些人员合作进行。同样重要的是，测试和过程要有详细的记录并且可以被重现。这可以确定需要部署多少工作量并帮助选择测试过程。

　　简而言之，为了对机器学习项目进行正确的评估，第一步是了解对你的项目有用的测试过程，而这正是接下来我们将要介绍的内容。

8.2　测　试　流　程

　　本节将介绍测试机器学习模型的不同方法。总的来说，这些方法的要点是，测试自动化和结构化流程将为你的模型建立信心和追责机制。如果模型的下游存在问题，则你以系统方式生成的证据将使你和团队免受影响，并且能够创建满足生产工程团队、运营团队、最终用户和监管机构等利益相关者需求的文档。

现在让我们重新熟悉用于测试模型的三个 Sprint 2 任务。

测试设计工单：S2.4

- ☐ 实现并调试测试环境。
- ☐ 确定对模型进行功能测试的过程，包括创建测试数据的方式以及如何避免数据泄露等问题。

测试设计工单：S2.5

- ☐ 开发一组测试来确定模型功能的性能。
- ☐ 确定在测试场景中使用的测量方法。
- ☐ 设计和构建适当的测试环境，以支持敏捷和可重复的测试。

测试设计工单：S2.6

执行非功能测试。

8.2.1 离线测试

离线测试（offline testing）将采用一个模型，并使用为此过程专门收集和保留的数据来运行它。项目的可用数据分为训练集和测试集。这些拆分取决于团队可用的数据量以及数据的质量。例如，你可以使用 70% 的数据进行训练，使用 30% 的数据进行测试。训练数据还可以被进一步拆分为训练集（向算法显示并用于学习模型）和验证集或保留集。

到目前为止，建模团队中的数据科学家已经使用为开发环境创建的训练集或训练流中的保留数据来估计性能。在项目的测试阶段，使用团队在建模期间无法获得的数据来测试模型非常重要。这可以避免数据中的信息泄露到建模过程中。

团队在模型开发的迭代过程中做出的决策可以引导他们根据新数据优化模型的性能。他们因为想要获得最佳测试性能，所以应该选择最适合测试数据的算法和流程。但是，这并不排除最终测试完成时出现误导性结果（误导性结果意味着当模型投入生产环境时，它的性能会很差）。通过确保测试过程中的数据完全不可见，你可以避免这种无意识优化的问题。

交叉验证（cross-validation）是简单测试集/训练集拆分的替代方法。在此过程中，整个数据集被分为若干个不相交的测试集/训练集。例如，对于 10 折交叉验证方法来说，数据集将被分为 10 个子集，其中 9 个子集用于训练，1 个子集用于测试。

表 8.1 使用的数据集被划分为 8 个集合（Set）。其中，Set 1 包含一个测试集（P1）和 7 个训练集（P2～P8）。Set 2 则使用 P2 作为测试集，其他子集（包括 P1 但不包括 P2）则作为训练集。

表 8.1　生成交叉验证集

	P1	P2	P3	P4	P5	P6	P7	P8
Set 1	**Test**	Train	Train	Train	Train	Train	Train	Train
Set 2	Train	**Test**	Train	Train	Train	Train	Train	Train
Set 3	Train	Train	**Test**	Train	Train	Train	Train	Train
Set 4	Train	Train	Train	**Test**	Train	Train	Train	Train
Set 5	Train	Train	Train	Train	**Test**	Train	Train	Train
Set 6	Train	Train	Train	Train	Train	**Test**	Train	Train
Set 7	Train	Train	Train	Train	Train	Train	**Test**	Train
Set 8	Train	Train	Train	Train	Train	Train	Train	**Test**

对于每个分区，你将使用训练管道创建一个包含训练集（即 Set 1 的 P2,P3,…,P8）的模型，并使用相关测试集（Set 1 的 P1，Set 2 的 P2，以此类推）进行测试。生成的每个模型的性能都会被汇总并用于创建交叉验证的分数。

在极端情况下，测试集可以是整个集合中的一个样本，而其他所有样本都用于训练模型。对于包含 1000 个样本的数据集，你可以训练并评估 1000 个模型。这被称为留一交叉验证（leave-one-out cross validation）或 n 折交叉验证（n-fold cross validation）。

在处理简单模型和小型数据集时，交叉验证是一种合适的方法。当训练数据稀疏时，它可以估计使用所有可用资源创建的模型的性能。但是，在处理复杂模型和大数据集时，其计算成本显然会很高。

在机器学习专业领域之外使用交叉验证也存在一些阻力，例如，有些挺知名的统计学家认为交叉验证是没什么依据和无原则的。这样的批评倒也不是毫无道理，但是别忘了，统计中的相当多的做法（例如将 0.05 的 p 值声明为显著性值）同样是没什么依据和无原则的。你如果确实使用交叉验证来提供评估指标并且清楚自己在做什么，那么只是在选择过程中呈现有关特定结果的透明事实。这样做并没有什么错。

对可用于测试的数据进行拆分只是在离线环境中生成可重复且可靠的测试结果所需的过程之一。当然，手动实施这些过程可能非常乏味且容易出错。今天的机器学习项目可能要求你评估大量模型，这样繁重的负担可能很快就会变得让你难以承受。如果是这种情况，那么你可以考虑投资一个自动化且强大的测试系统。

8.2.2　离线测试环境

在前面的章节中，我们确定了测试环境的设施范围，确定了创建该设施所需的工作范围，并确定了需要使用的方法。现在的关键是确保这些元素投入使用并利用它们来推动项目向前发展。你需要采取的行动是：

（1）进入测试环境；获取所需的凭据和权限。

（2）将测试基础架构部署到测试环境中。这包括：

❑　数据管道。

❑　测试工具/模拟应用程序。

❑　选定的要进行测试的模型和相关工件。

❑　数据收集和反馈收集。

（3）确保所有必需的组件均正常工作，如校准或冒烟测试（smoke test）。

（4）运行管道，用数据和其他所需组件（如初始化权重/传输模型）来填充环境。

（5）执行测试并收集结果。

这是一个相当复杂的过程，在执行这些步骤时很多事情都可能出错。团队很容易犯一些低级的错误，导致无法正确运行冒烟测试，或者不按顺序运行管道元素。如果发生这种事情，那么测试的完整性就会受到损害，结果也容易让人生疑。因此，现在对整个过程进行脚本化或自动化是很常见的。

让我们详细讨论执行此操作的多种方法。

你可以使用简单的 shell 脚本来复制文件并调用可运行计算机上进程的命令。由于现代测试环境和生产环境都比较复杂，管理复杂脚本流程也颇为困难，这意味着使用共享引擎进行脚本编写更为可取。

一般来说，你可以在许多不同的项目中与客户共享该引擎，并且它将成为客户的架构团队管理测试和生产部署的单一的点。

你选择的引擎可以是 Airflow 或用于实现数据管道有向无环图（directed acyclic graph，DAG）的系统之一。通常而言，它们将运行所需的任意脚本命令，以调用基础设施即代码（infrastructure as code，IaC）或函数，从而复制文件和启动可执行文件。

由于持续集成/持续交付（continuous integration/continuous delivery，CI/CD）实践是单独发展的，因此你可以使用若干种有效且流行的工具作为替代方案。这些工具正在快速演变，但目前来说，GitHub Actions 和 Jenkins 都是潜在的选择。事实上，客户的组织可能会强制要求你选择其中之一作为促进开发、测试和部署的引擎。

在大多数软件工程环境中，测试和质量保证（QA）环境与开发和生产环境是分开的。这是因为质量检查团队可以控制软件构建的更改，以正确记录和管理软件元素。在机器学习项目中，考虑到个人机密或商业敏感的数据和模型的访问权限也很重要，因此，扩展团队（extended team）可能并不需要访问医疗记录或图像来测试他们的代码，或者至少，他们可能只需要一个有限的子集。

如果对敏感数据的访问权限不加以限制，在最坏的情况下，扩展团队可能会将真实的医学图像发布到社交媒体上，这将导致你们所有人都面临法律后果。

这些限制意味着你可以方便地使用分区测试环境，或者可能有必要使用该测试环境，因为它是敏感数据可用的唯一位置。

以此为基础，测试管道实现可分为三种场景。图 8.1 即说明了这些场景。

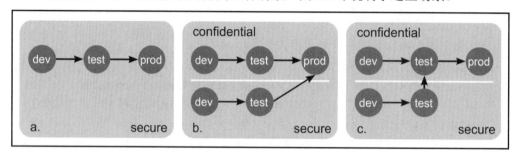

图 8.1　三种不同的生产流程

选项 a 提供了一个单一的安全环境，在这个环境中，工件从开发环境被提交到测试环境，再被提交到生产环境。选项 b 有一个无法从其他环境中访问的单独的机密流程，并且组件会从安全环境和机密环境都被提交到生产环境。更理想的设置是选项 c，它允许在组件被提交到机密环境之后进行集成测试。

原　文	译　文	原　文	译　文
dev	开发环境	secure	安全
test	测试环境	confidential	机密
prod	生产环境		

首先，在场景 a 中，我们将在整个团队中共享测试管道，并使用最新版本的模型作为标准集成测试的一部分（因为任何组件都位于 CI/CD 管道中）。

其次，在场景 b 中，我们将维护一个单独的测试管道，以允许系统工程团队测试并将模型版本发布到集成测试。该管道需要人工数据和模拟生产模型行为的虚拟模型。在这种情况下，我们可在适当的安全区域内维护一个包含机密数据和敏感模型的集成测试管道。用户界面和其他支持代码与模型交互，为其提供参数并从其输出中恢复结果以呈现给用户。

最后，场景 c 从非机密环境升级到机密测试环境以进行系统和集成测试。这比场景 b 要好得多，因为它允许在发布到生产环境之前进行更多集成测试。

8.2.3 在线测试

在线测试是系统在真实世界中的实时运行。在医学领域，在线测试是评估药物或程序性能的黄金标准方法。在临床试验中，患者将接受治疗以确定其是否有用。在某些应用程序中，这种类型的测试是可取的，因为应用程序的变化非常快，离线测试活动会在流程中产生太多的延迟，从而导致永远无法收集和部署有效的模型。此外，就医学而言，有些领域不适合离线测试，公众不会接受任何闭门造车式测试收集的结果。

接下来，让我们看看你和你的团队可能想要考虑的三种常用在线测试流程。

8.2.4 现场试验

最简单但也是最困难的模型在线测试是在现场试验中的应用。现场试验（field trial）是针对一小群用户的模型的可管理的部署。例如，该模型可以在一个办公室或部门进行试用，这可能是一个小型办公室或部门，也可能是一个友好且精通技术的团队的办公室或部门。一般来说，可以考虑在模型成功机会最高、造成灾难的可能性最小的地方进行试验。

你的团队需要密切监视模型的行为及其轨迹。在某些情况下，还需要检查和验证所使用模型的每个示例，以确保不会发生任何危险。显然，这个版本的模型需要扩展到生产部署，但现场试验的目的有两个：

❏ 建立对模型行为的信心。

❏ 收集有关其正在做什么以及如何执行的详细信息。

对于你的团队来说，与用户一起讨论模型的行为并采访用户组，以从他们的角度收集有关模型性能的反馈也很重要。

现场试验的优点是它提供了有关模型实用性的信息，但它也有一些缺点。具体包括：

（1）设计和提供可产生令人信服结果的现场试验是很困难的。你的团队必须选择少量且封闭的受试者进行试验，这意味着结果可能无法推广到生产环境中所需的其他应用领域。

（2）现场试验最重要的缺点是开发成本高昂且实施缓慢。现场试验可能会导致项目时间线延长数月。当然，对于高价值项目来说，这是可以接受的，因为成功的现场试验所提供的保证和信心正是你所需要的。

幸运的是，你即使负担不起进行全面现场试验所需的费用和时间，也可以使用其他在线测试来衡量模型的性能。

8.2.5　A/B 测试

A/B 测试（A/B test）可将模型置于比我们在现场试验中看到的更受限的生产场景中。其具体做法是：

将一小部分受控的真实案例提供给模型，由模型生成的决策实际上用于这些案例；这是 A 组人群。

然后将 A 组案例的结果和进展与 B 组案例进行比较。B 组案例是所有没有使用该模型进行处理的情况。

这其实就像临床试验的验证过程一样，对照组不接受任何治疗，或者接受旧的治疗，然后使用新治疗的结果来评估其是否有效。

A/B 测试的一个巨大优势是，它是一个真实世界的实验。数据是从该领域新鲜获得的，评估标准是对照组。

像这样的实验提供了强有力的因果信息，因为它排除了由于巧合、优化或数据泄露而导致的性能提高。其结果与模型的真实特征密切相关。

当然，A/B 测试在很多方面都存在问题。具体如下：

（1）最明显且难以克服的问题是，业务流程中通常没有基础设施来允许进行设置和运行测试所需的干预和实现。创建前文所介绍的测试环境在技术上或商业上都是不可能的。这可能是由于技术限制或安全要求等政策限制，也可能是由于某些物理、法律或道德障碍阻止了根据测试协议选择受试者。

（2）即使假设可以实施 A/B 测试，这种测试也可能让商业机会或交易受到不公平的对待（例如，如果新模型被评价是最好的，但对照组却受到了不公平的对待；或者如果新模型被评估为很差，那么试验组也会受到不公平的对待）。在医学领域，这一挑战还有一个伦理问题需要克服。基本上，实验中一半的人需要为了其他人的利益而牺牲，如果没有这种牺牲，就不会取得任何进展。这可能是理性和道德的，但要说服企业主允许人工智能团队在其客户身上进行实验可能具有很大的挑战性。

（3）假定 A/B 测试是合理的，并且企业主也相信其价值，该策略仍然面临着一个挑战，即它可能是一种缓慢的收集有关模型信息的方式。A/B 测试创建的模型评估数据非常令人信服。它具有很高的统计完整性，并且通常可以轻松地将 A/B 测试结果传达给利益相关者。但是，设置 A/B 测试成本高昂且具有挑战性，并且对业务流程中的流量运行测试需要时间。有时，A/B 测试有必要在整个业务周期（例如交易日或运营季度）中持续进行，以便使模型公开于一组具有代表性的示例和条件。

多臂老虎机是一种替代方法，旨在克服 A/B 测试中的一些问题。这也是接下来我们将要讨论的主题。

8.2.6　多臂老虎机

多臂老虎机（multi-arm bandits，MAB）[1]的目标是比 A/B 测试更高效、更具成本效益。其名称源于赌博用的单臂老虎机，不同之处在于它有多个控制杆而不是一个。其实多臂老虎机也可以被视为多台单臂老虎机。多臂老虎机的每一次动作选择的目标都是通过拉动老虎机的控制杆来尽可能获得奖金，同时通过不断的尝试和调整，学会将动作集中到奖励最好的控制杆上，从而最大化获得的奖金。

在这里，多臂老虎机的基本思想是仅当有可能从测试中学到有用的东西时才测试模型。这意味着你可以利用这个机会与用户进行交互，以构建比运行性能不佳的 A/B 测试更有效的模型。MAB 应该快速检测到毫无希望的模型，并限制其在实时过程中的有用性。

想象一个场景，你有三台单臂老虎机，并且你想看看它们是否会返回奖励。其中一台经常给予奖励，另一台有时给予奖励，还有一台从不给予奖励。图 8.2 显示了这三台机器以及当你尝试它们时它们给出的奖励。

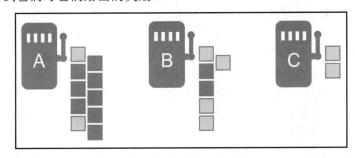

图 8.2　三台具有奖励记录的单臂老虎机，其中每个区块代表一次拉动。
浅色记录表示零奖励，深色记录表示正奖励。
可以看到，机器 A 经常给予奖励，机器 B 偶尔给予奖励，机器 C 从不给予奖励

请注意，机器 C 只有两条零奖励的记录。这是因为机器 A 和 B 在第二次拉动时都产生了奖励。我们已知只有一台机器是不会产生奖励的，而且我们知道机器 A 和 B 都已经给出了正奖励，那么为什么还要继续在机器 C 上投入资金呢？

第二次拉动后的问题是，哪台机器（A 或 B）给出的奖励最好？图 8.2 中，第四次拉动时，机器 B 给出了零奖励，第五次拉动时，机器 A 也给出了零奖励。到第六次拉动时，

[1]　Thompson, W. "On the Likelihood that one unknown probability exceeds another in the view of the evidence from two samples." Biometrika (1933): 285-294.

机器 B 发生了 4 次零奖励（概率 4/6），机器 A 发生了 2 次零奖励（概率 2/6），因此我们决定停止向机器 B 投入资金。

我们的决定得到了证实，因为机器 A 在后续拉动中继续给出了正奖励。

在这里很容易看出，如果你将钱投入不同的单臂老虎机中，那么到了一定程度，仍将钱投入每台机器中以查看它是否会给出正奖励就不再明智了。这是一个平衡探索与利用的问题：哪台机器会给予正奖励？我们能从中得到多少？

你可以利用这一理论来评估生产环境中或受控测试中的机器学习模型（在生产环境和受控测试中，均由真实用户使用该系统）。

有两种方式可以收集有关模型性能的信息：显式和隐式。

（1）显式反馈的一个例子是客户购买推荐商品的频率。如果顾客更频繁地选择某一模型推荐的商品，则表明该模型更有效。推荐系统的明确目标是创造销售，因此你或多或少都可以直接衡量结果。

（2）相比之下，隐式机制（有时称为代理测量）类似于用户浏览网站的时间量。关于在网站上花费时间的一种解读是，用户正在享受种草的内容。或者，它也可能是用户感到沮丧并且无法找到他们需要的东西。在这种情况下，可用的反馈给出了模型成功的指示，但并不是直接衡量它。

一旦明确了衡量性能的机制，你就需要一种使用它的方法。大量系统文献提供了相应的算法，可以对何时放弃特定模型做出最佳选择[1]。epsilon 系列简单近似方法是实现多臂老虎机式在线评估系统的简单有效的方法。[2]

最简单的基本 epsilon 算法会跟踪所有机器的性能，并在 90% 的情况下选择最好的一台机器（这个 90% 或 0.9 即 epsilon，记为 ε），然后在 10% 的情况下选择不同的一台机器作为探索性测试（这个 10% 即 1-ε）。

在将 ε 设置为 1 之前，你可以指定进行若干次的试验，或指定在每次试验时调整 ε 的衰减因子（例如 ε' = 0.99 * ε）。

该策略及更复杂的 epsilon 策略的优点是它们直观、易于计算，并且能够以相对较低的成本（没有太多使用不良模型的试验）产生错误概率较低的结果。

同为模型评估方法，MAB 测试与 A/B 测试之间存在很大差异。建立用于测试机器学习算法的 MAB 系统可以提供强有力的证据，表明正在测试的一种算法比其他算法更成功，但它不会提供有用的量化结果来说明究竟有多好。

MAB 可以被视为机器学习算法，因为它们可以了解哪一台老虎机（或模型）最好，

---

[1] Russo, D.J., et al. "A Tutorial on Thompson Sampling." Foundations and Trends in Machine Learning (2018): 1-96.

[2] Slivkins, A. "Introduction to Multi-Armed Bandits." ArXiv. September 2019. https://arxiv.org/pdf/1904.07272.pdf (accessed May 18th, 2021).

并且可以随着领域的变化动态地选择模型。MAB 尽管不会为模型选择团队提供统计数据，但确实可以非常完整地发挥作用。

基于 MAB 的测试不易受到信息泄露的影响，而且面对的是模型性能与经过充分测试的现有解决方案的直接比较，团队很难就模型的威力搞自欺欺人的把戏。其结果就是：

创新模型要么在直接对抗中获胜并在系统中占据主导地位，要么令人失望地被传统但有效的替代模式排挤出局。

8.2.7　非功能测试

模型的非功能属性是明显的测试目标，这些测试的结果可以严重影响模型的选择。如果无法满足客户的非功能性需求，那么即使是功能强大的模型（在功能测试中表现良好的模型）也可能会被废弃。

机器学习系统中的非功能属性很受关注，因为机器学习模型通常会运行数百万或数千万次，并且通常会根据用户界面中的时间关键流程进行调用。昂贵的机器学习模型可能很快就会让你付出高昂的代价，而缓慢的机器学习模型则可能会惹恼你的所有用户。

有一篇研究这一主题的论文强调了一些需要测试的有用的非功能属性[①]。具体来说，就是可测试性、数据访问、灵活性和完整性。

该论文的作者 Habibullah 和 Horkoff[②]认为：

今天的很多工程师和客户都缺乏有关机器学习的非功能需求（nonfunctional requirement，NFR）方面的专业知识，同时，也缺乏相关文档、方法和基准来定义和衡量支持机器学习的软件的非功能需求。

你和团队在项目的售前阶段已经收集了一些非功能需求。这些非功能需求包括：

❑　延迟：模型实例在返回结果之前运行所需的时间。

❑　吞吐量：一定时间内在可用硬件上可以运行多少个模型执行片段。由于以下几个原因，这与延迟期并不相同：

➢　模型可能存在冷启动问题，导致第一次执行时速度很慢。

➢　可能有高度并行的硬件可用于运行模型，因此即使单个模型每秒只能执行一个片段，并行运行的 10 个模型也可以具有 9 左右的吞吐量。

[①] Habibullah, Mohammad Khan, and Jennifer Horkoff. "Non-functional requirements for machine learning: understanding current use and challenges in industry." 021 IEEE 29th International Requirements Engineering Conference (RE). IEEE (2021): 13-21.

[②] Habibullah, Mohammad Khan, and Jennifer Horkoff. "Non-functional requirements for machine learning: understanding current use and challenges in industry." 021 IEEE 29th International Requirements Engineering Conference (RE). IEEE (2021): 13-21.

　　❑　内存占用：现代机器学习模型可能很大，并且可能需要昂贵的快速内存才能运行。确定模型的大小对于确定模型是否可以切实部署非常重要。

　　❑　成本：需要使用许可子组件的模型可能会很昂贵。

　　❑　碳影响：运行某些模型会产生大量碳足迹（carbon footprint）。

　　在上述非功能需求中，内存占用和成本是最容易评估的，创建组件及其规模的清单应该没有困难。延迟和吞吐量测量则仅在反映生产条件的测试工具中才准确。

　　模型的相对性能可能提供足够的信息来影响你的决策。不过，你和客户必须意识到这种方法存在很大的风险。模型在新硬件上可能会以意想不到的方式运行，因此请注意以线性方式依赖并行扩展。

　　例如，模型服务系统下游出现瓶颈很常见，这可能会导致规模系统的拖延。即使是电源限制或支持系统的服务器机架过热等平常问题也会阻碍高性能的发挥。因此，在实际硬件上进行持续测试是确保你的系统按照你的需要运行的唯一方法。

　　碳足迹更难测试和测量。你可以使用一些针对代码和系统的检测机制来实现此目的[①]。糟糕的是，生产环境中的机器学习模型通常具有许多组件，例如数据库、网络接口和加速器等，而特定类型的工具可能无法涵盖这些组件。这可能会导致一些掩耳盗铃的做法，例如，团队可能"优化"代码将某些处理工作转移到效率较低的子系统（但该子系统不在工具的碳足迹测量范围内）中，以实现更低的碳足迹。

　　在模型的离线测试或在线测试中创建和获得的功能测量，以及本节中讨论的非功能测量都提供了有关你应该选择和使用哪些模型的信息。不过，你仍然需要使用这些信息做出决定，这也是 8.3 节"选择模型"我们将要讨论的主题。

8.3　选　择　模　型

模型选择工单：S2.7

　　❑　使用评估数据来确定要使用的模型。

　　❑　通过显式机制使用模型测试/评估数据来选择生产环境中使用的模型。

　　❑　考虑如何在设计中组合组件模型。

　　❑　考虑非功能需求。

　　❑　考虑模型的定性方面。

[①] https://codecarbon.io/

模型选择工单：S2.8

撰写模型交付报告。

模型选择工单：S2.9

确定并记录模型选择。

模型选择工单：S2.10

评审并获得客户对模型选择的签核认可。

经过测试和评估之后，你才能获得有关模型性能的信息；当然，你需要使用这些信息来确定应该采用哪个模型。在过去，选择一个单一模型并在易于理解的环境中使用是很简单的，那就是获得最高评分结果的模型获胜！但是现在，机器学习模型经常被用于复杂的系统和配置中，基于单一测试的结果选择模型往往并不合适，相反，你必须生成、收集有关模型性能的所有信息，然后将其综合在一起，以做出决定。

部署这些系统的利益相关者需要了解你选择这些组件的原因，因此你需要通过说明文档解释为什么所做的选择是合适的以及如何做出选择。本章前面的部分讨论了如何生成和收集测试结果，本节则探讨如何将结果信息综合在一起，以形成决策。

我们现在拥有以下 3 种类型的信息。

（1）积累了一系列测试结果。

（2）掌握了有关测试机制和实践的信息。

（3）获得了有关系统要求的信息。

有了这些信息，我们就可以根据测试结果确定模型的质量，然后基于这些结果的质量和信息量，判断每个结果的重要性。有许多不同的工具都可以将这些信息综合在一起，以做出使用（或不使用）哪个模型的决策或建议。

选择模型有以下两种基本方法：

❑　以定量方式聚合信息，以满足某个模型最佳的概念。

❑　使用管理/定性流程来鉴定模型池中的模型是否适用。

你很可能需要使用这两个过程。定量数据可用于产生有希望的候选者，然后将它们用于定性选择。重要的是，用于选择的信息和过程都需经过仔细收集和记录——你和团队决定的适合你项目的方法必须明确记录并用于做出决定。通过这种方式，你将能够透明地解释模型在生产环境中的行为，因为对于为什么要将模型放在某个地方来执行其操作的问题，你将获得高度完整的答案。

8.3.1　定量选择

定量选择是指将不同测试事件的测量值组合起来以创建单个聚合测量值，然后根据这个聚合测量值选择要使用的模型的过程。接下来，我们将基于为评估模型而开发的测试，研究以下 3 种不同的场景：

❑　通过可比测试进行选择

❑　通过多次测试进行选择

❑　定性选择指标

8.3.2　通过可比测试进行选择

当使用多个可比较的测试来评估模型时，你可以使用直接聚合来组合测试结果并做出选择。让我们以一个向许多国家/地区的人们提供优惠或推荐的模型为例。在本示例中，感兴趣的消费者是 18～25 岁的年轻人。你可以查询 40 个国家/地区来创建包含数百个测试用例的面板，构建两个数据集，其中每个数据集都包含 40 个数据点。每个数据点都是某个模型在特定国家/地区的成功样本。每个国家/地区对客户来说都同样重要。

我们要解决的问题如下：模型 A 在某些数据点上表现良好，模型 B 也表现良好。那么究竟应该选择哪一个模型进行全局使用呢？

在这种情况下，如果对仅由两个模型生成的两个结果群体进行选择，则可以很容易地决定使用哪个模型。你可以找到它们的平均性能和标准差，然后根据期望计算模型性能与测试的差距有多大。

如果对模型能够在同一水平上执行的期望较低，那么这清楚地表明存在真正的性能差异，并且为选择一个模型而不是另一个模型奠定了良好的基础（特别是如果该期望有两种情况的话）。例如，如果模型 A 的平均性能是模型 A 的结果与模型 B 的平均性能的若干个标准差，并且也是模型 B 的结果的若干个标准差，那么模型 A 和模型 B 都会产生明显不同的结果。总体上运行更好的模型便是合理的选择。另外，如果模型 A 具有更好的平均分数，但模型 B 结果的标准差包括模型 A 的平均值，那么显然模型 A 和模型 B 之间可能不存在真正的差异。

这些决策也可以用贝叶斯术语来构建：查看模型 A 的性能和模型 B 的性能样本是否来自相同的分布。如果预期模型 A 的结果的子集很少能实现模型 B 的平均性能，那么模型 B 可能优于模型 A。相反，如果模型 A 的结果存在常见的排列，可以实现与模型 B 相同的性能，那么测试也许还没有定论。

需要多大程度的差异才能确信模型 A 和模型 B 确实不同，这取决于你自己的决定。一般来说，人们选择相信，如果从模型 A 和模型 B 的分布中抽取的样本有 95% 的时间不同，那么这就意味着我们应该相信模型 A 和模型 B 具有不同的分布，因此，这两个模型具有不同的行为。

当然，这个用例是有问题的。每个国家/地区的人口总数是不一样的，每个国家/地区的经济和人口分布也可能不同。有时，你可以使用标准化（归一化）方法来处理这个问题。在多个国家/地区比较的情况下，这对于电子商务之类的用例可能是可以接受的。但是，在比较疫病流行率或不同疫苗的性能之类的情况时，你可能很难自信地说标准化和直接比较是处理这些数据然后做出推断的安全方法。如果是这样，或者如果测试有更明显的不同和不可比较的元素，则需要使用不同的方法来将测试中的信息组合成决策。

8.3.3　通过多次测试进行选择

如何聚合多个测量值可能会影响你所做的选择。你提出的测试程序会产生不同的性能衡量标准，这是很自然的（而且很可能如此）。例如，如果你创建一个单独的测试集，其中包含一些困难但重要（hard-but-important，hbi）数据的示例，然后生成一个简单的模型性能的聚合分数，那么在普通（run-of-the-mill，rotm）数据上的性能首先会抵消这样做的全部意义。

这个问题已经在许多领域得到了广泛研究，并被称为多标准决策（multi-criteria decision making，MCDM）[①]。你可以使用多种方法来汇总多样化且无法比较的测试结果。这些方法都不是绝对"正确"的选择，但每种方法都有其不同的优势，可能使它们成为某种情况下的最佳选择。

其中一种方法是使用加权函数来优先考虑和支持测试结果向量中的特定成员。简单来说，就是决定模型总分的一定百分比来自一次测试，另一个百分比来自第二次测试，以此类推，直到 100% 的比例分配完毕。

在上面介绍的包含困难但重要（hbi）的样本和普通（rotm）数据的示例中，你选择的权重分配可能是 50/50。假设测试集中使用了 200 个精心挑选的 hbi 和 200000 个 rotm，则这种权重分配意味着，每个 hbi 样本对模型选择的重要性是 rotm 数据的 1000 倍。

当然，这种方法存在一些问题。你所选择的权重是任意的并且很难事后解释。hbi 性能的微小变化会压倒 rotm 的较大变化，这是设计使然。

[①]　Velasquez, Mark, and Patrick Hester. "An analysis of multi-criteria decision making method." International Journal of Operational Research (2013): 56-66.

另外，一旦超过三个指标，你就很难在比较中辨别模型性能的来源。

要为不同组件分配权重，还可以使用一些更复杂的方法。例如，可以定义一个函数，在更严格的基础上以不同方式分配权重。有时这些方法会提供良好的结果或清晰的解释，但它们通常会在过程中添加另一层神秘主义色彩。

一种流行的替代方案是结合性能排名而不是原始结果。回到前面的 hbi 和 rotm 场景，让我们采用 5 个模型并对它们进行比较。表 8.2 显示了该比较的结果。

表 8.2　包含 5 个模型的综合排名比较

模　　型	hbi（原始）	hbi（排名）	rotm（原始）	rotm（排名）	聚　　合	排　　名
A	171/200	3	175342/200000	2	5	3
B	167/200	4	172811/200000	4	8	4
C	132/200	5	135241/200000	5	10	5
D	173/200	2	181122/200000	1	3	1
E	190/200	1	175301/200000	3	4	2

从结果来看，模型 D 获胜！它在 hbi 测试中排名第二，在 rotm 测试中排名第一，而模型 E 在 hbi 测试中排名第一，在 rotm 测试中排名第三。

但是，如果对模型 E 使用 50/50 权重，则其聚合分数为 $(190 \times 1000 + 175301) = 365301$，而模型 D 的聚合分数为 $(173 \times 1000 + 181122) = 354122$，因此，选择的结果是模型 E。

排名聚合方法本质上并不会更好，但它会产生利益相关者可以直观理解的结果，并且结合更多独立的测试往往会更有用。

作为表 8.2 中聚合排名的替代方案，有时也可以使用帕累托最优（Pareto optimality）的思想来做出有关模型选择的决策。帕累托效率（Pareto efficiency）模型集是在一个度量下具有最佳结果的所有模型的集合。如果出现平局（在一次测试下多个模型具有相同或大致相似的性能），则可选择在其他维度上具有最佳性能的模型。

💡 提示：

帕累托最优也称为帕累托效率，是指资源分配的一种理想状态。

在图 8.3 中，可以看到根据 hbi 和 rotm 测试集评估的虚构模型的一些结果。虚线内的区域包含模型的帕累托前沿（Pareto front）。该区域中的所有模型都具有我们发现的 hbi 和 rotm 之间的最佳权衡之一。可以看到，模型 F 位于 Pareto 集合中，但模型 G 不在 Pareto 集中，因为它在 hbi 和 rotm 方面都不如模型 F。这种双重劣势将其排除在考虑范围之外。

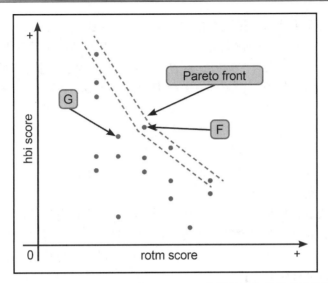

图 8.3　根据困难但重要（hbi）和普通（rotm）数据集评估的模型的帕累托前沿

原　　文	译　　文
hbi score	hbi 分数
rotm score	rotm 分数
Pareto front	帕累托前沿

　　我们可以使用帕累托集合和帕累托前沿针对许多不同的测试（而不仅仅是两个测试）来创建帕累托最优候选者，但帕累托集合仍然为更多决策留下了空间。创建帕累托集合缩小了候选范围，但往往仍需要在集合成员之间做出选择。

8.3.4　定性选择指标

很多文献都介绍了模型选择的一些定性指标。其中包括：

❑　模型安全：模型能否被智能欺骗或攻击？关于其运作方式的知识会被滥用吗？一个很好的例子是，图像中人眼无法察觉的微小变化可能会导致模型自信地错误标记它。这一知识可能被用来欺骗自动驾驶汽车的道路交通标志识别功能，也可能被用于更改护照的照片，使持有人鱼目混珠逃过检查。

❑　隐私：模型是否会泄露个人信息？如果给出提示，可以从模型中提取个人数据吗？例如，假设有一个语言模型经过医疗案例的训练，以提供一个有用的聊天机器人程序（这是一个不怎么好的点子，但这只是一个举例，所以请多多包涵）。在这种情况下，如果我提供诸如 Simon G. Thompson, d.o.b xxx 医疗记录之类的提示，会发生什么？模型会根据这些提示文字把一些个人隐私信息翻个底朝天吗？虽然在本示例中你觉得这很无聊，但在某些情况下隐私泄露可能会对个人造成严重伤害。在许多地方，这也将严重违反与数据保护相关的法律。

- □　公平性：模型是否包含源自有害数据的偏差或被常识和更广泛的领域知识揭示的偏见？众所周知，一些语言模型假设所有医生都是男性，而护士都是女性。这种刻板印象可能会对求职者造成重大伤害。

- □　可解释性：模型可以被检查或向人类解释吗？该解释是否符合模型的实际运作方式？另外，这种解释可以被用来确定模型的运行是有根据的，而不仅仅是由于任意的数据规律吗？

我们在用户故事和与利益相关者合作的开发活动中明确提到了其中一些要求。有些要求，比如安全、隐私、公平性等是不可逾越的红线；你的模型如果不满足这些要求，那么将无法被用于生产环境中。至于模型的可解释性则并不是那么强求一致，不同的模型可能接受不同的可解释性方式。

你在项目早期阶段收集的需求可能无法一次性全部满足。再强调一下，不满足红线要求可能会导致模型被勒令停止使用，但是一个不容易解释的模型则是可以妥协的，它可以被用于满足一些非功能性能要求。有时，对非功能性能的可解释性进行综合权衡可能是适当的。

本章讨论了多标准决策、加权数据集和排名方案等，这种讨论并不精确，有时候甚至审美也可能是选择模型的原因。

有些人可能认为这是一种非常不理智的立场；但是，优先选择在定量指标上获胜的模型就一定是对的吗？自14世纪以来，西方科学已经习惯使用奥卡姆剃刀的思想来选择更简单的模型，所有的东西都大致相等。美丽和优雅同样是数学家们寻求优秀理论的驱动力。就机器学习模型而言，这意味着对训练集的小尺寸和高压缩的偏好，或者为了同等或接近同等性能而优化较少数量的参数。当面临选择时，简单而美好的东西往往会胜出。

8.4　建模后检查表

Sprint 2 即将完成。最后的任务是运行表 8.3 中的检查表，并确保每个人都同意一切都已正确完成。如果是这样，那么你可以确信你的团队已经创建了一组可靠的模型，并且有一组包含完整文档的应用程序集成候选者。

表 8.3　Sprint 2 检查表

工 单 编 号	项　　目	说　　明
S2.1	特征工程已实现	特征和设计信息已记录
S2.2	要显式使用的模型已被设计	模型设计已编写文档
S2.3	已采用建模过程,模型已被开发	已使用模型存储库;已识别和捕获模型,并且包含重现所需的所有细节
S2.4	团队对开发环境中的模型性能进行了适当的评估,并记录了实验结果	实验的结果可用于检查
S2.5	在开发环境中发现的模型问题已被记录	在开发过程中发现的缺陷都已做说明;已检查这些文件是否记录在案,并且文件是否可用
S2.6	测试环境已被调试	测试环境已被设置,并且测试所需的数据源已可用
S2.7	已设计恰当的测试	确定模型是否适合目标功能的测试已经获得一致同意,并且已经编写文档
S2.8	测试数据已经被收集完成	已经在测试环境中运行测试,结果已被收集,并且可用于验证
S2.9	模型选择已被记录并编写文档	对模型选择方法进行了说明,并记录了使用这些方法时做出的决定和测试数据。决策中的定性因素已被记录并获得一致同意

值得再次强调的是,你如果在应用程序集成过程中发现新问题或限制,则可能需要重新审视测试过程。团队有可能,甚至很可能需要重启 Sprint 1 中的活动,以重新调查数据。他们可能需要加入新的数据源,或者需要纠正和清理新的数据源错误。Sprint 1 和 Sprint 2 中使用的流程和基础设施为团队提供了一个良好的框架来做到这一点。你所做的投资使你的团队能够灵活应对出现的问题,因此完全不必担心。

反过来,跳过记录正在发生的事情并不是一个好主意或可接受的做法。迭代和适应是不可避免的,但要确保团队对此保持透明,并且他们在重建管道和流程、重新运行测试以及保持文档最新方面也是专业的。

8.5　The Bike Shop: Sprint 2

你的建模团队面临两个核心挑战:构建客户流失预测系统和构建需求预测系统。Sprint 1 中完成的工作表明,这些模型应该具有地理位置和产品类型的粒度。换言之,这些模型应该能够在不同的地区、不同的产品类型和平台上工作。

　　此外，验证可用数据是否足以进行建模也存在挑战。团队知道他们必须利用非功能信息深化这些需求，以便能够选择合适的建模技术。

　　团队确定了以下内容：

- ❏ 在 The Bike Shop 应用程序中，效率和吞吐量不太可能成为问题。有少数用户预计 Web 应用程序会出现正常延迟（2 s 左右）。
- ❏ 推理成本不太可能成为问题。The Bike Shop 应用程序将由数十或数百名用户使用，而不是数以万计的用户，否则会引发问题。用户将以业务分析的速度进行操作，因此预计每分钟会更新两到三次模型。
- ❏ 安全将遵守正常的企业标准。由于只有被授权访问原始数据（销售记录中的财务和业务绩效）的用户才能访问模型和模型输出，因此不必担心可以得出的推论。
- ❏ 模型需要提供置信区间，系统需要对模型进行参数化，以便用户可以按反事实方式使用它们。这允许用户尝试"假设"场景，并允许系统向用户显示一系列预先构建的场景，以告知他们的决策。
- ❏ 系统应提供性能监控。这使得 The Bike Shop 能够跟踪其运行情况，并让用户提供有关系统性能的反馈。用户可以指出他们是否认为模型做出了错误的预测。如果出现问题，可以聘请专业团队进行维护。

　　在审查了通过探索性数据分析收集到的信息后，现在团队认为他们已经理解了建模的预期，可以将这种理解结合起来以创建模型的整体设计。

　　在预售过程中，我们已经发现了将开源的新闻和经济数据与 The Bike Shop 企业数据相结合的机会。此外，团队在 Sprint 1 中确定和选择了一个语言模型，并将其作为项目资产。有鉴于此，团队选择了创建一个模型，以提取新闻的当前情绪、新闻的异常情况（作为风险的代理），并结合提取的销售的历史模式。

　　团队决定对每个地区的需求预测使用相同的模型设计。将每个地区的销售数据与新闻源和经济数据相结合，以创建一个单独的实例化模型。

　　团队决定使用标准技术来预测不确定性范围，本质上是为了叠加每一步的不确定性。图 8.4 显示了这种设计。

　　由于新闻数据集的限制，我们决定创建可以独立输入应用程序所需的推论的信号。实际上，每个区域预测系统都需要以下三个组件模型。

- ❏ 新闻情绪指标，从可用的新闻提要中提取当前情绪。
- ❏ 新闻异常检测器，用于确定新闻源中是否检测到令人震惊或不寻常的事件。
- ❏ 给定经济的销售模型，可以学习给定经济状况的销售模式。

　　图 8.5 说明了训练模型的设计。

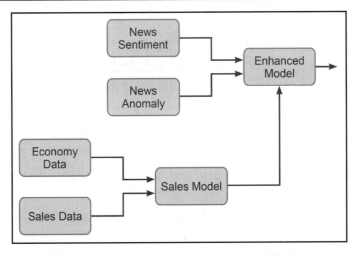

图 8.4　用于预测 The Bike Shop 需求的顶层模型设计

原　　文	译　　文	原　　文	译　　文
News Sentiment	新闻情感分析	Economy Data	经济数据
News Anomaly	新闻异常分析	Sales Data	销售数据
Enhanced Model	增强模型	Sales Model	销售模型

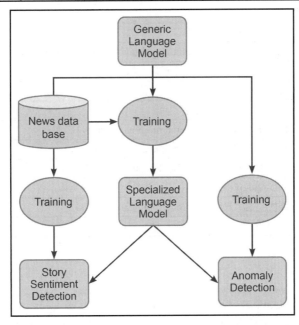

图 8.5　The Bike Shop 需求预测系统的模型训练设计

原　文	译　文	原　文	译　文
Generic Language Model	通用语言模型	Story Sentiment Detection	故事情感探测
News data base	新闻数据库	Specialized Language Model	专业语言模型
Training	训练	Anomaly Detection	异常检测

团队采用了原型设计活动来开发每个模型（详见图 8.4 和图 8.5）中使用的特征集。美国是一个具有代表性的地区，因为它拥有丰富的数据并且对 The Bike Shop 的业务具有重要意义。团队认为，如果不能为这个地区创建一个很好的模型，那么其他地区的工作也不太可能成功。相反，如果能够为美国地区创建一个良好模型，那么如果其他地区无法建模，该系统仍然有一定的效用。

表 8.4 显示了已开发的特征列表，这些特征是在原型设计和迭代实验后获得的，原型设计使用了可用训练数据的子集，包含多种模型类型。情绪强度是通过使用新闻文章情绪强度数据集精细训练 BERT 模型来确定的[①]。异常检测是通过测量每篇文章与自动编码器的重建误差来完成的，而自动编码器则是通过该地区的历史新闻文章学习的。

表 8.4　根据销售数据生成的特征

特　征	说　明
聚合	按月聚合；按客户和产品层次 2 分组
频率	销售频率
月和年	月份和年份特征
充实公开的数据	如 national_income、agriculture_value、unemployment、GDP 等
标准偏差指标	就收入、销量和销售频率等而言，每个客户每月有多少标准偏差？
Look_back	将最近 n 次交易的数据作为一个特征
last_trade	每个客户的最后一笔交易
ema	指数移动平均线（exponential moving average，EMA）
sma	简单移动平均（simple moving average，SMA）
布林线	布林线（Bollinger band，BB）随着波动率的增加而变宽，随着波动率的降低而收缩
rci	变动率（rate of change，ROC）指标
rsi	相对强度指标（relative strength indicator，RSI）
diff	当前值和最近 n 个值之间的差异

[①] Aker, A., Grevenkamp, H., Mayer, S.J., Hamacher, M., Smets, A., Nti, A., Erdmann, J., Serong, J., Welpinhus, A., and Marchi, F. "Corpus of news articles annotated with article level sentiment." Proceedings of theNewsIR'19 Workshop at SIGIR. Aker, A., Albakour, D. Barron-Cedeno, A., Dori-Hacohen,S., Martinez, M., Stray, J., Tipperman, S. (eds). Paris, France: SIGIR (2019). http://ceur-ws.org/Vol-2411/paper6.pdf.

现在团队已经确定了特征集并选择了模型类型和设计，他们可以构建一个训练管道来为每个区域创建模型。为此，他们从 source_table 中提取每个区域、产品平台和产品类型的数据，计算特征，并将生成的训练集传递给机器学习算法（见图 8.6）。

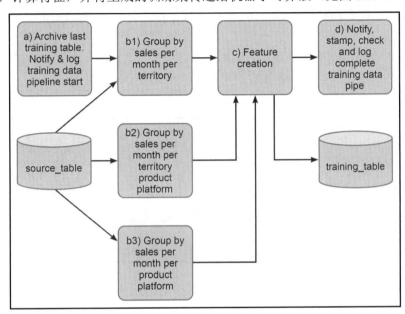

图 8.6　The Bike Shop 的训练数据管道

原　文	译　文
a) Archive last training table. Notify & log training data pipeline start	a）存档最近的训练数据表。通知并记录训练数据管道启动
b1) Group by sales per month per territory	b1）按每个地区每月的销售额分组
b2) Group by sales per month per territory product platform	b2）按每个地区产品平台每月的销售额分组
b3) Group by sales per month per product platform	b3）按每个产品平台每月的销售额分组
c) Feature creation	c）特征创建
d) Notify, stamp, check and log complete training data pipe	d）通知、盖章、检查并记录完整的训练数据管道

图 8.6 显示了数据准备管道。可以看到，步骤 a）和步骤 d）将确保相关团队成员收到训练数据更改的通知，并记录新的训练数据版本。

在此管道中，最近训练集在发生其他任何事情之前都会被存档。这支持可重现性，并在管道中出现问题或将噪声引入特征之一时可以为团队提供回滚。

步骤 b）将生成销售数据的分组聚合结果，这些分组包括：单个产品在各个地区的每月销售额、一个地区的特定产品平台中的每月商品销售额，以及特定产品平台每个月的全球所有销售额。

步骤 c）将在数据仓库中以 Python 代码运行各种流程，以创建表 8.4 中指定的聚合特征。在某些情况下，在分组之前计算每一行的这些项目会更容易。这也可能需要一定技巧，因为数据仓库可能不支持将新列添加到旧表中。团队做了大量工作来了解数据仓库和脚本系统之间的最佳分工。训练数据现在可供团队用于创建模型。

图 8.7 显示了模型训练的流程。

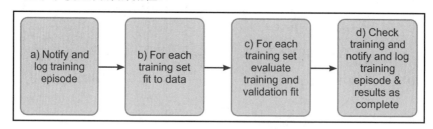

图 8.7　The Bike Shop 模型训练流程

原　　文	译　　文
a) Notify and log training episode	a）通知并记录训练片段
b) For each training set fit to data	b）为每个训练集拟合数据
c) For each training set evaluate training and validation fit	c）为每个训练集评估训练和验证拟合
d) Check training and notify and log training episode & results as complete	d）完成时检查训练集，通知并记录训练片段和结果

相对于其他管道，模型训练管道的一个关键特征是，该管道不是静默运行的；所有步骤均在执行时有记录。

步骤 c）指定需要执行训练集的训练和验证拟合，并且在步骤 d）中，该数据需要被记录在管理系统中。

团队创建了一个仪表板，显示模型集的训练和验证性能，以了解其解决问题的方法的整体性能。他们还创建了模型的增量和改进列表，并开始处理这些问题。

Danish 作为团队中的专家级数据科学家，负责领导工作，而 Sam 则对建模工作感兴趣，因此他和 Rob 合作，承担了团队生成的一些工单。他们基于建模假设工作，并努力获得更好的结果。

Danish 和 Jenn 合作，负责处理一组不同的工单，而 Kate 则负责解决训练管道和基础设施中出现的一些问题。

　　团队自我组织起来后，就形成了稳定的工作模式。一开始，团队乐观地认为，更复杂的方法将迅速超过 Danish 在 Sprint 1 结束时通过一些快速而简单的基准测试获得的结果，但事情并不像他们想象的那样简单。

　　经济数据似乎对时间序列预测的质量没有任何贡献，新闻情绪或新闻异常流也没有。团队对模型进行了部分研究，在经济数据中找到了可以提供预测信息的明确信号。Danish 创建了一些可视化效果，显示经济数据对模型输出的影响如何与销售变化相关。

　　情绪模型和异常模型表现出类似的行为。Kate 在审核模型训练和执行管道时解决了这个难题。她发现，团队本以为能够为增强模型创建训练输入的模型实际上并未生成正在使用的特征。旧的桩代码（stub code）仍在被调用，因为有人未能更新代码。

　　虽然始作俑者感觉很糟糕，但因为代码通过了团队的审查，所以团队的其他成员也有责任——他们都盯着代码看了三天，但并没有注意到这个错误。当代码修复并且与基准模型相比性能显著提高时，每个人都感到非常高兴。

　　至此，团队决定以恰当方式评估模型组合。

　　The Bike Shop IT 团队维护着一个测试环境，用于在将新系统发布到生产环境之前对其进行评估。但是，你的团队几乎不需要这些设施来在此环境中进行测试，因此 Rob 采用了在 Sprint 1 中开发的测试环境设计，并与 IT 团队合作以确保其实现。

　　为了确保测试正确执行，Rob 编写了一些脚本，将数据管道部署到测试环境中。被选择用于评估的每个模型都具有元数据，以定义创建模型的训练管道的结构和参数。这也可用于配置测试数据管道。当然，相比于训练管道，测试管道有一些重要的变化。

　　团队召开会议讨论模型的性能，根据之前的讨论，他们得出的结论是，销售模型并没有高估需求。

　　Karima 很清楚，过多的库存才是企业利润率的真正杀手。库存超支意味着没有现金来支持其他活动，这意味着与之相关的成本很高。

　　订单爆满也会带来惩罚，因为企业不能出售它没有的东西，但如果现金未耗尽且可供使用，则可以采取缓解措施。

　　Danish 和 Rob 通过数据确定了订单爆满事件的特征。他们与 Sam 合作构建了一些查询，这些查询可生成 Danish 在探索性数据分析中创建的基准分类器的测试集。

　　与此同时，Jenn 使用她所谓的代表性分布构建了一组干净数据的测试集。你与她进行了探讨以了解代表性分布的意思，结果发现她使用来自欧洲、亚洲和世界其他地区（rest of the world，RoW）这三个大区的数据创建了测试。她做出这一选择的理由是，这些大区是非常有代表性的重要的市场。

　　经过一番讨论后，Jenn 同意拥有覆盖所有国家/地区（包括较小的国家/地区）的测试集才是明智的。总的来说，这意味着模型将在以下数据集上进行测试：

❑　　数据集 1：基准模型的销售额与预测销售额的比较。

❑　　数据集 2：模型在较大国家/地区或大区数据上的表现。

❑　　数据集 3：模型在所有国家/地区上的表现。

❑　　数据集 4：模型在较小国家/地区上的表现。

Kate 构建了在测试环境中提供有效测试工具所需的剩余代码，然后 Jenn 和 Kate 对团队其他成员标记的候选模型运行了测试。结果很有趣。团队认为可用的所有模型在数据集 3 上的表现大致相同。没有人感到惊讶。这些模型的相对性能就像它们在开发中的相对性能一样，尽管略有降低。

不过，模型在数据集 4 上的性能存在很大差异。事实证明，大区或大国的新闻内容比小国的新闻内容更具预测性。经过一番思考和白盒测试后，原因变得清晰起来：大国是资金充足、资源充足的媒体关注的焦点。

更多调查表明，媒体自由与新闻来源的预测能力之间也存在关系。这些见解使团队能够根据每个国家/地区的适用性选择两个单独的模型。他们建立了一个模型到国家/地区（model-to-country）的映射表，并通过在 Jenn 的数据集上重新测试来证明它的有效性。

此时，Rob 对团队的工作进行了批评，并指出他们在测试过程中泄露了相当多的信息。但也有好消息。Jenn 可以选择 3 个新的较小国家/地区和 3 个新的较大国家/地区。她据此选择构建了数据集 5 和数据集 6，并在这些数据集上测试了新的复合模型。

令人高兴的是，对于每个模型来说，新的、未见过的数据集的结果反映了数据集 2 和数据集 4 的结果。不过，这次的表现要稍微好一些。Jenn 解释说，她选择了 3 个强压力候选者和 3 个弱压力候选者来构建数据集 2 和数据集 4。

至此，Sprint 2 顺利完成，团队将继续进行 Sprint 3。

8.6　小　　结

❑　　你的测试环境需要满足你正在处理的数据的安全和隐私要求，从而允许团队中合适的人员访问测试机制。

❑　　你必须慎重地决定衡量模型性能的重要指标。正如有时汽车的燃油经济性比其加速度指标更重要一样，你可能需要在不同环境下对模型进行不同的性能测试评估。

❑　　模型准确率（accuracy）是了解模型性能的一种糟糕方法。你或许可以根据模型的精确率（precision）和召回率（recall）性能或 F1 分数来选择模型。更好的做法是考虑一系列性能指标，以全面了解模型在特定测试中性能的重要因素。

❑ 非功能性能也需要进行测试和考虑，你可以结合功能和非功能性能测试来对结果进行评级。

❑ 当数据难以获取时，你可以使用交叉验证来衡量模型性能。可以使用 A/B 测试或多臂老虎机在实际案例上测试模型。你必须意识到测试的成本和权衡，因为你在收集数据或让人们接触实验模型的行为时面临限制。

❑ 模型选择既可以是定量的（使用测试结果），也可以是定性的（基于更广泛的考虑和模型美学）。

❑ 定量选择可能需要你比较和权衡在不同基础上进行的测试。实现此比较的不同方法包括排名、多标准决策（MCDM）和帕累托前沿等。具体使用哪种方法取决于你的项目情况。

❑ 你可以测试模型的组成部分以了解它们失败的原因。你也可以使用模型所做的因果推理作为决策的一部分。

❑ 选择模型和模型组件时，你通常需要做出判断。重要的是，你的决策基础是透明的，同时决策过程也应该被记录下来并编写成文档。如果决定归结于可选择 A 或 B，而你没有明确的方法来确定选择哪一个，则可以记录下来并选择最适合你的那一个。

第 9 章　Sprint 3：系统构建和生产

本章涵盖的主题：

❑　将模型嵌入要构建的系统中

❑　处理非功能性影响

❑　为生产环境构建数据和模型服务基础设施

❑　确保设计恰当的用户接口

❑　确保日志记录、监视和警报元素在生产环境中得到正确的管理

在 Sprint 2 中，团队构建、测试并选择了模型来支持 Sprint 1 中开发的用户故事。如果没有后续更多的工作，模型就无法用于产生价值；本质上，它们只是存储库中无生命的代码行。为了让 AI 成为真正有用的东西，你还需要在支持客户业务流程和客户交付的 IT 架构中实现模型。

机器学习系统有两个特性：系统构建和生产。这是本章主题，也是 Sprint 3 中的工作重点。我们必须实现支持生产平台的数据基础设施，以确保模型在其训练的数据环境中运行。此外，我们还需要检索并运行从 Sprint 2 中创建的机器学习模型，以使系统能够正常工作。

本章将回顾决定生产系统中需要哪些组件以及如何将它们组合在一起的过程。在后面的小节中，我们将介绍如何选择和交付数据层、模型服务基础设施和界面元素等，并讨论在做出这些选择和交付时的权衡和决策因素。当然，在此之前，你和你的团队需要确定要构建的机器学习系统的类型。

9.1　Sprint 3 待办事项

表 9.1 总结了本章将要探讨的任务。在将你的项目投入生产并开始为客户提供价值之前，这些任务必须先完成。

表 9.1　Sprint 3 的待办事项

任 务 编 号	项　　　目
S3.1	识别将用于嵌入模型的系统的类型
S3.2	确定将要构建的系统的功能和非功能影响

任 务 编 号	项　　目
S3.3	构建生产数据流以使得模型可以进行推理
S3.4	构建模型服务器和推理系统
S3.5	确定你的系统所需的适当接口组件
S3.6	选择一种符合要求的接口开发方法，以便交付接口需求
S3.7	构建系统的日志记录、监控和警报组件
S3.8	确保就模型管理和移交安排达成一致
S3.9	生成维护和支持文档
S3.10	制订发布前测试计划
S3.11	投入生产。 创建发布后测试计划
S3.12	发布后的认可和感谢

图 9.1 显示了一个机器学习系统，解释了要让它在生产中发挥作用所需的东西。在顶部有一个数据基础设施，用于创建系统的输入。这可能包括来自用户界面的单击输入或其他交互，但从根本上来说，这些输入是模型为了推理而使用的信号。

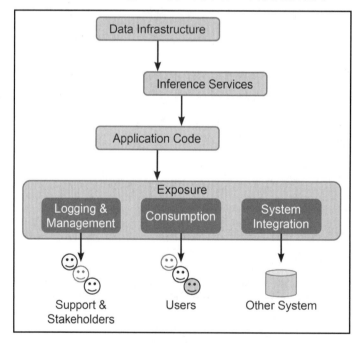

图 9.1　本章讨论的机器学习系统的抽象层和关注点

原　　文	译　　文	原　　文	译　　文
Data Infrastructure	数据基础设施	Consumption	使用
Inference Services	推理服务	System Integration	系统集成
Application Code	应用程序代码	Support & Stakeholders	技术支持和利益相关者
Exposure	公开	Users	用户
Logging & Management	日志记录和管理	Other System	其他系统

图 9.1 所示的架构使用了推理服务根据数据流中的事件调用模型。该服务可能以批处理模式运行，处理数据文件并为其数据集中的每个实体生成注释。它也可以运行并响应程序中的事件。某些应用程序代码使用模型的输出来决定应调用哪些服务。该架构较为简单，因为只需要向用户展示一些内容，然后让用户根据看到的内容来做出另一个决定，或者获取输出并将其输入机器的控制系统中。

可以看到，图 9.1 中堆栈的底层是公开的接口。除了通过发布模型推理与用户交互，系统还必须在这一层提供日志记录和管理数据（如意外行为时的警报）以及其他系统的集成信息（如编排信号）。为了实现该层的功能，可采用以下建议：

❑ 可以使用 Big Table、Redshift、SQL Server、Oracle、Kafka 或 SPARK（以及许多其他框架）作为数据引擎来支持数据基础设施组件的不同要求。

❑ 可以使用 Kubeflow、Kubernetes、OpenShift、Flask、Tomcat 或其他引擎来部署应用程序代码。诸如 AWS Lambda、Azure Serverless 和 GCP Cloud Functions 之类的无服务器组件提供了托管和运行模型的替代方法。

❑ 可以使用诸如 Splunk 和 Grafana 之类的系统以及诸如 Angular.js 之类的用户接口开发框架作为公开层。

9.2　机器学习实现的类型

生产系统分析工单：S3.1
识别将用于嵌入模型的系统的类型（如辅助系统、委托系统和自治系统）。

生产系统分析工单：S3.2
确定将要构建的系统的功能和非功能影响。

为了使系统有用，你需要决定如何使用你创建的模型。在开发的早期，我们就考虑过这一点并完成了部分工作，现在模型已经构建完毕，你可以选择最好的模型来使用。

一般来说，你可以为开发的模型确定三种类型的设置：

❑ 辅助模型（assistive model）：创建可供人类直接使用的输出。仪表板中汇总的大量数据是一种辅助模型。例如，如果你使用一组复杂的传感器读数来创建推荐系统，那么这就是辅助模型。

❑ 委托模型（delegative model）：创建独立于人类输入但在人类直接监督和管理下的控制信号。无论它们是否智能，在人类控制器监控下运行工厂的系统都是此类系统的案例，线控系统（fly-by-wire）飞行器和自动驾驶仪也是此类系统的案例。

❑ 自治模型（autonomous model）：自治模型可嵌入不具有人类控制或监控功能的系统中。许多机器人系统和无人机都是自治的，在人类管理之外运行的自动高频交易系统也是此类系统的示例。

这些不同类型的系统处于从自治到人类控制的光谱内。机器学习驱动的系统越自主，则人类控制和干预的机会就越少，但这也有其后果。为驱动它而创建的模型的可靠性方面的保证水平必须更高，同时嵌入模型的系统工程必须更加稳健并提供更高水平的保证。随着自主权的增加，三种设计力量的作用更加强烈。

（1）随着系统变得更加自主，它们更需要解释自己的决策。人类直接控制的系统的机器学习组件，以及人类对决策有代理权和责任的系统，不需要像自治系统那样透明。我们也许能够理解人类控制系统中的机器学习组件，但人为因素始终是不透明的。

（2）系统的自主性越高，则用于记录和说明系统开发过程的机制就必须越稳健可靠。部署自治系统的组织必须支持其决策，而且只有存在一种方法来解释其开发方式，它才能做到这一点。

（3）自治系统需要更好、更稳健的非功能性能。如果系统卡住或开始莫名其妙地做一些事情，没有人可以介入并接管。一般来说，在出现非功能性故障的情况下，自治系统的用户实际上无法进行干预或自救。

在研究了 Sprint 3 的生产系统分析工单后，现在你应该能够继续执行下一个任务。

接下来，我们将更深入地探讨你和团队在使用机器学习构建辅助系统、委托系统和自治系统时必须处理的影响。

9.2.1　辅助系统

辅助系统旨在供人类直接使用。它们的价值取决于它们提供的人工检查的透明度。辅助系统向人类提供建议，但它们不能控制根据该信息和指导做出的决策。

辅助系统的作用是汇总信息，提供预测，并使人类能够有效地利用这些信息进行决策。通过获得通常难以理解的信息并用于创造价值，辅助人工智能系统可以在创造原本无法获得的经济和科学价值方面发挥作用。

大型强子对撞机（large hadron collider，LHC）是一种高能粒子对撞机，为此类系统提供了一个很好的示例。LHC 项目的实验利用了挑战赛产生的机器学习技术在大量数据集中寻找突破性的物理结果[①]。如果没有机器学习的帮助，则物理学界可能无法利用他们最强大的实验仪器。

规范的辅助界面是仪表板。仪表板是一系化可视化的集合，用于总结与特定业务问题相关的信息，从而实现快速检查。现在有多种工具可以用来创建仪表板，包括专有工具（如 Looker、Power BI、Qlik 和 Tableau）和开源工具（如 Shiny 和 Dash）。

图 9.2 左侧显示了一个标准仪表板，与右侧的智能仪表板形成对比，后者集成了机器学习派生模型的输出。在标准仪表板中，数据通过聚合函数和选择过滤器进行转换和显示。智能仪表板显示了一些附加信息，因为模型可以在信息上创建过滤器（例如，去除异常值或噪声）以使用它进行预测。例如，我们可以部署一个客户流失模型，用于根据用户选择的值生成输出，以确定竞争对手的活动和销售投资。

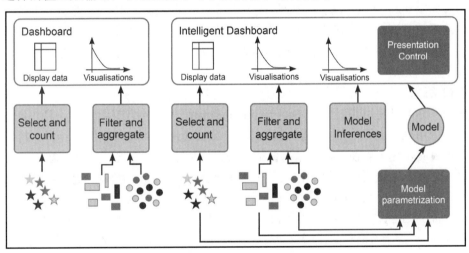

图 9.2　左侧的标准仪表板与右侧的智能模型驱动仪表板

原　　文	译　　文
Dashboard	仪表板
Display data	显示数据

① Adam-Bourdario, C., Cowan, G., Germain, C. Guyon, I., Rousseau, D. "The Higgs boson machine learning challenge." JMLR: Workshop and Conference Proceedings HEPML 2014. JMLR, (2014). 42:19-55.

续表

原　文	译　文
Visualisations	可视化
Select and count	选择和计数
Filter and aggregate	过滤和聚合
Intelligent Dashboard	智能仪表板
Presentation Control	显示控制
Model Inferences	模型推理
Model	模型
Model parametrization	模型参数化

　　这种预测为决策者提供了潜在或可能结果的指示。如果在分布或预测中出现不良结果，那么客户可以通过找到可能产生积极结果或不太可能产生消极结果的参数设置来采取行动，以改变结果的方向。在客户流失示例中，仪表板用户可能会发现，无论竞争对手的活动水平如何，增加销售投资都会产生降低客户流失率的结果。

　　尽管如图 9.2 所示的智能仪表板集成了机器学习派生模型的输出，但这并不是唯一可用的辅助系统类型。许多互联网服务都使用了辅助智能来增强其提供的用户体验。鉴于服务和资费套餐优惠的多样性和规模常常让消费者感到困惑，如果没有客服支持，则消费者几乎茫然无措。在这种情况下，可以使用机器学习来提供推荐和选择，过滤用户界面中不相关的结果，并将用户的注意力引导到更具吸引力的选择上。

　　例如，你可以使用共现矩阵（co-occurrence matrix）来实现推荐系统。简而言之，就是将项目分组以控制矩阵的大小，然后在用户做出选择时增加共现值。当用户将来选择类似的项目时，你可以使用具有最高值的共现来生成推荐以激发用户的兴趣。

　　以电影推荐系统为例，假设你观看了《星球大战》（*Star Wars*）电影，然后又观看了新的《星际迷航》（*Star Trek*）电影。《星球大战》（*Star Wars*）被归类为"早期科幻"（old science fiction），而新的《星际迷航》（*Star Trek*）则被归类为"科幻重启版"（science fiction reboots）。当有其他人观看《异形》（*Aliens*）时，你可以向他们推荐一系列"科幻重启版"电影，包括《星际迷航》（*Star Trek*）、《沙丘》（*Dune*）、《猩球崛起》（*Dawn of the Planet of the Apes*）、《疯狂的麦克斯：狂暴之路》（*Mad Max Fury Road*）等。

💡 提示：

　　电影的重启版本并非老电影的简单翻拍，"重启"最初是用来描述对老电影的延续而进行的彻底重制。虽然情节片段、角色或地点等元素可能与老版本的故事或系列相似，但重启版本通常是全新的，与之前的内容几乎没有任何联系。

表 9.2 显示了如何表示这一点，以及在一次更新后它会是什么样子的（其中融入了许多设计假设）。这些类别是（任意）预先选择的，并且不允许有自相似性。由于该表不记录同一类别的选择，因此该算法总是推荐不同类别的列表。另外，这里没有提及如果你正在处理"自然"类别中的选择时该怎么做，你或许可以提供一个随机列表供观众选择，也可以不提供任何列表。

表 9.2　更新了观看《星球大战》后对电影的偏好的同现表

分　类	早 期 科 幻	自　　　然	…	科幻重启版
早期科幻	X	0	0	1
自然	0	X	0	0
…	0	0	X	0
科幻重启版	1	0	0	X

现在让我们深入了解这个系统。我们如果从推荐列表中随机选择一个项目，然后将它作为用户的下一部电影进行播放，那么可以说用户已将选择权委托给了系统。该系统变得具有委托性，这正是接下来我们将要讨论的主题。

9.2.2　委托系统

当用户无法直接对具体情况进行控制时，我们可以使用委托系统代表用户做出决策。这可能是因为决策需要使用大量数据，或者因此要求决策必须比人类能更快地做出。

重要的是，委托系统需要为人类提供审查和纠正所做决策的机制，或者在自动决策程序失败时介入并纠正系统行为的机制。

"毅力"号火星探测器（Perseverance Rover）就是委托人工智能系统的一个有趣示例[①]。"毅力"号是一款半自主机器人，于 2021 年年初登陆火星。它的任务是调查数十亿年前在一个大陨石坑的洪水区域形成的岩石。它从一个岩层转移到另一个岩层，发现并采样了一系列不同的岩石，从而加深了对该地区地质的了解。地球上的科学家和地质学家确定了探测器（漫游车）的目标，操纵采样和测试仪器及工具，并对漫游车的系统和功能进行顶层控制。

图 9.3 说明了"毅力号"如何独立行动，它使用其传感器构建了一条穿越其前方地形某些部分的建议路径。在将路径发送给任务控制中心批准后，漫游车将准备命令进程来

---

① Ackerman, Evan. "Everything You Need to Know About NASA's Perseverance Rover Landing on Mars." IEE Spectrum. February 2021. https://spectrum.ieee.org/automaton/aerospace/robotic-exploration/nasa-perseverance-rover-landing-on-mars-overview (accessed March 25th, 2021).

驱动路径。一旦收到批准，漫游车就会自行执行该计划。

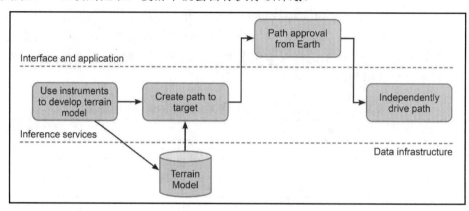

图 9.3　委托远程控制漫游车的控制流程[①]

原　　文	译　　文
Interface and application	接口和应用程序
Inference services	推理服务
Data infrastructure	数据基础设施
Use instruments to develop terrain model	使用仪器工具开发地形模型
Create path to target	创建到达目的地的路径
Terrain Model	地形模型
Path approval from Earth	地球上的控制中心批准路径
Independently drive path	独立驱动路径

　　"毅力"号选择了委托系统模型，因为它平衡考虑了与火星通信滞后所带来的物理限制以及最先进的人工智能方法所创造的价值和风险。手动控制系统意味着火星漫游车移动速度太慢，无法实现其科学目标，这是因为驱动器的每次迭代至少需要 8 min 才能完成（由于信号往返火星需要较长的时间）。另外，一个完全自主的系统将使投资于该任务的数十亿美元面临太大的风险，美国宇航局（NASA）同样无法接受。这里描述的控制场景正是适合在委托人工智能实现中管理系统自治的多种机制中的一种。

　　还有一种备选策略是将系统划分为一些独立的子系统，每个子系统都可能发生故障，但不至于造成系统性或不可接受的损害。如果发生故障，你可以单独管理每个分区，前

[①] Ackerman, Evan. "Everything You Need to Know About NASA's Perseverance Rover Landing on Mars." IEE Spectrum. February 2021. https://spectrum.ieee.org/automaton/aerospace/robotic-exploration/nasa-perseverance-rover-landing-on-mars-overview (accessed March 25th, 2021).

提是子系统的故障是可以容忍的，解决它所需的时间或资金成本也是合适的。

移动电话网络就是此类系统的例子，我们可以在其中使用分区策略来提供委托控制。网络的每个小区自主工作，为其所分配区域内的所有用户提供服务。例如，某个小区可能会出现故障，因为它的用户数据库出现故障，或者因为天线控制策略没有分配足够的功率来使用户能够使用服务。然后，国家运营中心会报告或检测到这种局部且有限的故障。他们将根据通信监管机构向运营商施加的服务水平协议采取补救措施。如果网络用于紧急服务（如警察、消防、救护车或海岸警卫队），那么可以采用故障转移和复制规定来提供所需的覆盖范围。另外，系统可能会设计一个全年无休的 24/7/365 服务和维修团队，以便快速解决问题。

这种分区和快速恢复策略适用于许多应用场景。故障因为可以说是系统固有的一种属性，所以也成为一种责任，我们设计的应用程序不可能做到持续可用永不掉线，也不能依赖这种机制。例如，医疗健康支持系统应该有一个分区策略，其中某些元素在面对其他故障时仍能继续运行，但系统还必须包括一些合格的专业人员（如护士），她可以在故障元件损坏时对其进行操作。总体而言，这样的系统（机器+护士）虽然可能会出现故障，但是足够稳健可靠，可以接受。

团队在设计委托系统时可能犯的一个错误是：为人类操作员实现虚假控制。如果系统在来不及修复错误时将控制权交还给人类，那么这并不是委托，这只是简单的失败。在医疗健康支持系统示例中，想象一下，如果护士只有在患者心脏骤停时才意识到机器故障，那就太晚了，损害已经造成，护士也无力回天。

2018 年 10 月 29 日，印度尼西亚航空公司狮航的 610 航班起飞后不久即坠入爪哇海，机上 189 名乘客和机组人员全部遇难。五个月后，在另一个国家再次发生类似悲剧：埃塞俄比亚航空公司的 302 航班在起飞六分钟后竟直接坠入亚的斯亚贝巴（埃塞俄比亚的首都）地面，造成 157 名乘客和机组人员全部死亡。事后调查发现，在这两起事故中，波音公司的机动特性增强系统（maneuvering characteristics augmentation system，MCAS）软件控制的迎角测量传感器实际上负有重大责任，是它导致系统发布失速警告且突然迫使机头向下。波音公司承认，控制飞行员和机器之间反馈的控制回路已经失效，导致在飞行员无法控制的情况下，飞机自主做飞行姿态上的稳定调整（机头向下俯冲），最终令无辜乘客死亡。[①]

显然，真正的飞行员（或护士）必须有足够的时间来处理正在发生的情况，并且该人员必须拥有代理来做出可以避免灾难的决策。

[①] Hawkins, Andrew J. The Verge. Sept 18, 2020. https://www.theverge.com/2020/9/18/21445168/tesla-driver-sleeping-police-charged-canada-autopilot (accessed October 16, 2021).

这种类型的虚假委托系统可能是由于人为和组织错误而构建的。它们的构建也是为了避免实现真正的自治系统的限制和挑战。糟糕的是，很多系统（例如上述示例中波音公司的 MCAS 系统）都号称是真正的自治系统，可以介入并防止系统杀人或使人破产，满足"我将我的生命托付给它"或"我将我的业务托付给它"标准，但它们向世人展示的给人以足够信心的能力证据都是假装存在的。一点小故障就可以戳破它们的真面目。最终，这样的虚假委托系统会杀死那些被愚弄而相信这种系统的人或者使他们破产。

接下来，让我们看看对于自治系统的额外要求，探讨在开发道德和功能上成功的自治系统时应施加的严格标准。

9.2.3　自治系统

自治系统可以在没有人为干预的情况下长时间自动监督、独立运行。我们将"毅力"号火星漫游车描述为一个委托系统，是因为控制事件被划分为多个元素，这些元素可以由人类进行审查和批准。如果"毅力"号驶入沙坑（就像以前的一些漫游车那样），那么这不是因为机器学习和人工智能规划器失败了，而是因为它没有被正确操作。更准确地说，这是因为尽管团队尽了最大努力，但还是失败了。机器学习团队在系统中构建了适当的控制措施，在团队平衡系统的限制和要求的意义上是适当的。

另外，自动驾驶汽车就是一个完全自治的系统。你如果登上自动驾驶汽车并要求它带你前往特定目的地，那么无须对汽车在途中发生的事故负责，开发这款汽车并将它作为自动驾驶汽车出售给你的团队将对此负责（在道德和伦理上应该如此，但是在法律上可能会有一些争议）。

注意：

自动驾驶可以根据驾驶自动化系统能够执行动态驾驶任务的程度进行分级，目前分为 0 级至 5 级。具体如下：

- ❑ L0 级（无自动化）：完全由人类驾驶员控制车辆。
- ❑ L1 级（部分自动化）：驾驶自动化系统能够在特定情况下辅助驾驶员完成某些驾驶任务，如自适应巡航。
- ❑ L2 级（组合自动化）：在 L1 级别的基础上，系统可以自动控制车辆的加减速和方向盘，但驾驶员仍需监控路况。
- ❑ L3 级（有条件自动化）：在大多数情况下，系统可以独立控制车辆，但驾驶员需要在必要时接管驾驶。
- ❑ L4 级（高度自动化）：系统能够自动执行所有动态驾驶任务，无须人类干预，但通常只在特定的区域如高速公路或城市街道上运行。

❑ L5 级（完全自动化）：在任何环境和路况下，系统都能自动控制车辆，人类乘客无须进行任何操作。

在这里，作者讨论的是 L5 级自动驾驶。

自动驾驶汽车（至少从讨论上来说）是一种自主操作的设备。车辆执行管理从出发点到目的地的整个旅程；用户只需要控制"去哪里？"的战略选择，并且可以通过改变一些操作指令来施加战术控制（例如，"不要走高速"或"慢下来，我感到恶心"）。

交付完全自主的系统比交付辅助系统对团队提出了更严格的要求。自动驾驶系统的发展证明了这一点。正如 Xei 等人[①]所述，自 2007 年以来，自动驾驶技术已在城市环境中被部署，但直至今天，尚未得到广泛使用。这是由于现实世界中部署和操作自动驾驶车辆的尝试的复杂性导致的。相反，部署自主机器学习系统来管理和创建互联网上最流行的社交网络和内容推荐系统则要简单得多，至少它不像自动驾驶系统那样直接关乎生命安全。

大型社交网络采用算法来选择贴文和故事，以显示在使用推荐系统的订阅者的时间线上。对于个人用户来说，这可能看起来像是辅助系统的一个例子：他们能够在难以管理的信息海洋中看到一致的内容线索。当然，用户无法选择他们看到的内容，或者更重要的是，他们无法选择他们看不到的内容。因此，社交网络是一个自治系统，可以智能地将服务器上的内容引导给订阅者。

自动驾驶汽车揭示了自治系统的一面，而社交网络则揭示了另一面。自动驾驶应用程序管理的是汽车的动能，社交网络不具有局部的动能，但它们却具有全球和社会规模。如果没有人工智能，则大型社交网络平台等应用程序就不可能实现。

自这些系统开发以来，它们已经为其创建者创造了数千亿美元的收入。自治系统具有如此高的价值，创建了人类无法处理的应用程序，管理着超出人类能力的系统，显然也是危险的，或者说它们本质上就是危险的。当然，这并不是说不应该构建和使用它们。

自治系统的威力和前景使它们成为解决我们当今面临的问题的理想选择。你的任务是找到一些限制和管理机制，以避免其开发和部署过程中的危险和陷阱。

在目前这个阶段，系统的意图和结构以及应用程序的功能和重要性推动了此类项目中的许多设计决策。随着实施阶段的进行，团队必须考虑与交付最终系统所需采取的所有步骤和活动相关的决策。

① Xei, M., Chen, H., Zhang, X.F., Guo, X. & Yu, Z.P. "Development of navigation system for autonomous vehicle to meet the DARPA urban grand challenge." IEEE Intelligent Transport Systems. IEEE, (2007). 767-772.

首先要做的决策是构建一个生产数据基础设施，以不断补充应用程序运行所需的数据。

9.3　非功能审查

到目前为止，你的团队已经花了几周的时间处理数据、基础设施和用户，他们应该对成功交付所需的内容有一个更详细的了解。

此外，你手中还拥有机器学习生成的模型，创建模型的特征和输入所需的数据移动和转换模式现在也已明确定义。

将所有这些东西结合起来，我们可以在生产系统中不同组件可用的处理时间范围内满足其有意义的需要，从而真正为客户创造价值。这种价值远超过客户为这些元素的成功运行而投入的资金和环境资源成本。

我们所说的处理时间需要同时考虑延迟（响应服务请求的时间）和吞吐量（在给定时间范围内可以完成多少个服务请求）。表 9.3 显示了你和团队在审查重新实现和迁移的训练管道时必须考虑的一些需求的列表。

表 9.3　具备机器学习功能的系统中的非功能性要求

需　　求	描　　述	注　　意
现金成本	执行系统的现金成本	需要考虑使用寿命很长且成本较低的基础设施，而不是使用寿命很短但成本却很高的基础设施
环境成本	每次使用该服务可接受的环境损害总量	应考虑环境影响，包括温室气体排放以及空调和制冷系统中使用的有毒化学物质。要意识到稀土和黄金等金属的消耗，这些金属可能会在某些领域为你提供服务
延迟	从服务请求到传递结果所经过的时间量	在某些应用中，这是根据非常直接的要求来考虑的，例如小于 0.5 s；或者，它也可以作为对结果分布或范围的期望而提供
吞吐量	在给定时间内可以服务的请求的数量	这定义了系统可以同时支持多少使用其服务的客户
队列策略	请求过多时的设置	如果请求的数量超过了系统吞吐量所能支持的数量，或者请求无法在所需的时间内送达，那么系统的行为应该是什么？是否应执行严格的先进先出（FIFO）或后进先出（LIFO）行为？是否有其他要求对某些请求进行优先级排序
故障策略	当无法在不违反非功能需求的情况下服务某个请求时，应该怎么办	有些系统应该无提示地失败，有些系统应该提供异常/失败响应和消息，有些系统应在非功能需求之外为请求提供服务。在某些情况下，甚至可以在发生故障后关闭系统

续表

需　　求	描　　述	注　　意
持久性	服务无故障运行的时间有多长	随着时间的推移，某些系统会变得不可靠。你需要确定模型必须在服务中工作多长时间，因为它决定了缓解这种情况所需的措施类型
可靠性	系统可以容忍多少次故障（违反非功能需求）	将所有故障的根源放在一起考虑，并一次一个地研究它们

现在你已经掌握了模型、管道和系统设置。这些是你的团队将集成到系统中的组成部分（无论系统将如何被构建）。以此为基础，你可以计算出端到端（end-to-end，E2E）性能预期，然后确定你是否可以命中你要射击的目标。

9.4　实现生产系统

本节旨在帮助你实现生产系统。作为一项提醒，让我们先来看与此任务相关联的 Sprint 3 工单。

> **系统实现工单：S3.3**
> 构建生产数据流以使得模型可以进行推理。

> **系统实现工单：S3.4**
> 构建模型服务器和推理系统。

> **系统实现工单：S3.5**
> 确定你的系统所需的适当接口组件。

> **系统实现工单：S3.6**
> 选择一种符合要求的接口开发方法，以便交付接口需求。

9.4.1　生产数据基础设施

你的模型即将投入生产，这意味着它们将被集成到应用程序中，并且必须有效地运行。

生产基础设施有以下两个关键组件：

（1）数据管道：负责将应用数据汇集到模型中，包括创建特征的流程。

（2）模型服务基础设施：将调用和执行模型以产生一个结果。

数据的来源有许多。例如，如果用户单击购物车，则应用程序将汇集来自单击的数据（单击了哪个按钮、自上次单击以来经过了多长时间等）、来自购物车的数据（保存先前选择的商品）以及来自用户数据存储和商业环境的数据等。

图 9.4 简要展示了这种实现模式。数据从存储和运营活动流入，例如用户界面的单击或通过传感器收集的数据。数据处理流程可将其转变为模型期望的特征和格式（此步骤将复制训练和测试管道中使用的流程）。然后，会有一种机制获取该数据实体并将其传递给模型的运行实例，最后输出所需的结果。

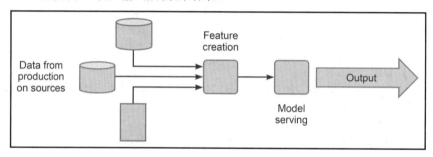

图 9.4　生产环境中机器学习实现的抽象视图

数据流入特征创建流程中，然后提交给模型的运行实例以生成推理和输出

原　　　文	译　　　文
Data from production on sources	来自生产环境的数据
Feature creation	特征创建
Model serving	模型服务
Output	输出

在 Sprint 1 中，你创建了训练数据管道并使用它们来管理训练数据。在 Sprint 2 中，你实现了测试环境的管道，将训练环境中的数据交付管道复制到测试环境中。现在，你和团队需要构建生产管道以将数据输入所选模型中。在生产环境中可用于执行此操作的硬件和系统通常与开发环境中提供的硬件和系统不同。

表 9.4 描述了你和团队现在可能面临的一些选项。你之前构建的数据管道只需要从预定义资源向模型提供样本，而现在则必须在生产基础设施上运行。糟糕的是（对于每个相关人员来说，尤其是对于机器学习工程师而言），数据技术已经发展了很多代。你和你的团队可能会遇到其中任何一代。在最坏的情况下，你将同时面对所有这些世代。

表 9.4 概述了你在生产环境中可能会遇到的源和数据引擎的类型。幸运的是，你应该不需要使用像 COBOL 这样的古老语言为管道提取数据。

表 9.4　数据引擎及其在生产服务中的使用

数据引擎类型	特　　性	用例/注释
数据湖（HDFS、S3）加上处理程序（Hadoop、EMR、Dataproc、Databricks）	使用灵活的文件系统进行存储和大规模处理	需要大规模离线和廉价的数据转换；通常与更快的存储耦合以支持推理服务
数据仓库（BigQuery、Redshift、Oracle Exadata 等）	训练数据的托管数据存储（通常为默认值）	灵活的分析数据基础架构，为服务模型提供通用引擎
关系数据库管理系统事务服务器（Oracle、MySQL、Postgres、Spanner）	如果设计和优化得当，则应用程序性能良好。可能会在性能极限上挣扎或变得很昂贵	提供一个直接的重新实现层，以最小的技术更改来加速管道
文档存储/NoSQL 数据库（MongoDB、CouchDB、Cassandra、BigTable）	高速；擅长存储大型对象	需要检索大型非结构化对象以提供推理服务
内存存储（Redis、Memcached）	速度极高，但不能持久保存，存在数据安全问题。成本可能很高	高速/低延迟推理结果，需要相对简单的数据转换和操作

当前比较流行的方法是将生产中的数据源抽象到访问层后面。在这种情况下，团队无法访问或查询实际数据库。相反，他们将获得一个自动调用查询的 API 地址。这种模式有很多优点。主要好处是通过引入抽象层，系统不需要考虑其所依赖的源的实现细节问题。

如果在生产架构中未使用该方法，那么你自己实现它可能是一个好主意，这样你就可以应对未来的架构演变。如果系统中的所有调用和交互都通过良好控制且有详细说明文档的 API 进行管理，那么处理数据库升级就会容易得多。

无论使用何种基础设施，关键的挑战是复制 Sprint 2 中开发的数据管道，该管道支持构建提供给模型的样本。你将能够重用已开发的大部分代码，但这种转变通常需要你进行一些修改。这可能会造成这样一种情况：尽管生产环境中使用的模型是由团队开发和测试的模型（所有创建和使用过的工件都经过仔细的保留），但它的行为却有所不同，因为数据管道会将新的偏差也融入其中。控制这一点的方法是依靠你在 Sprint 1 中开发的数据测试系统，以确保为模型构建生成正确的数据。

测试和验证数据管道的实际和预期行为是模型保真度的关键保证。接下来，让我们看看生产系统要考虑的第二个方面：模型服务机制。

9.4.2　模型服务器和推理服务

推理服务（inference service）是一种为执行你的模型提供优化且高效的计算和存储的机制。它是一种满足该项目对延迟、规模（请求数量）和成本（给定预期请求数量下的总体成本）要求的执行机制。推理服务被设计和实现为各种程序包，用于应对在生产环境中运行大型复杂模型的挑战。

大规模或普遍应用的机器学习驱动系统可能会在其生命周期中调用为其提供动力的模型数十亿次。如果仅进行 1% 的优化，则相当于数千万次模型调用。以谷歌翻译和Facebook 推荐系统之类的系统为例，它们都需要支持大量且持续的收入流，因此有一个专门的团队为机器学习计算组件实现和支持这些生产服务。你的团队也可以磨练和优化执行框架，以支持此类系统所需的规模和性能。

但是，在许多其他应用场景中，一个专门的团队（或多个团队）在组织上可能不可行，即使机器学习项目可以证明它是一项具有成本效益的投资。例如，组织经常面临现金流困境，或者其战略需要从更具成本效益的活动中吸引投资，以减轻竞争或监管的风险。在这种情况下，尽管机器学习项目运转良好，也不可能有一个专门的团队去维护它，因为组织还有其他业务是他们必须尽力应对的。

除了使用昂贵（且有风险）的定制实现，还有两种方法也可以提供推理服务。第一种方法是使用主流执行引擎并对其进行最低限度的定制以支持你的机器学习功能。表 9.5显示了各种执行引擎。

表 9.5　为机器学习模型使用的通用执行引擎

引　　擎	说　　明
在数据库中： BigQuery ML、Redshift ML、Oracle OCI、Vertica PMML	在数据库函数中执行意味着接受应用程序运行方式的约束，但这是一种模块化和解耦的方法
应用程序服务器： NGINX、Apache Tomcat、Flask、Appserver	常用于通用的低规模用例和对延迟/成本要求较为宽松的用例。其在技能和设置方面的要求较低
类似 SPARK 的解决方案： Apache SPARK、Databricks、Dataproc	对批处理和流处理支持良好，对延迟/成本的要求较为宽松
Kubernetes、Kuberflow	灵活且可扩展的交互式应用程序支持，对成本的要求较为宽松
无服务器： Lambda、Cloud Functions、Azure Functions、Cloud Run	一种灵活的、模块化和解耦的方法，在某些应用中具有成本效益和较高性能，但可能会以不可预测的方式变得很昂贵

　　所有这些选择都有利有弊。概述如下：

　　（1）在许多应用场景中，在数据库中运行机器学习是明智的做法，但这样做会影响数据库的行为，而且其成本可能很高。此外，数据库执行必然不灵活，因为数据库引擎的更新和维护是针对其作为数据库引擎的性能，而不是针对其作为机器学习引擎的能力。

　　简而言之，最新的机器学习技术不会出现在你使用的数据库中，至少在它解决与软件堆栈的耦合问题之前不会。

　　（2）使用应用程序服务器意味着可以从网页和应用程序中调用执行操作。手机 App 或浏览器上的前端将调用应用程序服务器，以进行一些服务器端处理，然后应用程序服务器提供响应。这些系统通常是大规模并行和可扩展的，并提供最先进的负载平衡和错误管理。毕竟，它们是需要处理数十亿用户的互联网服务请求的系统。

　　（3）类似 SPARK 的解决方案提供了多种管理内存并行性的方法，并支持访问包含运行模型所需数据的文件系统。SPARK 是一种主流的编程方法，所以很多开发者都具备这种技能。SPARK 与模型的 Python 和 R 实现交互良好，因此其成本通常较低。SPARK 对于按需应用程序来说往往很昂贵，并且不适合极低延迟的应用程序。

　　（4）Kubernetes 提供了一个可扩展、持久的处理系统。它在云环境中尤其有吸引力，你可以将其用作托管服务。但是，对于突发性工作负载，Kubernetes 可能会很昂贵。

　　（5）无服务器系统擅长为突发工作负载提供高度可扩展的按需处理，但与 Kubernetes 等持久、始终在线的方法相比，它们的启动延迟相对较高。请务必谨慎对待无服务器方法的定价模型，因为云提供商可能会改变无服务器引擎的定价方式，从而让使用它的机器学习系统的成本急剧上升。因此，在选择该选项时，你还需要确保自己有退路。

　　第二种方法是使用旨在支持机器学习调用的引擎。当然，机器学习社区对这种方法的兴趣时好时坏。根据 Withington[1] 的介绍，在人工智能的漫长历史中，曾经开发了诸如 Lisp 机器之类的专业计算平台，但在竞争中被英特尔 8086、Dec Alpha、Sun Spark 和 Motorola 68000 等主流处理器所击败。

　　在机器学习服务器引擎领域，这样的事情也许会再次重演，也许不会。诸如 OpenVINO[2] 和 TensorFlow Serving (Google 2021)[3] 之类的引擎经过优化，可以管理模型的执行，这些模型实际上是由浮点数运算创建的数百万或数十亿个正则化激活的。此外，预构建引擎还具有针对处理器指令集（如 Google TPU 或 Intel 处理器指令）进行优化的优势。

　　确定数据流的生产实现、模型所需的处理以及执行模型的处理接口非常重要。但是，如果用户看不到正在发生的事情，或者他们没有足够的控制能力以自己需要的方式操纵

[1] Withington, Peter. The Lisp Machine. (1991). http://pt.withy.org/publications/LispM.html.

[2] OpenVINO. OpenVINO documentation. (2022). https://docs.openvino.ai/latest/index.html.

[3] Google. Tensorflow Serving. (2021). https://www.tensorflow.org/tfx/guide/serving.

它，那么这一切都不过是白费功夫。因此，你还需要进行用户接口设计。鉴于良好的用户体验非常重要，我们将在下一小节中深入讨论这个问题。

9.4.3　用户接口设计

许多人认为任何系统的出发点都应该是它对其所支持的人们的影响。"设计思维"（design thinking）的倡导者可能会支持对结构化流程的需求，以表达可用性的约束和要求。

Liedtka 在其发表于《哈佛商业评论》（*Harvard Business Review，HBR*）的文章[①]中提供了一个很好的例子，那就是不合适的医院预约系统。该系统的用户年纪较大，不懂计算机，使用该系统时手足无措，完全找不到方向。从这个角度来看，在让用户了解如何使用之前构建一个聪明的自动预订系统不过是浪费金钱和时间。

因接口不当而导致故障的另一个例子是波音 737 MAX 飞机及其 MCAS 系统。该系统旨在让飞行员轻松飞行，在失速的情况下允许飞行员接管飞机的控制权。从理论上讲，这可以避免可能导致飞机坠毁的危险事件。该系统的激活灯是驾驶舱配置中昂贵的可选附件，因此一些航空公司选择不将其包含在他们购买的系统中。不幸的是，这意味着飞行员不知道系统何时启动，如果它只在失速情况下启动，这可能没问题。但是，在某些情况下，损坏的传感器意味着飞机在正常飞行时系统也会激活，导致飞机俯冲到地面并以飞行员不理解的方式运行，更不用说知道如何处理了[②]。隐瞒该模型的工作原理导致了数百人的死亡，并且随着 737 MAX 被勒令停飞和改装，造成了数十亿美元的商业损失。

Saleema Amershi[③]在 2019 年发布了一套开发人工智能系统的指南，其总结如表 9.6 所示。尽管 Amershi 谈论的是人工智能，但很明显，这些指南（编号为 G1 到 G18）重点关注的是包含机器学习模型的系统，因此与你的项目相关。你会注意到表 9.6 带有星号的一些注释。这些对于机器学习项目中的用户界面设计者来说尤其重要。

表 9.6　人工智能设计指南（改编自 Amershi[④]）

使用的时间	编　　号	设　计　指　南
初始阶段	G1*	明确系统可以做什么和不能做什么。
	G2*	描述系统的能力，明确系统可以做到的程度

① Liedtka, Jeanne. "Why Design Thinking Works." Harvard Business Review, (2018): September-October.

② Ostrower, John. The Air Current. March 2019. https://theaircurrent.com/aviation-safety/the-world-pulls-the-andon-cord-on-the-737-max/.

③ Amershi, Saleema. "Guidelines for Human-AI Interaction." CHI conference on human factors in computing systems. CHI, (2019). 1-13.

④ Amershi, Saleema. "Guidelines for Human-AI Interaction." CHI conference on human factors in computing systems. CHI, (2019). 1-13.

续表

使用的时间	编　号	设 计 指 南
互动期间	G3	根据用户当前的任务和环境，设定执行或中断操作的时间。
	G4*	显示与用户当前任务和环境相关的信息。
	G5*	提供符合用户社会文化背景的体验。
	G6	确保系统的信息和指导不会强化刻板印象及社会、性别或种族偏见
系统出错时	G7	在需要时可以轻松调用或请求系统的服务。
	G8*	要能够轻松解除或忽略不需要的系统服务，甚至在失败后关闭系统。
	G9	支持有效的纠正，能够轻松修改和编辑系统的输出或操作。
	G10*	有疑问时调整服务范围。如果系统不能确定用户的使用目的，则调用消除歧义功能或优雅地减少系统的服务。
	G11	让用户能够访问系统行为的原因说明
随着时间推移	G12	保留近期互动记录，并允许用户使用这些记录以获得服务。
	G13	学习用户的行为，实现用户体验的个性化。
	G14*	谨慎地进行更新和调整。在更新和调整系统的行为时，尽量避免颠覆性的变化，特别是在用户已经习惯了系统表现时。
	G15*	鼓励细粒度的反馈。在用户与系统交互期间，允许用户提供有意义的信息，以反映他们的偏好。并确保有机制可以实现这一点。
	G16	提醒或告知用户他们的操作将如何影响系统之后的行为。
	G17*	允许用户全权控制系统监控的内容及其行为方式。
	G18*	将变更信息告知用户。当人工智能系统添加或更新功能时通知用户，以便他们改变自己的预期

尽管本章中介绍的所有准则对于系统的价值和成功都很重要，但指南 G1、G2、G4、G5、G6、G8、G10、G14、G15、G17 和 G18 尤其重要，因为它们可以防止灾难性故障。这些指南的重点是防止机器学习系统犯下"干犯之罪"（sins of commission），即行为不当的系统比让用户自行决定的系统更糟糕。

这些指南可以帮助创建特定系统所需的仪器和控件列表。以本书前面讨论的智能建筑为例，我们可以深入研究这些指南的细节：

❑ G1：建筑物中的每个人都应该意识到该环境是由人工智能系统管理的。我们可以创建标牌让人们知道，建筑物的网页上提供了有关系统的说明。

❑ G2：应共享有关机器学习系统现场测试和验证期间性能的信息，并对结果进行解释。例如，你可以解释说，由于注重碳节约，建筑物的某些部分在营业时间之外可能比正常情况要凉爽。

❑ G3：确保系统在核心营业时间内不会对温度和照明进行大幅调整。

- ❏ G4：确保特定建筑区域的环境和能耗信息可用。
- ❏ G5：在呈现环境和电力信息时，考虑原始数据与用户的相关性。提供与先前数据相关的信息并解释差异。将好处与用户可以理解的项目联系起来；例如，对于碳减排，可联系到"砍伐的树木数量"或"抵消的森林公顷数"。
- ❏ G6：考虑系统性能中的生物学等因素。例如，人们常说女性比男性更怕冷。确保在系统行为中考虑到这一点。另外，请确保所有用户测试小组中女性和男性的代表性均匀，并询问每个人对系统性能的看法。
- ❏ G7：提供投诉和管理流程。建筑物的用户应该知道联系谁以及如何联系。
- ❏ G8：考虑系统可能会出现故障并且可能需要关闭。确保大楼经理知道如何执行此操作，并且用户知道如何联系大楼经理。
- ❏ G9：提供控制，使建筑管理者能够以有意义的方式控制系统。如果用户抱怨建筑物室内环境太热或太冷，请提供修改系统行为的方法，以使其继续使用，即使无法达到最佳状态。
- ❏ G10：确保建筑物有一个失效保护选项，可使其恢复到稳定的温度，以防传感器网络和控制器产生的输入无法从模型中获得强烈响应。
- ❏ G11：记录系统正在做什么，并以友好的方式提供对日志的访问，以便用户可以检查决策，以在很长一段时间内调节或增加能源使用。

随着时间的推移，按照 G1-G11 指南开发的接口为用户提供了留下反馈的机制，并确保了公司经理获得反馈的流程。因此，请提供一个反馈页面，你可以在其中记录经理所采取的操作，然后将其发布，以便用户可以看到对于他们的反馈公司做了什么。G11 的功能避免了一个难点：对模型正在做什么提供解释可能具有挑战性。Rudin 详细描述了这一点，认为这是在重要应用中接受和使用人工智能系统的障碍[①]。

在选择模型时还应考虑预期应用中的透明度要求。这是一个强烈的系统要求，也是第 8 章"测试和选择模型"决策的一部分。当然，有时最好的模型是基于满足项目中的所有需求和挑战而选择的，它可能是不透明的。例如，支持蛋白质结构预测的人工智能 AlphaFold 2 是一组极其庞大且神秘的深度网络（deep network，DN）的复杂集合。这些网络是无法解释的，但如果它们可以解释的话那就太好了，这样生物学家就能知道 AlphaFold 2 的工作方式和缘由。AlphaFold 通过渲染它创建的结构提供了一些折中的能力，显示它们与之前假设的结构有何不同，以及它们发挥作用的方式。这使得科学家能够直观地了解 AlphaFold 所做的黑盒预测，评估其有效性和价值。

[①] Rudin, Cynthia. Stop Explaining Black Box Machine Learning Models for High Stakes Decisions and Use Interpretable Models Instead. (2018). https://arxiv.org/abs/1811.10154 (accessed October 2021).

对于用户和你的团队来说，最好的办法可能是使用事后解释机制。解释 AlphaFold 2 等深度网络的推论的一种流行方法是提供激活图（activation map），显示处理后图像的哪些部分导致网络中的最高活动水平。支持这种解释风格的流行包是 LIME[1]。

提供事后解释的艺术一直在进步，但 Rudin[2]对此提出了强烈的批评。你必须做出的判断是，对系统行为提供误导性解释所造成的潜在危害是否大于忽视不透明系统可能造成的危害。明确这样的事后解释只是指示性的并且可能不准确，可以稍微减轻这种潜在危害，但用户通常还是愿意相信你的解释，因此这是你的责任，务必谨慎以对。

9.5　记录、监控、管理、反馈和文档

> **支持和管理组件工单：S3.7**
> 构建系统的日志记录、监控和警报组件。

> **支持和管理组件工单：S3.8**
> 确保就模型管理和移交安排达成一致。

> **支持和管理组件工单：S3.9**
> 生成维护和支持文档。

如果你要交付系统并将其投入生产中，那么有必要实现一组允许技术支持小组操作它的管理和维护接口。机器学习系统也不例外。系统需要生成信息丰富的日志信息，以便你可以了解它是否按预期执行，并跟踪出现问题时发生的情况。它还需要在发生故障时（最好是在发生故障之前）生成警报。

对于普通的软件系统来说，性能监控是不起作用的。从功能上来说，我们可以期望软件能够正常工作（除非出现错误）。机器学习系统在生产中也可能会出现功能故障，因为世界发生了变化，在 Sprint 2 中使用机器学习算法提取的模式和行为不再相关。

发生这种情况是因为生成机器学习预测的需求和操作的实体发生了变化。也许他们中的一些人已经老了，去世了；也许经济变革或新技术的引入等其他压力已经从根本上改变了该领域的动态。例如，在流媒体普及之前根据数据对音乐销售进行良好预测的模

[1] Ribeiro, Marco Tulio Correia. LIME. (2021). https://github.com/marcotcr/lime.

[2] Rudin, Cynthia. Stop Explaining Black Box Machine Learning Models for High Stakes Decisions and Use Interpretable Models Instead. (2018). https://arxiv.org/abs/1811.10154 (accessed October 2021).

型今天可能会失效。因此，这意味着我们必须记录功能系统行为以及非功能行为并发出警报，以了解是否会出现故障、在何处以及何时会发生这种功能故障。

我们需要在系统日志中记录和捕获与其操作相关的所有事件，例如数据库连接、用户登录、数据更新和模型决策等。日志记录的频率和密度由应用程序决定，日志本身的保留期限也是如此。显然，计算性能指标给系统带来的负载是有成本的，存储日志数据也有成本。这是由你在开发系统时建立的应用程序的需求来平衡的。

日志的密度由需求和性能考虑因素决定。警报系统的性能受到人类如何与其有效交互的限制。支持小组经常抱怨警报风暴将仪表板上的每个灯都变成红色，并且每 10 min 向所有设备发送一条消息。这些警报通常会被忽略，甚至可能根本不存在。这种警报行为的副作用是，有意义的警报会夹杂在大量垃圾中，从而被丢弃或忽略。

除了日志记录和警报，系统还必须具有可用于控制和管理系统的效应器（effector）。管理功能可以像请求重新启动以清除队列已满或内存分配失败等问题一样简单。尽管所有人都希望交付的系统没有错误且完美无缺，但基于这种假设进行计划显然是不明智的。事实证明，提供重启按钮是解决意外问题的一种廉价而有效的解决方案。与其他情况相比，让有价值的系统在现场运行多年可能也足够令人满意了。

使系统在生产中得到支持的一个有效方法是让用户能够提供反馈。这在部署的早期特别有用，因为此时开发团队仍然可以实现任何所需的修复。提供反馈机制是摆在明面上的，你必须这么做，但更重要的是让用户真正使用它而不是仅将它视为摆设。一个很好的方法是直接询问他们对系统的看法。

你还可以考虑实现一个单独的系统来支持监控互联网上的客户投诉（例如，通过微信小程序或类似平台）。由于社会和文化等各种原因，用户可能在客户公司中被禁言，无法发表反对客户公司系统的意见，而你实现的系统则可以弥补这方面的问题，获得更真实的反馈。当他们获得有关系统性能的保密反馈机制时，他们会提出许多投诉。一项抱怨是系统响应时间太长，有时他们的账户登录会超时。乍一看，这似乎很荒谬，但在调查后端数据库上的查询时间时，团队发现某些查询竟然运行几分钟之久。这使得系统使用起来既缓慢又令人沮丧，而且还破坏了机器学习系统旨在创造的任何好处。

我们还曾经遇到过这样一个例子：生产系统出现问题是因为生产数据库未按预期方式进行配置和索引。团队并不知道这一点，因为没有任何测试表明这一点。这个问题其实只需要给数据库团队打一个电话即可解决。这件轶事的要点是，尽管进行了测试、日志记录和监控，开发团队可能仍然无法发现生产环境中产生的问题。因此，接受用户反馈并不是一件坏事，相反这些反馈往往（就像在本例中一样）非常有价值。

机器学习系统的一个特点是，随着时间的推移，系统输入的值可能会随着世界的发展和进步而改变。监控系统输入的这些变化是日志记录和监控支持机器学习系统治理的方式之一。接下来我们将更深入地讨论这一点。

9.5.1　模型治理

在某些应用中，集成到系统中的模型在运行的第一天就得到了成功使用，直到技术水平或应用程序要求的某些变化使它们过时，然后它们自然被淘汰停止服务。在其他应用中，专业领域的变化（可能是由时尚、通货膨胀、社会结构或人口统计的波动引起的）意味着模型变得过时，并且它们的性能也开始下降。

使用机器学习技术的组织可以部署数百或数千个模型和系统，但除非这些模型和系统在交付时提供了系统管理和治理框架，否则这么多模型和系统难免会产生混乱。

基本的治理结构要求支撑它们的系统和模型必须向客户组织内的负责人注册。也就是说，模型必须由某人负责。我们还必须提供正确访问和理解模型所需的材料和信息，以便负责人能够随着模型的发展进行处理。

治理系统至少应该允许识别系统的负责人（负责并有权对系统做出决策的人），并链接所有使系统能够被审计、管理和维护的工件，以便轻松发现和访问这些工件。

此外，治理系统要求能够记录和读取生产系统的历史：

❑　该系统何时实现、更改和审查？

❑　系统问题何时被检测到并记录？采取了什么措施来处理这些问题？

❑　系统如果被停止使用，那么是什么时候被撤回的？它调试和运行的相关记录什么时候会被删除？

在官僚主义盛行的环境中，消失的一个核心要求是模型负责人必须能够判断模型何时出错，并且必须能够将其关闭、修复或替换为其他模型。

在这里，关键的步骤是负责人需要知道模型出了问题。在生产环境中的一些简单检查可以揭示这一点。例如，计算模型进行的分类类型，如果发现一种类型过多，则发出警报。当然，一种更复杂的方法是将断言构建到模型服务器中，在违反任何这些断言时记录并发出警报（Kang, et al, 2020）。

你还必须做好应急准备。这就像任何业务连续性计划一样：如果总部因地震、暴风雨或其他不可预见的灾难而关闭一周或一个月，企业也不至于因此而倒闭，这一点至关重要。每个企业都应该制订应急计划来应对这种不测事件。对于模型来说也是如此！如果这些模型由于某些奇怪的原因而停止工作，那么使用它们的企业不应该因此而陷入困境。例如：

❑　聚合行为或对于多数类别的预测（包括适当的警告）能否为模型提供较低价值

的替代品?

❑　能否提供工作效果较差但可能更稳健可靠的旧模型?

❑　能否关闭该模型,让用户在没有它的情况下管理一段时间?那段时间有多长?
　　模型可以在那时被调试、重新测试和修复吗?

在第 10 章"发布项目"中,这些问题将变得尤为突出,因为它们将影响你未来的工作。通过在投入生产之前做好实际的发布后安排,你可以避免很多痛苦和麻烦。

9.5.2　文档

在项目开发期间,你应该已经制作并存储了大量文档。所有这些文档都非常实用且有价值,但是,为了交付可维护的系统,团队仍需要准备一些在日常工作中支持系统的额外文档。这些文档包括:

❑　生产团队组织结构图

❑　系统运行手册

❑　技术概述

❑　故障排除指南

你可以使用生产团队组织结构图来回答以下问题:谁负责管理系统?如何联系他们?他们需要哪些证书、知识和培训来完成他们的工作?

此外,还需要确保生产团队的设置和结构考虑到假期、疾病和继任等情况。那些积极进取(或仅仅是故作姿态)的人可能会说,他们无论如何都能够保证完成自己的工作;但是,如果有人辞职了,或者更糟糕的是,员工病故了该怎么办?所有这些情况你都应该未雨绸缪,而不是等出了事情才大发雷霆。

当系统由于其他系统或其支持硬件的故障问题而产生错误时,你所交付的运行手册应该允许一线和二线支持人员对系统进行故障排除。其他支持小组可能会找到根本原因并修复这些错误,但需要提出相关的"请修复此问题"工单,并且你需要告诉用户发生了什么事以及正在采取哪些措施等。

运行手册应提供日志记录和监视系统可能产生的每个错误状态的信息。其中一些信息只会简单地提示"数据错误:请联系技术团队",但也有一些信息会提示简单的修复方法,例如"请使用 app_server_restart.exe 脚本重新启动应用程序服务器"。

技术概述文档为新工程师提供了一些技术上的简介,以便他们能够快速了解核心组件和概念。此概述通常链接到团队生成的文档存档,因此应将其视为系统的高级地图,而不是详细的深入研究。

实际上,这个技术概述就是团队已经提供的代码库和开发文档。那么,如何让新工程师快速熟悉这些文档呢？你至少应该包括一个图表，用于展示系统的主要组件以及每个组件的处理功能的分配，并且还应展示系统中数据流的视图，这包括：数据来自何处、在何处可以访问这些数据，以及数据在何处进行暂存和处理。

要编写故障排除指南，需要团队发挥他们的想象力。例如，系统可能出现什么问题？需要采取哪些措施来解决这个问题？

请确保团队特别关注系统中与机器学习组件和模型相关的文档。开发文档涵盖了建模的技术架构和方法，但文档还必须详细说明：

- ❑　如何单独调用模型（运行哪些文件、如何将数据传递给模型等）。
- ❑　如何保留模型（同样，需要指明运行哪些文件、如何运行以及环境先决条件等）。
- ❑　如何评估模型的行为（这可以引用项目文档，但需要明确说明模型如何向用户提供价值等重要内容）。

开发这些文档所需的工作量相当大，并且显然会随着你正在开发的系统的复杂性而变化。但是，这样做的回报也是巨大的：一组良好的生产文档与丰富的开发档案相结合，可以为系统的后续开发和维护提供极好的资源。

9.6　发布前测试

> **测试工单：S3.10**
> 　制订发布前测试计划。

团队可能认为他们在 Sprint 2 中已经做了足够的测试，但残酷的现实是，部署生产系统还有更多的测试工作要做。大多数组织都有自己的测试标准，有时也被称为 VV&T，意思是验证、确认和测试（verification, validation, and testing）。你和团队需要制订并完成测试计划，然后由客户公司 IT 部门签字确认该计划已完成。

一般来说，测试计划要求你进行以下测试：

- ❑　单元测试（unit test）：开发人员用来证明其代码有效的本地化测试。
- ❑　系统测试（system test）：表明代码按预期执行；例如，测试模型就是系统测试，测试非功能元素也是如此。
- ❑　集成测试（integration test）：证明不同的系统模型可以按预期协同工作；例如，生产数据库可以使用执行特征提取的代码。
- ❑　验收测试（acceptance test）：证明系统满足验收标准，对公司的业务目标有用或可以满足用户的目的。

在系统开发过程中，团队做了很多单元测试（例如 Sprint 1 中描述的数据测试）和系统测试（例如 Sprint 2 结束时的大量工作）。用户体验工作应该促进验收测试，该工作也在 Sprint 2 中开始。当然，现在需要创建单元测试和系统测试的某些方面，并且需要通过集成测试来测试数据基础设施、用户体验和模型服务基础设施。与机器学习系统集成的任何其他应用程序元素也需要集成测试。现在要做的工作是：

- ❑　收集并编录迄今为止完成的单元测试和系统测试。
- ❑　正式组织和进行用户体验工作的验收测试。
- ❑　确保生产组件经过适当的单元测试和系统测试。
- ❑　设计并进行集成测试，以确保所实现的系统作为一个整体正确运行。
- ❑　让测试计划被接受为合适的计划。
- ❑　将你的生产前测试放入自动化测试系统中并成功运行这些测试。

最后，你还需要获得必要的签字，表明团队成功执行了被接受的测试计划，并且 VV&T 团队同意系统可以被投入生产。

值得一提的是，交付有用的机器学习系统所需的测试与交付标准软件所需的测试之间存在明显差异。其核心是从数据中提取的模型的性能和行为。

在撰写本书时，大多数组织测试其模型所需的标准远低于我们在第 8 章"测试和选择模型"中介绍的标准。希望这种情况会有所改变。在此之前，你和团队都是专业人士和相关专家，有些标准可能由你说了算。但是，请记住，测试标准和质量方面的强制要求都是项目的支柱，它们提醒你，你需要证明为什么你会因为所做的事情而获得报酬。

你的测试计划需要表明，你已经完成了为你的客户和用户创建强大且可靠工件的任务，并且在交付时满足他们的一切期望。

9.7　道 德 审 查

现在再来检查系统在道德方面的表现是否为时已晚？当然不！此时，团队仍需要确保系统没有出现在之前的实践中未考虑到的新问题，并且他们需要汇总为所有道德评估准备过的文档。这方面的工作是在项目前、探索性数据分析后以及模型选择的决策过程中完成的。

现在你已经了解了整个系统，你和团队需要审查其部署的道德后果。如前文所述，人们进行了许多努力来了解机器学习系统的道德影响和许可；应用环境决定了团队将采用哪个系统（如果有选择的话）。此外，预计该领域将迅速发展，你和团队有责任采用最佳实践来确保你构建的系统符合道德规范。

道德审查的主要内容包括：

- ❑　负责人是否清楚了解系统的管理方式？
- ❑　是否存在适当的治理流程来管理系统的行为？随着时间的流逝，负责该操作的人员可能会发生变动，治理流程是否会不受影响？
- ❑　系统的性能是否可以理解和衡量？能否衡量它对用户和操作环境中其他人的影响？团队能否证明这一点？
- ❑　系统的接口是否提供了足够的信息让用户了解它在做什么？
  - ➢　管理系统行为的可用控制措施是否有效且适当？
  - ➢　用户能否有效地利用控制措施，以便他们能够合理地对系统的行为负责？
- ❑　你是否咨询过该系统的用户以及受其使用影响的人们？
  - ➢　团队是否评估了系统对这些人的影响？
  - ➢　你的团队是否完全了解系统可能造成的任何危害，并且系统的实用性是否明显超过了这种危害？

关于最后一点，在发生损害的情况下，应确保有负责人或有权力和能力的人对系统的实用性做出判断。

9.8　投　入　生　产

> **将系统投入生产环境中的工单：S3.11**
> - ❑　投入生产。
> - ❑　创建发布后测试计划。

伟大的一天到来了！一切都已签核批准，系统没有危险，也不存在不法行为，它实用有效，而且很有价值，每个人都喜欢它。接下来你要做的就是安排发布时间/日期。在DevOps 环境中，这可能是系统达到可以首次发布的标准的那一天。在较为僵化的企业环境中，可能会有每周发布日或（更可能的）每季度发布日，并且在诸如圣诞节、新年和财务报告季之类的特殊日期左右还会出现冻结。一些企业在对交易或安全至关重要的时期会长期冻结发布。

一旦就发布日期和时间达成一致，那么在现代项目中，你就可以运行一个批处理文件（可以通过单击某个按钮或发出命令行指令来执行），将系统所需的所有工件转移到生产环境中并使其可被调用。

一般来说，你可以运行发布后测试（post-release test）来证明系统已完全正确地被转移，并且它确实正在运行。这意味着团队有以下4项工作要做：

（1）开发将所有文件提交到生产环境的持续集成/持续交付（CI/CD）流程。这可以通过标准开发管道工具（如Jenkins）来完成。有时，特别是在前沿项目中，会出现一些部署的极端情况，需要其他的解决方法。

重要的是，在你的部署过程中，不要弄出一大堆的便利贴来标记注意事项，或者更糟糕的，按照领导的口头指示来定义部署过程。

因此，在部署时应坚持尽可能多的自动化（以及易于使用的自动化）。为什么？因为将系统投入生产环境中既令人兴奋又充满压力，而且经常会出错。你可能必须重新调整并重做系统。自动化是你值得信赖的朋友。

（2）创建发布后测试计划。同样，你可以自动化进行此操作（对于所有测试）并确保你知道它将如何运行以及如何在生产中部署它。这通常是投入生产活动的一部分。

（3）执行升级/新版本发布任务，包括测试。

（4）运行发布后测试并验证结果。

如前文所述，生产部署中出现问题的情况并不罕见。重要的是你需要为这种意外情况做好准备。确保你有关键人员可以进行干预，并确保他们拥有访问凭证和权限，可以采取必要措施来解决任何最后一刻的问题。

9.9　曲终人不散

> **当你认为项目已经完成时要执行的任务：S3.12**
> 　　发布后的认可和感谢。

你和团队开发的系统已经成功提交，正在投入生产和运营中。这是值得庆祝的时刻。不妨带团队出去干饭、聚会、举杯痛饮。当然，别忘记通过团队微信群或电子邮件向他们所有人发送感谢信。

你的团队已经成功交付了成果，所有成员都值得点个大大的赞。至于你自己，也可以对着镜子夸一句：你太棒了。然后，你可以坐下来盘点发生过的事情。你的经历是宝贵的，你需要感恩并铭记这一切。

到了此时，你会意识到在项目之外还有生活。有时，你可以休息一下，回来后转向新的事物。在这个项目之后，你和与之相关的每个人都可能会被召集起来以跟进新出现的任何机会和开发任务。在第10章"发布项目"中，我们将讨论项目完成后的工作。例如，在现实生产环境中，支持和维护系统都有很多工作要做，而从既有项目经验中进行总结和学习，并在下一个项目中做出改进也值得你为之付出努力。

9.10　The Bike Shop Sprint 3

Sprint 2 的末尾恰逢你的假期，你美滋滋地度过了这个假期。当你外出时，你确信 Rob 能够顺利完成你交给他的任务，而当你回到工作岗位时，你做的第一件事就是查看他的 Sprint 报告，看完报告后，你发现自己对 Rob 的信任是对的。所以，当 Karima 在你回来的第一天的早上打电话给你时，你的心情仍然很好，但接完电话后这种情绪就持续不下去了。

Karima 认为，虽然该项目迄今为止已经开展了大量活动，但她没有看到任何有形的东西。她用了"全是虚的，没有任何实际成果"这句话。这已经算是比较严厉的批评了。

Karima 显然对该项目的进展和价值有了其他的想法。问题是：为什么？

你可以猜到，有人问她投资的成果在哪里？凭借多年职场经验和所有高管都有的生存本能，Karima 毫无疑问地做出了对自己最有利的回应，说她也对这个项目有疑虑但是意见未被采纳，然后还解释了迄今为止她是如何将这份糟糕的工作做到最好的。话里话外的意思就是，她不应该因为发生的事情而受到指责。不难想象，如果该项目确实没有成功，Karima 认为谁应该受到指责。

你的大脑在飞快地旋转。面对这种情况，也许你能想到的正确的做法是召开一次审查会议，可以向 Karima 和她想要邀请的任何其他人介绍迄今为止的进展和结果，以讨论项目的方向，但是这里其实还有一个更好的备选计划。当建模团队在做他们的模型开发工作时，Clara 一直在后台埋头研究系统的前端。她正在构建用户体验组件并与用户一起测试它们。上周晚些时候，你和她进行了一次简短的交谈，你相信，考虑到让人们进行审查所需的时间，团队将能够制作一个概念演示版本，让任何对项目有疑问的人都相信，一切都很好，项目正在有条不紊地推进。

你松了口气，向后靠在椅子上，并在心里把自己骂了一顿。你应该早就看到这一点，只不过你在项目早期更多关注的是目标应用程序。但是你也知道，你如果过早就将重点转移到展示应用程序可以具有多少价值上，而不是确保它能够正常工作，那么可能会因为在一个只是幻想的系统上浪费客户的钱而陷入麻烦。毕竟，重建项目的风险太大。

当然，在读完 Rob 的报告后，你确信该项目将会成功，但目前的危险在于，在你证明这一点之前，该项目就可能被那些缺乏耐心的高管们废弃了。

你看着咖啡，想知道是否可以来一杯更浓烈的饮料，但最终只是无力地摇摇头。愉快的周末感觉已经过去很久了，而现在才上午 10:30。

　　不过，生活就是这样，你还需要打起精神来，因为现在正是处理此类问题的最佳时机。你要做的第一件事就是安排明天一早召开团队会议。下一件事则是向 Clara 和 Rob 发送消息。谢天谢地，他们今天都在上班，所以你们安排了午餐后的三人聊天。你利用午餐前的时间来查看团队在 Sprint 1 和 Sprint 2 时生成的材料。

　　在聊天中，你告诉 Rob 和 Clara，团队现在需要证明模型的可能应用如何以最佳方式满足客户的需求。令人高兴的是，你们三人都认为模型的最佳实现是将它们置于智能仪表板后面。这也是与客户讨论的最初概念。

　　你仔细盘算了项目可能偏离原来轨道的地方。例如，在 Sprint 2 中，Clara 标记了从用户体验的角度来看模型可能不起作用的地方，建模团队也发现了一些可能会导致应用程序不实用的东西，现在你可以就这些事宜与 Karima 和 Niresh 进行沟通，做出双方都认可的改变。具有讽刺意味的是，这可能让他们对团队与客户需求的互动有了更强烈的认识。不过，好消息是，该项目正在顺利交付客户想要的东西以及 Clara 认为用户需要的东西。Rob 也同意带头整理演示文稿。

　　然后 Niresh 给你发消息说三天内有一个项目检查点的空档，但他没有提供任何进一步的细节。对于这样的项目来说，三天是相当长的准备时间，根据 Clara 和 Rob 与你交谈的情况，你甚至觉得这个时间相当充裕。Rob 的观点也令人安心。他认为，当检查点到来时，团队将展示一些令人印象深刻的计划。

　　早上，你和 Rob 带领团队了解了情况，并为接下来的三天制定了一些目标。第一个目标是处理分析工单 3.1 和工单 3.2（如果你需要了解有关这些工单的详细信息，请参阅 9.2 节"机器学习实现的类型"）。

　　由于团队现在所处的阶段以及项目的成熟度，你决定在团队会议中处理工单 3.1。团队也同意这一决定。显然，适当的方法是将智能仪表板开发为辅助应用程序。

　　虽然要弄清楚系统的非功能性影响有点复杂，但 Danish 和 Kate 都很高兴地接受了工单 3.2，并将于明天早上回来进行评审。

　　Rob 认为，对于工单 3.3 和工单 3.4 来说，最好的办法是先做出一些东西来，并将应用程序的开发环境原型放在一起。在三天内完成这项工作是一个颇有挑战性的目标，但团队似乎对此充满信心。他们之前的调查研究和 Rob 在 Sprint 1 中的工作发现了 Clara 和 Miguel 熟悉的仪表板工具。可以从新的产品数据库中轻松绘制所需的数据流，云环境中的外部数据源可以将转换和特征创建步骤部署到无服务器处理器中。

　　Clara 和 Miguel 开始实现用户界面部分，Kate 和 Rob 专注于模型服务器的实现设计，而 Jenn 和 Sam 则重点关注数据管道。所有人都同意出席明天早上的评审会议。

　　在接下来的几天里，你一直忙于回答团队提出的有关可用组件的架构问题。其中一些你自己就可以回复，但你发现经常与 Niresh 交流可以获得更多答案。

当周四的检查点会议召开时，Karima 带着一个人出现，他自我介绍说是财务部的 Alan。你认出他是 Alan Williams，现任 The Bike Shop 的首席财务官。显然，他很好奇他的钱都花在哪里了。Karima 似乎有点六神无主，显得对自己没有信心，而 Niresh 则安静得像只老鼠。Alan 在 The Bike Shop 享有盛誉——他不乐意或根本不会忍受傻瓜。

你向团队介绍了本次会议的计划。由你先介绍该项目和工作的价值，然后 Rob 将演示原型，接下来是 Clara，她将谈论用户体验方面的工作以及她所接触的用户的反应。接着，Miguel 将介绍用户界面（UI）的功能，重点是让机器学习系统为用户服务。在剩下的时间里，Jenn 和 Kate 将仔细阐述产品设计。

事实证明，这种安排是一个不错的选择。Alan 听着你介绍的项目的优点和价值，望向了 Karima。他说：“这都是我以前讨论过的。”

Karima 脸色煞白，你也感觉到后脊背一阵发凉，但随后他说：“不过，这也不能全是夸夸其谈，对吧？你们有什么实际东西要给我看的？”

于是 Rob 开始演示，Karima 立即放松了下来。30 s 后，Niresh 对你露出了微笑（当然是在 Alan 的视线之外）。当 Clara 谈论用户响应时，Alan 不住地点头；当 Jenn 描述数据设计时，他转向 Niresh 问道：“你觉得怎么样？”Niresh 说：“我和用户讨论过这个问题。明天我们可以将其提交给一致性委员会，并希望此后尽快投入使用。”

Alan 站起来，无视你，他转向 Karima 说：“走吧。我会和 Pete 谈谈。” Alan 转向团队说了一声：“很高兴见到你们”，然后就走了出去。你感觉有点被忽视，但话又说回来，你代表的是咨询公司，他冷落你也算正常。

Karima 明确表示她对产品演示感到满意，并关心地询问团队是否有信心在你列出的时间表内准备好产品以进行测试。

当然，在工单 S3.3 和工单 S3.4 完成之前，待办事项中还有相当多的审核和响应子任务。看起来还需要几天时间才能搞定这些东西。

接下来，团队开始继续处理 Sprint 待办事项中的工单；站立会议简短而切题。团队都知道自己在做什么，并且正在努力完成任务。Clara 已经在考虑工单 S3.5，并将在本周末之前开始关注工单 S3.6。

Kate 知道 The Bike Shop 的日志记录环境是 Splunk，她很快提供了适当的日志记录和监控设置，连接到模型服务器和数据子系统生成的日志。

Rob 和你全心全意地与 The Bike Shop 的支持小组合作，安排他们交接该系统。Karima 完成了模型治理流程。Sam 和 Jenn 已经进行了测试。部署计划已经签署，测试工具也已经构建完成，很快所有事项在董事会上都获得了批准。

Miguel 构建了发布程序以将系统投入生产中, 时间和日期已达成一致。当你盯着 The Bike Shop 内部网上的仪表板时, Karima 出其不意地给了你一个拥抱。Niresh 也开心地笑了。

第二天, 你起草了一封电子邮件以感谢团队。正当你准备发送时, 屏幕上弹出一条消息, 这是你的老板发来的。你和团队已经被 The Bike Shop 挽留, 因为他们想要开发更多产品, 并且愿意提供更好的待遇!

9.11　小　　结

- ❑ 仔细选择你和团队正在构建的机器学习系统的类型。它应该是一个辅助系统、委托系统还是自治系统?
- ❑ 承担这个选择所带来的影响! 各种类型的机器学习驱动系统的非功能要求和功能要求是不一样的。
- ❑ 构建生产数据流和合适的模型服务基础设施来支持你已确定的需求。
- ❑ 机器学习系统的用户接口要求与普通系统不同。你需要确保系统配备了适当的工具, 并且用户可以使用相关的控件。
- ❑ 确保提供正确的日志记录、监控和警报基础设施, 否则生产支持小组将无法接受其投入服务。
- ❑ 对你的系统进行测试并确认其适合投入生产。
- ❑ 评估预发布用户数量和集成测试所需的时间和精力。
- ❑ 在为系统开发候选版本时, 道德审查至关重要。这通常是利益相关者意识到已实施的内容及其影响的时刻。这可能很痛苦, 但在最后一个障碍中发现问题比将问题释放到生产环境中要好得多。
- ❑ 为将系统投入生产而进行的持续工作做好准备。当用户使用你的系统时, 你的工作并没有结束。事实上, 这可能才刚刚开始。

第10章 发布项目

本章涵盖的主题：

❑ 机器学习系统投入生产后的维护和管理

❑ 处理生产故障

❑ 从项目中学习并改进做法

你和团队所开发的模型已经被集成在应用程序中，并且该应用程序已经被交付给客户公司并投入生产中。现在必须有人来维护它！

除了处理旧的机器学习系统和维护新的机器学习系统，本章还讨论了项目完成后团队要做的事情。团队如何吸取经验教训才能使下一个项目变得更好呢？

10.1 Sprint Ω 待办事项

表 10.1 中的待办事项列出了将系统投入生产后团队需要完成的工作。

表 10.1 Sprint Ω 待办事项

任 务 编 号	项　　　目
SΩ.1	确定与机器学习相关的技术债务的特定来源。 ❑　验证模型性能 ❑　监控模型漂移 ❑　检查模型是否过时
SΩ.2	识别并处理一般技术债务
SΩ.3	进行项目后审查（复盘），以确定团队可以从你的项目中学到什么
SΩ.4	寻找开发机器学习系统的新实践的方法
SΩ.5	确定团队可以用来取得更大成功的新技术
SΩ.6	写一篇关于该项目的案例研究来记录和分享你的经验

☑ 注意：

Ω 读音为欧米伽，是第 24 个希腊字母，也是最后一个希腊字母。在这里，Sprint Ω 表示项目交付之后的所有未尽事宜。

10.2　投入生产并不意味着万事大吉

在第 9 章"Sprint 3：系统构建和生产"中，我们讨论了将机器学习模型引入系统并投入生产的过程。此过程中的主要活动包括构建监控、日志记录和警报系统，并就系统的治理流程达成一致。如果你需要这样做，那么此设置应该为你提供支持系统的框架。

目前，机器学习团队在生产中管理项目的趋势日益明显。这被称为左移（shift left），因为在一般的软件开发流程中，左侧的开发团队会将产品传递给右侧的支持小组。左移的思想是开发小组应该承担更多支持小组的传统工作。这是因为一些较小的公司现在也支持软件开发，而它们可用于生产团队的资本较少。

此外，迁移到云意味着内部支持团队的许多担忧都消失了。没有需要照管和维护的服务器集群，这使得只需关闭它们就可以节省大量资金。

当然，这样做也是有争议的。当机器学习团队可以构建其他机器学习系统时，为什么还要让他们去维护已投入生产中的系统呢？一个答案是，有时机器学习系统需要专业技能来维持生产。

另一种观点是，从系统的实际使用中可以学到宝贵的经验教训。负责维护生产项目的团队通常对未来开发过程中的重要内容有不同的看法。

另外还值得考虑的是，随着时间的推移，支持该项目的团队自然会发生变化，初级员工可以作为早期产品部署的第一线支持人员而获得相关经验。

不管这些论点如何，在项目投入生产时为其提供支持通常是机器学习项目的先决条件。当收到项目提案时，精明的首席信息官们会展望未来，看到一个正在酝酿中的孤立项目。有鉴于此，你的组织可能会将机器学习系统的维护和支持任务视为你的日常工作，本章将深入讨论支持机器学习系统可能带来的挑战。

10.2.1　直面问题和厘清责任

一般来说，随着时间的推移，团队会逐渐积累对生产中的模型的责任，并且通常没有人能够很清晰地确定谁应该对哪些东西负责。团队很容易认为，尽管他们帮助修复和部署了很多事情，但这些事情实际上是其他人的责任。这意味着他们可以花时间做各种其他有趣的事情，让生活变得更甜蜜。遗憾的是，当这种模棱两可的观点受到全面系统故障的考验时，结果你会发现其他人都认为你应该对此负责。当这种情况真正发生时，你的生活很快就不那么甜蜜了。

你如果花时间和资源来管理你的团队所负责的机器学习系统，那么会发现故障很少见，而且即使发生，也很容易处理。最重要的是，当你解释发生的事情以及处理方式时，你需要直接面对问题并明确责任。因此，首要任务是确保对团队维护的系统进行有效控制。

你最终负责哪些系统？如果对此有任何疑问，不妨制作一个四栏列表（见表 10.2），并将你的团队接触过的人员或认为他们可能负有责任的所有系统都放入其中。

表 10.2　创建并维护你的职责列表，确保你的经理或主管可以访问该列表，
并与他们一起检查该列表以确保他们同意该列表是准确的

系 统 名 称	负 责 人	管 理 者	说 明
inventory manager（库存管理）	Karima	你	审核通过，03/22
demand prediction（需求预测）	Karima	你	审核通过，03/30
building manager（建筑管理）	Alan	David	David 对此表示不确定
auto reply（自动回复）	Alan	你	无治理
inspection（检查）	Josep	David	David 表示同意
entity matcher（实体匹配）	Alan	你	无治理
auto review（自动评审）	Alan	你	最近已审核，01/20

在表 10.2 中，有一列是"负责人"列，即系统的业务负责人，他们也是裁定系统具有足够价值仍应保留在生产环境中的人。如果系统出现问题，那么这个人将是给你打电话的人。还有一列是"管理者"列。该表的目的是让负责人同意"管理者"列中指定的人员是对该项目负有责任的人员。

你的初始假设可能是你负责这些系统，但如果可以的话，也不妨努力寻找其他人来接替。与你的经理讨论此流程。他们可能会热衷于在"管理者"一栏中填上替代者。

在此过程结束时，你将对你和团队的责任有一个明确的了解。尽管这可能令人畏惧，但你现在的处境比刚开始时要强得多。现在你已经有了管理这些系统的明确授权，你需要对每个系统进行审查：

- ❏ 治理是否到位？如果没有，请先解决这个问题并确保得到适当的认可。
- ❏ 支持组织是否具有相关的专业能力？所有人员是否仍在产品发布后的团队中工作？或是否签订了提供支持的合同？
- ❏ 文档是否仍然可用？这很容易检查。确定文档是否有意义且实用也相对容易，但这可能需要一些时间。
- ❏ 相关工具是否仍然可用？特别是，是否需要任何许可工具或专业硬件平台来处理系统数据（可能因为专有格式）或训练模型？

　　❑　是否对系统的报废问题进行了审查？如果没有，那么应该进行审查。

　　❑　是否有计划应对系统基础设施即将发生的变化（例如重新平台化）？如果没有，那么制订一个计划。

　　❑　是否清楚地了解系统出现故障时的后果？解决这个问题的方法是什么？

　　这些审核需要定期重复，因此，如果组织中还没有标准时间，则最好建立一个标准时间。一个比较好的起点是按年审核。

　　在表 10.1 中列出了一个影响所有软件系统的问题，那就是技术债务的累积。机器学习系统特别容易出现这个问题，接下来我们将详细讨论该问题。

10.2.2　机器学习的技术债务

　　技术债务描述了系统的最佳性能与其实际性能之间的差距。这个差距是系统逐渐累积起来的债务，它会为用户或其他系统带来额外的工作成本。

　　技术债务（technical debt）这个术语是由 Cunningham[①]创造的，用来描述将早期敏捷项目投入生产所需的妥协。自从 Cunningham 提出这个想法以来，它也开始描述随着时间的推移，围绕生产中的计算机系统出现和积累的问题。软件是静态的，它不会随着时间的推移而改变，但是，它周围的世界却会发生变化。例如，当我们更改接口时就会出现问题，导致交互和数据流不完整或失败。

　　Scully 和其合著者指出，机器学习系统特别容易出现技术债务[②]，在这里，我们需要讨论几种特定形式的技术债务。

　　（1）缺乏有用的日志记录和监控系统是陈旧机器学习系统中常见的技术债务形式。因此，首先需要检查记录系统活动的日志是否存在，是否有用于了解系统性能的机制，以及是否有在系统出现故障时向支持小组发出警报的系统。

　　第 9 章"Sprint 3：系统构建和生产"包含了一些有关日志、监控和警报设置等的建议。这应该是一个优先事项，因为日志是任何故障排除实践的基础，而获得早期警告则可以大大减轻修复故障的压力。

　　（2）到目前为止，机器学习研究正在算法设计方面进行大量创新。这在计算机科学和软件工程的其他领域中则是缓慢发生的事情。事实上，机器学习社区的快速研发步伐也可以产生技术债务，因为旧方法将被最新技术所取代。

[①] Cunningham, W. "The WyCash Portfolio Management System," Proc. OOPSLA, ACM, 1992; http://c2.com/doc/oopsla92.html.

[②] Sculley, D., et al. "Machine Learning: The High-Interest Credit Card of Technical Debt." Neurips workshop. (2014). https://static.googleusercontent.com/media/research.google.com/en//pubs/archive/43146.pdf.

在维护机器学习系统时，有必要根据新技术对其性能进行基准测试。几年后，将会出现更强大、更高效的技术。在此期间，尝试从脆弱且发挥不稳定的旧模型转向稳健可靠的新模型，可以让你和团队减少很多烦恼。

当然，有些所谓最新最好的模型可能只不过是一个跟风潮流的噱头而已，而在生产环境中运行的旧模型仍可以证明其存在是有充分理由的。通过使用我们在第 8 章"测试和选择模型"中讨论的稳健评估和模型选择方法，我们可以以某种方式证实这一点。

根据 Sculley 等人的观察[①]，围绕机器学习系统的语境很容易发生变化，但改变它们的正是机器学习本身。

10.2.3　模型漂移

通常而言，模型漂移（model drift）是指发现模型不如以前想象的那么好。不良的测试和选择不当可能会导致使用了性能不佳的模型。如果你负责维护机器学习系统，则最好检查它的测试方式。你可能会找到一些很棒的测试文档，这些文档反映了第 7 章"使用机器学习技术制作实用模型"和第 8 章"测试和选择模型"中描述的过程。在最好的情况下，可能有这些文档就足够了。但是，如果你没有发现正确测试的证据或证据不足，则有必要重新进行测试，以识别模型中的弱点并实施修复和改造计划。

随着模型周围世界的发展和变化，过去提取的模型可能变得越来越不适用。虽然模型包含可靠的因果关系，但是当这些关系不再有效时，模型就会失败。这通常被称为概念漂移（concept drift）。

例如，之前的模型可能预测顾客会同时购买智能裤子和衬衫，但是，在新冠疫情期间，很多人都在家工作，他们对智能裤子的需求一夜之间就消失了！推荐牛仔裤或慢跑裤可能更有效，但模型可能无法在没有干预的情况下适应这一新情况，因此其性能大受影响。

此外，当流向模型的数据中的噪声水平和噪声类型发生变化时，会发生比突然的因果变化更常见的问题，这可能会导致模型犯下更多类型错误（这些错误以前都不重要）。

除了专业领域产生的变化，模型性能通常会随着其依赖的技术接口和基础设施的更新而发生变化。例如，新的 API 看起来在功能上与旧的 API 相同，但其在输入模型的内容和方式上的细微变化很可能会逐渐改变其行为。有时这种行为被称为特征漂移（feature drift）。通过监控模型并建立有关其行为的断言，我们可以检测到这种漂移。

---

① Sculley, D., et al. "Machine Learning: The High-Interest Credit Card of Technical Debt." Neurips workshop. (2014). https://static.googleusercontent.com/media/research.google.com/en//pubs/archive/43146.pdf.

值得一提的是，模型经常会在没有人注意到的情况下严重漂移，直到事件突然迫使每个人意识到发生了什么。这种偶然发现并不是什么好事，因为它会让与该模型相关的每个人都显得很无能，破坏人们对模型的更广泛信任，并且会造成恐慌和混乱，浪费很多人的时间，甚至扰乱工作计划。在这种情况下，重新测试模型并监控输入的特征以确定是否存在变化或漂移是一个好主意。

10.2.4　再训练

如果模型失败或者在失败之前检测到漂移，那么你将需要采取一些措施。此时再训练就可以派上用场了。

顾名思义，再训练是训练新模型的过程，这个新模型可以解决生产中当前模型的问题。为此需要以下 4 个组件：

- ❑　新的（或旧的）建模方法：一般来说，你可以考虑沿用建模团队开发的已用于创建出错的生产模型的方法。当然，因为生产模型已经出问题了，所以这可能表明需要不同的方法或算法。
- ❑　新的训练集：新的训练集需要体现概念或特征集中已经发生变化的部分，并充分捕获该领域的其余部分。
- ❑　测试数据或测试方法（可以在线测试）：这将捕获模型的行为，了解哪些部分发生了变化，哪些部分没有发生变化。
- ❑　模型所有者或利益相关者的认可：显然，必须构建、测试和部署新模型之后才能获得认可。

这里需要强调的一个关键问题是，获得足够的训练集和测试集有一定的难度。在拥有足够的数据来正确描述模型输入的重大变化或训练新模型来捕获该变化之前，团队也许能够看到这种变化。因此，尽早检测模型的漂移至关重要，这将使团队能够尽快采取行动，开发适当的测试并收集训练和测试所需的数据。

模型所有者或利益相关者的认可也很关键。重建和重新训练模型是一个很大的风险。采取行动的时机对于依赖模型的业务来说可能很重要，因此必须确保每个人都了解正在发生的事情、改变的影响以及何时实现新模型。

同样，尽早发现问题也非常重要，它可以让你和团队有时间获得足够的证据来联系利益相关者。这还可以让你及时安排一些不可避免的讨论、电子邮件和电话会议，就改变达成一致并启动重新训练模型的工作，以使一切再次回归正常。

10.2.5　紧急情况

拥有大量审核和结构化的模型管理流程固然很好而且令人放心，但是如果你在早上 7 点就接到电话，你该怎么办呢？在通话中，你听说第四线支持无法修复系统，他们已经重新启动了四次，但仍不起作用。更严重的是，企业因此而无法进行交易。

另外，你的监控系统却没有发现任何变化，而你也没有时间重建训练集或重新训练新模型来解决问题。

如果你按照第 9 章"Sprint 3：系统构建和生产"中的说明准备了足够的文档，并且支持团队同意模型治理协议，那么一切都没有问题。那些知道系统工作方式的人将能够有效地处理出现的任何状况。但是，情况并非总是如此。

有时，你可能会在清早就接到惊慌失措的首席信息官的电话，原因是系统原有的功能已经失效。如果你发现自己陷入了这种困境，那么你能做的最好的事情就是迅速了解清楚情况：

- ❑　谁可以帮忙？（召集一个工作组）
- ❑　你可以创建什么流程来迅速采取行动？（设置监控电话并创建报告节奏）
- ❑　要解决问题，首先可以做什么？
- ❑　如何做到这一点（确保立即采取行动，确定并消除任何问题）
- ❑　处理这种情况的其他选项有哪些？

具体来说，面对紧急情况，你要做的是：

（1）找到可以提供帮助的人，让他们立即参与其中（尽管这可能要花钱），以尽快梳理和解决问题。

（2）寻找备用计划，以防处理问题的第一条最佳路线失败。

（3）定期（可能每小时）记录并报告活动。执行此操作的典型方法是创建一个电子表格，记录处理紧急情况的所有建议方法、由此产生的所有问题、修复之外的任何缓解措施以及已采取的操作。

（4）不要忙中出错，导致草草交付的一系列解决方案均告失败。相反，你可以创建一组解决方法和修复，并在执行和消除这些问题时发送进度报告。

（5）不要因为系统似乎已修复而停止灾难管理活动。诚然，当某种解决方案使得业务流程可以再次正常运行时，你的压力会立即得到缓解，但如果你疏忽大意，则另一个故障又可能突然出现。因此，不妨将你组建的工作组的重点从解决当前问题转移到了解出了什么问题以及需要采取哪些措施来防止类似情况再次发生。

找到合适的答案可以确保你不会在一周内再次接到早上 7 点的电话，这对于你的健康和幸福至关重要。它还将帮助你解决接下来可能出现的责任调查问题。

10.2.6　问题调查

当你的组织在生产中出现了全面的业务停止故障时，接下来面临的就是问题调查流程。这是一项正式活动，旨在调查发生的情况及其原因。

问题调查的潜台词有时也涉及责任归属问题，但这可能是在事情引起首席信息官或首席执行官注意后 5~6 s 内进行的。如果你受到指责，那么我的建议是摆出你的论据，以事实说话，重点阐述你在构建和维护机器学习系统时所采用的流程和专业做法：

- ❑ 不要把它变成对抗：要刻意强调专业性。避免设定议程和给会议定调。这不是法庭，但如果你把它变成法庭，你可能不会喜欢其结果。
- ❑ 引导会议回归事实调查任务：反对任何诽谤和指责。
- ❑ 仔细准备：确保你有清晰的事件时间表，并且确切地知道出了什么问题。
- ❑ 明确为解决问题所采取的措施：提供问题已解决的证据。
- ❑ 反思从该事件中学到的任何经验教训：如果可以的话，在会议之前即对机器学习系统的管理方式进行更改，表明你将运用这些经验教训。

总而言之，如果你在开发系统后负责该系统，或者如果你负责组织中的其他系统，那么明智的做法就是努力防止它们发生故障。你可以采用多种策略来做到这一点，但重要的是要了解你的系统运行情况，并在出现严重错误之前获得任何新出现问题的早期预警。

有时失败是不可避免的，事故确实会发生。如果你是事故的受害者，请有条不紊地做出反应，并从组织的其他部门获得尽可能多的支持。当你处于不利境地时，事情确实会很难办。不过，人生总是有起有落，如果你放眼未来，并以专业的方法系统地分配责任和解决问题，一切都会好起来的。

10.3　团队项目后评审

在项目交付且客户签字确认之后，你要采取的最简单也是最重要的步骤可能是团队项目后评审（post-project review），这也被称为"复盘"。

在复盘之前，有必要收集每个团队成员的反馈，并与团队其他成员分享这些反馈。团队的文化决定了这一流程应该匿名还是公开进行。在有一些高级贡献者和更多初级贡献者的团队中，通常需要有一个匿名流程，允许初级人员畅所欲言。但一般来说，团队领导或经理最有能力判断获得开放、尊重和建设性反馈的正确方法是什么。

获取反馈的结构化方法是使用项目后评审模板，该模板将涉及项目管理和发展的多个方面。表 10.3 显示了一个示例。团队的每个成员都应该填写该表格。

表 10.3　用于团队反馈的项目后评审表示例

评分等级为 1～5，其中 1 代表强烈不同意，5 代表强烈同意

问　　题	评分等级（1～5）	说　　明
当我开始该项目的工作时，就很清楚该项目的目的和方向		
资源是充足的		
时间表是现实的		
我们作为一个团队合作得很好		
我们与客户合作良好		
该项目的结果非常好		
该项目中最好的技术元素是什么？		
什么东西没有作用？		
哪些地方可以做得更好？		
你想要做出哪些改变？		

在一个运作良好且表现出色的团队中，获得有用且全面的反馈应该是没有问题的。但在某些情况下，由于团队成员比较腼腆，他们可能会倾向于仅进行自我反省，而不会针对他人的问题提出自己的意见。如果你认为这种情况正在发生，则不妨与每个团队成员私聊以解决此问题，要求他们直接向你提供反馈。但是，匿名且直接地进行该过程并不是一个好主意，因为这可能破坏和腐蚀团队成员之间的关系。当然，这种做法也有一点好处，那就是让那些感到被边缘化的人也有发言权。

从团队收集反馈后，你应该对其进行审查并将其汇聚成可用于向团队提供的演示文稿。或者，你也可以让初级团队成员们聚合在一起（在你的支持下）并提出反馈，这对他们来说可能是一个不错的成长机会。很多时候，如果初级工程师提出反馈，那么高级工程师就会觉得更有资格参与并讨论项目中各种问题的解决方案。

要体现复盘过程的价值并鼓励团队更加开放和自省，有一个好方法是，在反馈演示文稿中列出上次项目评审中发现的问题以及本项目周期中为解决这些问题而采取的步骤。

重要的是让团队能够针对反馈做出反应并进行相互讨论，以评估所报告内容的重要性和有效性。一条评论可能会引发一场具有挑战性且重要的讨论，从而揭示出某些关键问题。

另外，团队的讨论可能表明，反馈中看似重要的内容是任何人都能想到的唯一内容，而这对他们来说并不那么重要。

复盘过程的价值在于对问题相关事宜达成共识，包括认识到问题的存在、问题责任人、应该完成的某些事情，以及团队为解决问题而采取的行动等。

在获得团队的反馈并经过讨论之后，你可以构建项目的最终报告。即使这最终是一份非常简短的文件，也是非常值得做的事情。如果存在关于该项目的后续行动，则该项目报告对于构建背景知识非常有价值。

为此，你需要执行的任务是：

（1）使用最适合团队的方法收集反馈。建议使用结构化形式，如表 10.3 中的形式。

（2）查看所有 Sprint 评审的悲伤-疯狂-高兴（sad-mad-glad）过程的结果，并查看在此过程中收到的反馈。

（3）审查先前项目复盘中的问题和行动，并将其纳入本项目实践中。

（4）创建涵盖步骤（1）～（3）中的项目的演示文稿。

（5）召开团队会议，提前提供演示文稿和议程的副本。在议程中包括讨论事项和后续步骤项目，你可以在其中就团队确定的需要采取行动的问题以及为解决这些问题将采取的步骤达成一致。

10.4　改　进　实　践

团队的复盘以及由此产生的行动将改进你的实践，从而能够更一致地应用这些方法来解决客户问题。除了回顾项目中刚刚发生的事情，团队保持开放的视野以从世界其他地方汲取知识也很重要。人工智能和信息系统开发都是快速发展的领域，具有技术和专业实践、变革和创新的经验周期。例如，

❑　20 世纪 60 年代：大型机和 COBOL、FORTRAN 和 LISP。

❑　20 世纪 70 年代：RDBMS 或 SQL、小型机（PDP-11、VAX）和 Prolog。

❑　20 世纪 80 年代：工作站、个人计算机、微型计算机、RISC、瀑布模型和第一代神经网络。

❑　20 世纪 90 年代：局域网（LAN）、广域网（WAN）、面向对象设计（object-oriented design，OOD）和统计机器学习。

❑　21 世纪 00 年代：Web 服务、万维网（world wide web，WWW）、社交网络、搜索引擎、敏捷和多代理系统。

❑　21 世纪 10 年代：大数据、移动计算（iPhone、Android）、DevOps 和深度学习/第二代神经网络。

因此，为了解决客户的问题并为客户创造价值，使得客户愿意为你的工作支付高额

报酬，团队培养持续学习的文化至关重要。作为团队经理，你必须采取措施，鼓励并帮助团队做到这一点，这同样很重要。

当你接手一个新的开发项目时，比较理想的做法是全盘保留上一个项目的人员。这样做的结果是，你将获得稳定的团队和可观的收益，直至所有团队成员都不愿意离开你。更换熟练的技术资源可能需要长达三到六个月的时间，短的也需要几周的时间（有时也可能立即更好）。事实上，熟练且有价值的人力资源往往倾向于离开团队。作为团队领导者和经理，阻止这种情况发生符合你的利益。

要更好地挽留你的团队成员，可以采用的一项核心策略是确保你的团队能够获得专业发展机会和培训。业务之间的间隔或由于你无法控制的因素导致内部项目暂停和延迟时是执行此操作的理想时间。

培训不仅有助于防止你的团队成员离开，而且当你确保你的团队接受培训并进行其他发展活动时，这也是一种使他们对客户更具吸引力的方式。

新颖的技术方法的使用、改进的工作实践的快速采用以及对客户业务领域的详细了解和参与对于客户企业来说都具有商业价值。

如果你有机会在团队参与项目时为你的团队提供一些培训，那么这一点也值得一提。就像假期一样，如果需要的话，在工作期间进行培训是完全合法的。为了支持培训和发展，你应该利用项目后阶段来确保：

❑　团队的所有成员都有一个发展计划。

❑　所有成员都有比项目交付更远大的个人目标。

你还可以提供支持，鼓励团队参加外部团体和各种活动（如聚会、圆桌会议、特殊兴趣小组等）。请注意，外部团体的联系人可能会尝试招募（挖角）你的团队成员。如果你的团队运作良好并且你正在做上述工作，那么他们可能会失败！相反，你的团队（和你）在这些论坛中建立的联系还可能会为你提供未来的招募机会。

最后，你可以确认团队成员的培训需求和差距，并在需要时与他们和其他经理合作，以在可能的情况下安排适当的培训活动。

10.5　新技术的采用

如果团队需要新技术来交付客户项目，那么你必须将其纳入你的工作实践中，但要谨慎从事。由单个团队成员引入的技术可能会成为严重的问题。它们可能代表单点故障，并且当最具创新性的团队成员可能离开时，在长期项目中管理它们是具有挑战性的。此外，作为团队经理，你很难向客户证明和解释这些技术选择。

正式的流程有助于缓解这种情况。该流程旨在阐明为什么需要一种新方法，具体说明为什么选择这种特定方法，展示和发展该方法的能力（超越种子实现），并在团队中共享和传播知识（至少在某种程度上向团队经理传达）。

要建立该流程，需要：

（1）确定项目问题。就创新需要达成一致。

（2）编写差距分析说明文档。该技术试图提供什么？

（3）分析竞争对手。还有哪些其他方法可以使用？为什么该方法是优选的？

（4）提供概念证明或演示。你可能会想使用直接应用程序来解决客户的问题，但是通过首先实现一个实验性版本即可快速获得宝贵的经验教训。

（5）与同事一起审查技术。向团队展示并解释解决方案。

此过程通常发生在项目期间，但有时问题会在项目后评审期间暴露出来。如果当时有足够的预算进行概念验证研究，那就去做吧。

采用新技术是一个好兆头，表明该项目的附加值高于其执行所需的咨询费用，这为进一步的工作提供了良好的理由。

10.6　案　例　研　究

成功和创新的项目可以创造附加值，因为团队可以从执行中收获可重用的工件（前提是有适当的知识产权协议）。这使得团队接取的后续类似业务能够更快地完成、质量更好、成本更低或利润更高。

在某些情况下，项目可以为原型案例研究提供灵感。客户很可能接受案例研究中的参考思路，并且合同通常允许这样做。但如果双方没有达成一致，那么你必须剥离项目的细节以防被识别，并且可能将演示场景从客户的业务领域更改为具有共同内在挑战的不同环境。

无论哪种情况，都需要将项目的重点从实际实现的细节特征转移到如何解决问题这一更广泛的意义上。这种从解决方案到案例研究的焦点转变将使潜在客户能够看到在实现中如何创造价值，而不是确定交付什么价值，后者往非常与具体实现环境和细节有关。

10.7　再见，祝你好运

剑道是剑术的日本版本，使用竹剑和衬垫盔甲来安全地模拟剑术。一些剑道学校的口号是，只有从真正的战斗中归来，你才能教授新技术或改变技术的教授方式。正因为如此，一些剑道学校忠实地保存了那些实战技巧。他们没有做出任何改变，剑道士只是尽力互相学习，没有创新。但是，没有多少人想要进行真正的剑术战斗，而真正热衷于剑术战斗的人也很少有能力或有动力将这项技术教授给下一代。因此，今天的剑道只不过是表演性质的假把式，并没有什么实用价值。

不过，机器学习完全不一样。它一直在进步和创新。如果你已经完成了一个项目，那么无论它是成功还是失败，你都从所做的事情中学到了本书无法教给你的东西。但是，这样的经验你却可以分享给他人。不要害怕这样做，这是你能做的最值得称道的事情之一。

10.8　小　　结

❑　你的团队很可能会被要求支持所开发的系统。随着时间的推移，这种需求可能会逐渐减少，其他人将承担剩余的任务。有时这些人也可以是你团队中的初级成员。

❑　努力弄清楚你负责支持哪些系统。请记住，支持系统所需的资源可能被分配到组织中的某个地方，你需要创建并维护你的职责列表。

❑　掌控你负责的系统。确保适当的治理和支持安排到位，并且在出现问题时可以有条不紊地进行处理。定期审查所有系统。

❑　识别并处理技术债务。特别要确保所有系统都经过适当的检测，以便你了解它们的行为方式，并且在出现故障时有可用的信息来排除故障。

❑　如果系统出现故障，则迅速采取作出有序响应。召集一个团队来支持你并尽快采取行动以解决问题。

❑　进行项目后评审以了解发生的情况并支持团队的发展。

❑　通过复盘确保你的团队能够根据项目中发生的情况获得学习和提高的机会。

❑　对本书所讨论的问题形成你自己的观点，然后与其他想要在未来取得成功而需要你的见解的人分享。